普通高等学校安全科学和工程类专业系列教材

危险化学品安全管理

主　编／范小花

副主编／任凌燕　王　梅　崔永红

重庆大学出版社

图书在版编目(CIP)数据

危险化学品安全管理／范小花主编. -- 重庆：重
庆大学出版社，2023.8(2025.7 重印)
ISBN 978-7-5689-3998-0

Ⅰ.①危… Ⅱ.①范… Ⅲ.①化工产品—危险物品管
理 Ⅳ.①TQ086.5

中国国家版本馆 CIP 数据核字(2023)第 161150 号

危险化学品安全管理
WEIXIAN HUAXUEPIN ANQUAN GUANLI

主 编 范小花
副主编 任凌燕 王 梅 崔永红
策划编辑:鲁 黎

责任编辑:杨育彪 版式设计:鲁 黎
责任校对:邹 忌 责任印制:张 策

*

重庆大学出版社出版发行
社址:重庆市沙坪坝区大学城西路 21 号
邮编:401331
电话:(023)88617190 88617185(中小学)
传真:(023)88617186 88617166
网址:http://www.cqup.com.cn
邮箱:fxk@ cqup.com.cn(营销中心)
全国新华书店经销
重庆市远大印务有限公司印刷

*

开本:787mm×1092mm 1/16 印张:18.25 字数:424 千
2023 年 8 月第 1 版 2025 年 7 月第 2 次印刷
印数:1 001—1 300
ISBN 978-7-5689-3998-0 定价:49.80 元

PREFACE 前 言

近年来,危险化学品生产安全事故频繁发生,造成了极其严重的人身伤亡和财产损失,给社会的安全发展带来了较大的挑战。因此,加强危险化学品的安全管理,是社会安全发展的必然要求。

2009 年,中国劳动保障社会出版社出版了本书编者编著的《危险化学品安全管理实务》一书,该书依据《危险化学品安全管理条例》及相关法律、法规,对危险化学品在非生产性环节的安全管理要求进行了介绍。

2015 年,危险化学品领域的众多安全管理法规的更新,为应对新的管理要求,本书编者又在石油工业出版社出版了《危险化学品安全管理》一书,该书可作为高等院校安全工程、化学、化工、分析、制药等专业的教学用书,也可作为企业安全生产管理的培训教材。

2021 年 6 月 10 日,随着《中华人民共和国安全生产法》的再次更新,国家对危险化学品的安全管理提出了更高的要求,比如,在《全国安全生产专项整治三年行动计划》中就提到要进一步提升危险化学品企业自动化控制水平,要对危险化学品的全生命周期进行管理等。

因此,本书在前两本危险化学品安全管理书籍的基础上,增加了危险化学品在生产环节的安全管理,介绍了危险化学品生产建设项目的安全条件论证、设立安全评价、安全设施审查和安全验收等环节的安全管理要求,并按照国家最新标准和法规文件要求,对危险化学品在其他流通环节的安全管理等进行了介绍,且在每章末增加了相应环节的事故案例分析,以使该书与目前危险化学品安全管理的生产实际相符,与安全专业人才的培养目标一致。

本书由重庆科技学院安全工程学院(应急管理学院)范小花担任主编,重庆科技学院安全工程学院(应急管理学院)任凌燕、崔永红和重庆市安全生产科学研究有限公司王梅担任副主编,书中融入了大量企业在危险化学品安全管理方面的经验分享。其中,第 1、2、4、5 章由范小花编写,第 3 章由任凌燕编写,第 6 章由崔永红和王梅共同编写。全书由范小花统稿。

由于编者水平有限,不妥之处敬请广大读者批评指正。

编 者
2023 年 5 月

CONTENTS 目录

第1章
绪 论

1.1 化学品的概述

1.1.1 化学品的重要地位

国际劳工组织对化学品的定义是："化学品是指各种化学元素、由元素组成的化合物及其混合物，无论是天然的或人造的。"按此定义，可以说人类生存的地球和大气层中所有有形物质包括固体、液体和气体都是化学品。

化学品也称化学物质，现代社会几乎所有领域都以某种方式与它相依存，人们的衣食住行都以不同程度和它相联系。因此，它的年产量以亿吨计，品种达千万种以上，而且每年还在以相当大的速度递增。例如，1942 年为人所知的化学物质仅 60 万种，1977 年时已增至 400 万种，现已增至近 700 万种，而且每年还有 1 000 多种化学品问世，这些化学品中有相当一部分属于危险化学品。

如此品种繁多、数量巨大的化学物质，或作为基本原料、基本能源，或作为具有医药、农药、染料等种种特性的功能材料而支撑着人类社会大厦，推动着历史发展，给人们带来了无尽的财富和享受。

然而化学物质如同一把"双刃剑"，既可以如上所说造福于人类，也可以造成伤害，即对人类造成某种危险。化学物质的危险性，不像刀枪、水火那样外露、易识，有的还要经过很长时间才逐渐显现出来。从这个意义上讲，化学物质的危险性常常是潜在的。

且不说人们从追求长生不老药的炼丹术到火药的发明，从硝酸铵作为化肥到作为爆炸能源的重要组分经历了一个很长的历史过程，其中不乏许多人的血泪与生命教训；就是像 DDT 这样的普通化学物质，也曾作为杀虫剂而在农业和军事上（第二次世界大战期间于野战军用帐篷里减蚊，防治疟疾）发挥过巨大作用，并且其功能的发现者米勒在 1948 年获得了诺贝尔生理学或医学奖，可日后其也逐渐暴露出了它在自然界的难分解性、生物浓缩性，因而具有毒害性，以致从 20 世纪 70 年代开始被一些发达国家划入受控制的化学物质之列。

除毒害性外，化学物质还可能有燃爆、腐蚀、放射等潜在危险性，潜伏深度可能极不相同。当它们潜在的这些危险性通过所酿成的事故或科学试验暴露、揭示出来并达到一定程度（标准）后，它们就被划归为危险性化学物质——可以导致人身伤害、职业病、物资损失、环境与生态破坏的化学物质。

如何充分获得化学物质的"利"而抑制或避免它的"弊",就是如何对化学物质进行科学管理与控制的问题。遵循的途径可能有两个:

(1)开发→利用→事故→认识→控制→淘汰(代之以新一代化学物质);

(2)开发→研究(试验)→控制→利用→淘汰(代之以新一代化学物质)。

显然,现在人们越来越需要遵循第(2)种途径来应用化学物质。然而由于化学物质的品种繁多、数量巨大、性能各异、遍及全球,实现第(2)种途径谈何容易。这不是一地一国可以办到的,而是必须动员全世界的力量,即要进行国际化管理才可能办到的。

1.1.2　危险化学品的概念

关于危险化学品的概念,描述有很多。一般的、不严格的、比较抽象的危险化学品定义是:"具有易燃、易爆、有害及有腐蚀特性,在生产、储存、运输、使用和废弃物处置等过程中容易造成人身伤亡、财产毁损、环境污染的化学品属危险化学品。"

比较严格的定义是"符合有关危险化学品(物质)分类标准规定的化学品(物质)属于危险化学品"。目前,国际通用的危险化学品分类标准有两个:一是《联合国危险货物运输建议书》规定了9类危险化学品的鉴别指标;二是对危险化学品鉴别分类的国际协调系统(GHS)规定了29类危险化学品的鉴别指标和测定方法,这一指标已为先进工业国授受,尚未形成全球共识,但全球采纳只是时间问题。我国也有两个标准:一是《化学品分类和危险性公示通则》(GB 13690—2009),该标准按GHS将危险化学品分为28类(新版的GHS已将危险化学品分为29类),并规定了相应指标;二是《危险货物分类和品名编号》(GB 6944—2012),该标准与联合国《关于危险货物运输的建议书–规章范本》(第十六修订版)附件中第2部分"分类"的技术内容一致。

具有实际操作意义的定义是:"属于国家应急管理部公布的《危险化学品目录》(2015版)中的化学品是危险化学品。"除已公认不是危险化学品的物质(如纯净食品、水、食盐等)外,未在目录中列为危险化学品的一般应经实验加以鉴别认定。

在大多数情况下,判断化学品是否属于危险化学品,不是按照危险化学品的定义来判断,而是对照《危险货物品名表》《危险化学品目录》来判断。使用《危险货物品名表》《危险化学品目录》时,物品名称必须是完整的品名,如氧气[压缩的]、空气[液化的]。因为,氧气、空气如果不是压缩的或者液化的,则不能成为危险物品。

未列入《危险货物品名表》《危险化学品目录》《剧毒化学品名录》中的化学品,如果确实具有危险性,则根据危险化学品的分类标准进行技术鉴定,最后由公安、生态环境、卫生、质检等部门确定。

1.1.3　危险化学品的危险特性

危险化学品的危险特性主要可归纳为以下5个方面。

(1)化学品活性。许多具有爆炸特性的物质其活性都很强,活性越强的物质,其危险性就越大。

（2）燃烧性。压缩气体和液化气体、易燃液体、易燃固体、自燃物品和遇湿易燃物品、氧化剂和有机过氧化物等均可能发生燃烧而导致火灾事故。

（3）爆炸。除爆炸品外，压缩气体和液化气体、易燃液体、易燃固体、自燃物品和遇湿易燃物品、氧化剂和有机过氧化物等都有可能引发爆炸。

（4）毒性。除毒害品和感染性物品外，压缩气体和液化气体、易燃液体、易燃固体等中的一些物质也会致人中毒。

（5）腐蚀性。除腐蚀性物品外，爆炸品、易燃液体、氧化剂和有机过氧化物等都具有不同程度的腐蚀性。

1.1.4 危险化学品的危害

危险化学品的危害很大，主要可归纳为以下 3 个方面。

（1）绝大部分危险化学品为易燃易爆物品，爆炸品、压缩气体和液化气体、易燃液体、易燃固体、自燃物品和遇湿易燃物品、氧化剂和有机过氧化物自不必说，就是有毒品和腐蚀品也有许多本身就属于易燃易爆物品，加之生产或者使用危险化学品的过程中，往往处于温度、压力的非常态（如高温或低温、高压或低压等），因此，如果在生产、储存、使用、经营以及运输危险化学品时管理不当，失去控制，很容易引起火灾爆炸事故，造成巨大损失。如 1993 年 8 月 5 日，深圳清水河危险化学品仓库发生特大火灾爆炸事故，导致 15 人死亡，200 多人受伤，直接经济损失达 2.5 亿元人民币。2015 年 8 月 12 日，天津市滨海新区天津港的瑞海公司危险品仓库发生火灾爆炸事故，事故爆炸总能量约为 450 t TNT 当量，造成 165 人遇难、8 人失踪、798 人受伤，304 幢建筑物、12 428 辆商品汽车、7 533 个集装箱受损。

（2）相当一部分危险化学品属于化学性职业危害因素，可能导致职业病，如现在已经有 150~200 种危险化学品被认为是致癌物。如果有毒品和腐蚀品因生产事故或管理不当而散失，则可能危及人的生命，如 1984 年 12 月 4 日美国联合碳化物公司设在印度博帕尔市的一家农药厂发生异氰酸甲酯（杀虫剂的主要成分）外泄事故，导致重大灾难，引起世界的震惊。

（3）如果危险化学品流失（如汽车倾翻、容器破裂等），可能造成严重的环境污染（如对水、大气层、空气、土壤等的污染），进而影响人的健康。如屡见报端的大型油轮在海上发生原油或其他油品泄漏事故，对周边海域及海岸造成污染，给生态环境及人类生活造成的影响是难以估量的。

危险化学品的这些危害日益引起全世界各国政府与人民的重视。人们从法律、管理、教育培训和技术等各个方面采取措施，力求减轻危险化学品的危害。

1.2 化学品的国际化管理

1.2.1 历史回顾

在第二次世界大战及以前，技术上的国际性协作是很少的，有关化学品管理的国际性协作更是如此,只是在有限的几种技术协作中偶尔涉及化学物质——麻醉剂和医药。1945年联合国正式成立并开始运作后,化学物质管理的国际化问题逐渐提上了日程。这就是联合国内成立的多个政府间组织:国际原子能机构(IAEA),联合国经济及社会理事会(ECOSOC),联合国粮食及农业组织(FAO),联合国教育、科学及文化组织(UNESCO),世界卫生组织(WHO),世界银行(IBRD 或 WB),国际民用航空组织(ICAO),世界气象组织(WMO),国际海事组织(IMO),关税及贸易总协定(GATT)。它们都或多或少地和化学物质有关。与此同时,化学物质也被一些地区性组织列入了议题,如联合国欧洲经济委员会(UNECE)、欧洲理事会(CE)、欧洲经济合作组织(OEEC,它也是经济合作与发展组织即 OECD 的前身)。

这些组织从各自的职责出发,在自己的工作范围内积极开展了对化学物质的研究。例如 WHO 的专家委员会在 1948—1962 年就提交了有关农药(杀虫剂)的 12 份报告。ECOSOC 下属的运输与通信委员会就危险品运输问题发出了提案。联合国秘书长据此提案在 1954 年召集并成立了危险品运输专家委员会(CETDG)。两年后该委员会向ECOSOC 提交了有关危险货物分类与标识等内容的报告书,俗称"橘皮书"。它一直沿用至今,只是每两年召开一次专家委员会对其进行讨论和修订,1999 年已进行第 11 次修订。

如此多的国际性组织在如此短的时间内,对化学物质都产生了不同程度的兴趣,充分说明化学物质既可以给人们带来巨大的福利,又潜伏着一定的危险性。

前述国际组织虽然是常设的,但在过去对各国的化学物质生产、使用和废弃等方面只是给予管理、法规上的支援,以及研讨会式的学术交流,多采用临时会议的形式。随着经济和科技的高速发展,化学物质安全对各国内外的重要性日益突出,于是一些经济发达国家便开始建立起化学安全计划(程序)的定常化机制。这样就可以使资金、人才等资源共享,也便于消除化学品贸易中的非关税壁垒。

这里还应特别指出的是,对化学品国际化管理的统一做出突破性贡献的还有美国1976 年 10 月出台的有毒物质管理条例(TSCA)及欧共体(EC)指令第 6 修正案。它们为化学物质管理引入了新的原则和做法,特别是其中包括在化学物质投入生产前和进入市场前都要对其进行评价的概念,以及进入市场后加强管理措施的规程。TSCA 和EC 第 6 修正案,再加上当时瑞士、瑞典和日本等国家颁布的新化学物质法,归纳之,被称为"第二代化学物质管理"。

时至今日,IPCS、IRPTC 及 DECD 化学品计划(程序)仍是建立化学物质管理的国际协作统一制度的基础。

1972 年联合国人类环境会议宣言指出了人类环境的保护与改善是影响世界经济发展与人类福利的主要问题,因而环保是全人类的迫切愿望、各国政府的义务。

1981—1983 年,DECD 为了协调和推进成员国之间化学品的管理,在计划的框架内提出了多款条约、劝告等。其中特别计划的提案"化学品小组高官会议"使各成员国的高官参与化学品管理工作,从而大大加强了对国际化管理重要性的认识和使国际协作的实施得以保证。

1992 年至今,按照 R. 隆格伦的说法应当是"必须跨越的 21 世纪栅栏"的阶段。其中意义重大的事件包括:

(1)1987 年联合国环境与发展会议(UNCED)上世界委员会主席、挪威首相布朗特兰德在所作的《我们共同的未来》(*Our Common Future*)报告中,明确提出了可持续发展的命题。其中从全球的角度大篇幅谈论了化学物质造成的事故灾害,以及今后应如何进行化学物质的评价、管理、情报交流等。这些都是 20 世纪末和 21 世纪人类所面临的挑战。

(2)1992 年 6 月在巴西里约热内卢召开了 UNCED 或"地球峰会"。为了实现 UNCED 的最终目的,其准备委员会起草了会议的报告。这就是后来通过的《21 世纪议程》,也叫 UNCED 备忘录。其涉及化学物质的基本点将在下一节介绍。

1.2.2　化学品的国际化管理

1.2.2.1　《21 世纪议程》

《21 世纪议程》是作为涉及影响环境与经济关系的各个领域行动方案而写的,时间从当时到 1984 年为重点,进而还要扩展到 21 世纪,该报告书厚达 900 页,其中第 19 章(约 20 页)是 PrepCom 作为国际战略的要素提出来的,它由以下 6 个项目构成。

1)A 项目　化学风险国际性评价的扩大与促进

(1)HVP 物质在 1997 年前评价 200 种,2000 年前评价 300 种。

(2)评价方法(评价内容、步骤、标准等)的统一和优良审查机构制度(GAP)的确立。

HVP 即高产量,指在一个国家年产量 10 000 t 以上,或在一个国家年产量 1 000 t 以上且在多个国家都有生产的化学物质。

2)B 项目　化学品分类及标识的协调

(1)1997 年前完成有关分类标准的技术作业,2000 年前统一分类标准及标识法。

(2)2000 年前确立统一的 MSDS(material safety data sheet)等危险性信息及系统。

3)C 项目　有关有害化学品和化学品风险的情报交换

(1)促进 MSDS 的交换。

(2)设立并加强担当化学物质情报交换及提供的机构。

(3)确立和扩充情报交流(提供与交换)的网络。

4)D 项目　设立降低风险的程序

(1)可能的风险降低与各国风险管理行动计划的实施。

(2)1997 年前探讨污染物质排放、转移登记制度(PRTR)。

(3)推进更安全的替代物质的开发和转换。

5)E 项目　强化对化学品管理的国家能力与实行能力

(1)责任关照机制(或自主管理活动)的推进。

(2)化学物质数据库(data bank)的建立和国际网络(network)的形成。

(3)1997 前按国际原则编制出预防大规模事故的计划。

6)F 项目　防止国际间非法运输有害而危险的化学品

(1)探讨伦敦指南的实施和条约化。

(2)迅速实施联合国环境规划署(UNEP)的伦理规范。

1.2.2.2　关于化学物质安全的国际论坛

为了切实实施上述议程,1994 年由 114 个国家聚会斯德哥尔摩成立了有关化学物质安全的政府论坛(IFCS/international forum for chemical safety)。它尽管未设常设机构,但由于它不仅代表各国政府,而且有学术界、产业界、劳工组织、消费者、环保及其他与化学物质风险管理有利害关系的人士参加,其形成的协议占有重要地位。它和 3 年一次的联合国总会相配合,并在其之前召开,以便向联合国报告贯彻《21 世纪议程》第 19 章的情况。

1.2.2.3　关于化学品安全使用的国际公约

随着经济全球化的发展,化学品安全使用成为国际性问题,有关国际组织为建立统一的国际化学品标准而积极工作。1990 年国际劳工组织(ILO)制定了 170 号公约《作业场所安全使用化学品公约》、177 号建议书《作业场所安全使用化学品建议书》,1993 年制定了 174 号公约《预防重大工业事故公约》《预防重大工业事故实践守则(基本框架)》,规范世界各国安全使用化学品的行为,要求各国制定相应法规,预防重大事故的发生。

170 号公约的宗旨是要求政府主管当局、雇主组织、工人组织,共同协商努力,采取措施,保护员工免受化学品危害的影响,有助于保护公众的人身安全和环境免受污染。该公约的主要内容如下。

1)政府主管当局的主要责任

(1)与雇主组织和工人组织协商,制定政策并定期检查。

(2)发现问题时有权禁止或使用某种化学品。

(3)建立适当的制度或专门的标准,确定化学品危险特性,评价分类;提出"标识"或"标签"要求。

(4)制定《安全技术说明书》(SDS)编制标准。

2)供货人的责任

化学品供货人,无论是制造商、进口商还是批发商,均应保证:

(1)对生产和经销的化学品在充分了解其特性并对现有资料进行查询的基础上,进行危险性分类和危险性评估。

(2)对生产和经销的化学品进行标识以表明其特性。

(3)对生产和经销的化学品加贴标签。

(4)为生产和经销的危险化学品编制安全技术说明书(SDS)并提供给用户。

(5)及时修订化学品标签和安全技术说明书(SDS)。

3)雇主的责任

(1)对化学品进行分类。

(2)对化学品进行标识或加贴标签,使用前采取安全措施。

（3）提供安全使用说明书，在作业现场编制"使用须知"（周知卡）。

（4）保证工人接触化学品的程度符合主管当局的规定。

（5）对工人接触程度评价，并有监测记录（健康监护）。

（6）采取措施将危险、危害降到最低程度。

（7）当措施达不到要求时，免费提供个体防护用具。

（8）提供急救设施。

（9）制定应急处理预案。

（10）处置废物应依据法律、法规。

（11）对工人进行培训并提供资料、作业须知等。

4）工人的义务

（1）在雇主履行其责任时，工人应尽可能与其雇主密切合作，并遵守与作业场所安全使用化学品有关的所有程序和做法。

（2）工人应采取一切合理步骤将作业场所使用化学品对自己以及他人的危险加以消除或降到最低。

5）工人及其代表的权利

（1）工人应有权在有正当理由相信存在其安全或健康的紧迫和严重危险的情况下，从使用化学品造成的危险中撤离，并应立即通知其上级主管，且不应因此受到不公正待遇。

（2）有关工人及其代表应有权获得：①关于作业场所使用的化学品的特性、此种化学品的有害成分、预防措施、教育和培训的资料；②标签和标识包含的资料；③化学品安全使用说明书；④本公约要求加以保存的任何其他资料。

6）出口国的责任

在某出口化学品的会员国因工作安全和健康原因全部或部分禁用有害化学品的情况下，此种禁用的事实和原因应由该出口会员国通知进口化学品的国家。

1.2.2.4 全球化学品统一分类和标签制度（GHS）

GHS 主要包括以下 3 项 29 类物质。

1）危害分类

（1）物理危险。包括爆炸物、易燃气体、气雾剂和加压化学品、氧化性气体、加压气体、易燃液体、易燃固体、自反应物质和混合物、发火液体、发火固体、自热物质和混合物、遇水放出易燃气体的物质和混合物、氧化性液体、氧化性固体、有机过氧化物、金属腐蚀物、退敏爆炸物共 17 类。

（2）健康危害。包括急性毒性、皮肤腐蚀/刺激、严重的眼损伤/眼刺激、呼吸道或皮肤致敏性、生殖细胞致突变性、致癌性、生殖毒性、特异性靶器官毒性（一次接触）、特异性靶器官毒性（反复接触）、吸入危害共 10 种。

（3）环境危害。包括危害水生环境和危害臭氧层 2 种。

2）安全技术说明书（CSDS，或叫物质安全数据表 MSDS）

与 ISO 10014 一致，含以下 16 项。

化学品名称与生产厂家;化学品的组成;危险性分类或识别;应急措施;火灾的消防措施;泄漏时应急措施;处理与保管时注意事项;暴露(接触)控制与个人预防措施;理化性质;危险性(安全性与反应性)信息;有害(毒)性信息;环境生态影响信息;废弃(处理)时的注意事项;运输时注意事项;适用法规;其他信息。

3)标签

统一的安全标签应包括产品标识、警告词、图形标识、危险性概述、安全措施、供应商信息等。

1.3 危险化学品的国内管理

到 20 世纪末,我国已能生产各种化学产品四万余种(品种、规格)。现在国内的一些主要化工产品产量已位于世界前列,如化肥、染料产量位居世界第一。随着经济的发展与科学的进步,石油和化学工业还将继续快速发展。在众多的化学品中,已列入《危险货物品名表》的有近 3 500 种,列入《危险化学品分类信息表》的有近 3 000 种,这些危险化学品具有易燃性、易爆性、强氧化性、腐蚀性、毒害性,其中有些品种属于剧毒化学品。危险化学品生产的发展、品种的增加、经营的扩大,迫切要求加强对危险化学品的安全管理工作。

我国政府历年来十分重视化学品(尤其是危险化学品)的安全管理工作,设有专门机构对行业的安全生产工作进行管理。2001 年,原国家安全生产监督管理局成立后,将原化学工业部和劳动部有关危险化学品的安全监督管理职责交给原国家安全生产监督管理局,同时承担原由卫生部承担的作业场所职业卫生监督检查职责。为了进一步加大危险化学品安全管理力度,在 2003 年机构调整中,原国家安全生产监督管理局专门设立危险化学品安全监督管理司,具体负责有关危险化学品的安全监督管理工作。

为了加强对危险化学品的安全管理,原国家安全生产监督管理局于 2011 年 12 月 1 日颁布实施了新修订的《危险化学品安全管理条例》,明确了对危险化学品从生产、储存、经营、运输和使用环节进行全过程监督管理,同时进一步明确国家八个部门的监督管理职责,提出了许多新要求。此外,国家还陆续发布了多个与危险化学品管理相关的法律法规、标准、规范,并实时进行修订或修正。现将我国目前部分危险化学品安全管理的主要法律法规、标准及规范列举如下。

(1)《中华人民共和国安全生产法》(2002 年 11 月 1 日起实施,2021 修订)。

(2)《危险化学品安全管理条例》(2011 年 12 月 1 日起实施,2013 年修订)。

(3)《安全生产许可证条例》(2004 年 1 月 13 日起实施,2014 年修正)。

(4)《中华人民共和国内河交通安全管理条例》(2002 年 8 月 1 日起实施)。

(5)《中华人民共和国道路运输条例》(2004 年 7 月 1 日起实施,2022 年修订)。

(6)《国内水路运输管理条例》(2013 年 1 月 1 日起实施,2020 年修正)。

(7)《易制毒化学品管理条例》(2005 年 11 月 1 日起实施,2018 年 9 月修订)。

(8)《作业场所安全使用化学品公约》(1990 年 6 月 25 日国际劳工组织通过,1994

年 10 月 27 日经第八届全国人民代表大会常务委员会第十次会议审议通过）。

(9)《中华人民共和国固体废物环境污染防治法》(2005 年 4 月 1 日起实施,2020 年修订)。

(10)《使用有毒物品作业场所劳动保护条例》(2002 年 5 月 12 日起实施)。

(11)《危险化学品重大危险源辨识》(GB 18218—2018)。

(12)《危险货物品名表》(GB 12268—2012)。

(13)《危险货物分类和品名编号》(GB 6944—2012)。

(14)《危险化学品目录》(2017 年版)。

(15)《剧毒化学品名录》(2020 年版)。

(16)《重点监管的危险化学品名录》。

(17)《易制毒化学品的分类和品种目录》。

(18)《易制爆化学品名录》(2021 年版)。

(19)《职业性接触毒物危害程度分级》(GBZ 230—2010)。

(20)《建筑设计防火规范(2018 年版)》(GB 50016—2014)。

(21)《化学品分类和危险性公示　通则》(GB 13690—2009)。

(22)《危险化学品经营企业安全技术基本要求》(GB 18265—2019)。

(23)《危险化学品仓库储存通则》(GB 15603—2022)。

(24)《化学品安全技术说明书　内容和项目顺序》(GB/T 16483—2008)。

(25)《化学品安全标签编写规定》(GB 15258—2009)。

(26)《易燃易爆性商品储存养护技术条件》(GB 17914—2013)。

(27)《腐蚀性商品储存养护技术条件》(GB 17915—2013)。

(28)《毒害性商品储存养护技术条件》(GB 17916—2013)。

(29)《危险货物包装标志》(GB 190—2009)。

(30)《危险货物运输包装通用技术条件》(GB 12463—2009)。

(31)《化学品物理危险性鉴定与分类管理办法》。

(32)《危险化学品经营许可证管理办法》。

(33)《危险化学品生产企业安全生产许可证实施办法》。

(34)《危险化学品建设项目安全监督管理办法》。

(35)《道路危险货物运输管理规定》。

(36)《港口危险货物安全管理规定》。

(37)《汽车运输危险货物规则》。

(38)《铁路危险货物运输管理规则》。

(39)《中华人民共和国水路危险货物运输规则》。

(40)《危险化学品安全使用许可证实施办法》。

(41)《危险化学品登记管理办法》。

(42)《新化学物质环境管理办法》。

(43)《危险化学品环境管理登记办法》。

2018 年 3 月,根据第十三届全国人民代表大会第一次会议批准的国务院机构改革方案,设立中华人民共和国应急管理部,取消原安全生产监督管理总局。危险化学品的管理工作移交给了应急管理部。

其实,除应急管理部外,国家其他多个相关部门都参与了危险化学品的安全管理工作,它们各自的职责划分大概如下。

(1)应急管理部门的职责:负责危险化学品安全监督管理综合工作,组织确定、公布、调整危险化学品目录,对新建、改建、扩建生产、储存危险化学品(包括使用长输管道输送危险化学品)的建设项目进行安全条件审查,核发危险化学品安全生产许可证、危险化学品安全使用许可证和危险化学品经营许可证,并负责危险化学品登记工作。

(2)生态环境部门的职责:负责废弃危险化学品处置的监督管理,组织危险化学品的环境危害性鉴定和环境风险程度评估,确定实施重点环境管理的危险化学品,负责危险化学品环境管理登记和新化学物质环境管理登记;依照职责分工调查相关危险化学品环境污染事故和生态破坏事件,负责危险化学品事故现场的应急环境监测。

(3)质量监督检验检疫部门的职责:负责核发危险化学品及其包装物、容器(不包括储存危险化学品的固定式大型储罐)生产企业的工业产品生产许可证,并依法对其产品质量实施监督,负责对进出口危险化学品及其包装实施检验。

(4)公安机关的职责:负责危险化学品的公共安全管理,核发剧毒化学品购买许可证、剧毒化学品道路运输通行证,并负责危险化学品运输车辆的道路交通安全管理。

(5)交通运输主管部门的职责:负责危险化学品道路运输、水路运输的许可以及运输工具的安全管理,对危险化学品水路运输安全实施监督,负责危险化学品道路运输企业、水路运输企业驾驶人员、船员、装卸管理人员、押运人员、申报人员、集装箱装箱现场检查员的资格认定。

(6)铁路主管部门的职责:负责危险化学品铁路运输的安全管理,负责危险化学品铁路运输承运人、托运人的资质审批及其运输工具的安全管理。

(7)民用航空主管部门的职责:负责危险化学品航空运输以及航空运输企业及其运输工具的安全管理。

(8)卫生主管部门的职责:负责危险化学品毒性鉴定的管理,负责组织、协调危险化学品事故受伤人员的医疗卫生救援工作。

(9)工商行政管理部门的职责:依据有关部门的许可证件,核发危险化学品生产、储存、经营、运输企业营业执照,查处危险化学品经营企业违法采购危险化学品的行为。

(10)邮政管理部门的职责:负责依法查处寄递危险化学品的行为。

复习思考题

1. 你如何认识危险化学品安全管理的重要性?
2. 《21 世纪议程》包含哪几个项目?
3. "GHS"将危险化学品分为哪几大类?
4. 我国在危险化学品安全管理方面出台了哪些相关的法律、法规和标准?
5. 我国各部门在危险化学品安全管理方面的职责是如何划分的?

第2章
危险化学品的分类管理

　　现代化学学科和产业的迅猛发展,一方面丰富了人类的物质生活,另一方面现代化大生产隐藏着众多的潜在危险。例如,1976 年意大利塞维索工厂环己烷泄漏事故,造成30 多人伤亡,迫使 22 万人紧急疏散;1984 年印度博帕尔农药厂毒气泄漏事故造成 2.5万人直接死亡,55 万人间接死亡,另外有 20 多万人永久残废,是历史上最严重的工业化学事故之一;1993 年 8 月 5 日中国深圳化学危险品仓库爆炸事故造成 15 人死亡,100 多人受伤,损失 2 亿多元;2020 年 8 月 4 日,黎巴嫩首都贝鲁特港口硝酸铵爆炸事故,造成至少 190 人死亡、6 500 多人受伤,3 人失踪。这些涉及危险化学品的事故,尽管起因和影响不尽相同,但它们都有一些共同特征:都是失控的偶然事件,都会造成工厂内外大量人员伤亡,或是造成巨大的财产损失或环境损害,或是两者兼而有之;事故根源都是设施或系统中储存或使用易燃、易爆或有毒物质。

　　事实表明,造成重大工业事故的可能性和严重程度既与化学品的固有性质有关,又与设施中实际存在的危险品数量有关。为了有效地预防、避免和应对事故的发生,本章将介绍有关危险化学品分类的基础知识。

　　我国有很多种危险化学品的分类标准,其中最常见的是《危险货物分类和品名编号》(GB 6944—2012)、《化学品分类和危险性公示 通则》(GB 13690—2009)两个国家标准。这两个标准分别来自不同的联合国标准,GB 6944—2012 引用联合国《关于危险货物运输的建议书 规章范本》(TDG)(以下简称《规章范本》),该标准是第一个国际性的危险货物运输分类和标记的法规,是联合国危险货物运输专家委员会(UN-TDG)于1956 年颁布的。UN-TDG 隶属联合国欧洲经济委员会,是全球危险货物运输领域最高级别的机构,成员为全球主要的危险货物运输大国和相关行业代表。分委会每年召开两次会议,会议主要讨论危险货物运输领域的最新趋势和相关问题。《规章范本》是全球危险货物运输领域最基础的文件,该文件明确了危险货物的分类、包装和标志标记等基本运输要求。《规章范本》每两年修订一次,每次修订结束后,公路、铁路、海运等相关领域均会以新版《规章范本》为蓝本制定各自领域危险货物运输的强制性规定。UN-TDG第六十次会议于 2022 年 6 月召开,讨论了《规章范本》第二十三修订版的制定。

　　GB 13690—2009 引用《全球化学品统一分类和标签制度》(GHS)(俗称"紫皮书"),该标准于 2003 年正式发布,最近一次修订于 2015 年底进行。《全球化学品统一分类和标签制度》是根据 1992 年里约热内卢联合国环境与发展会议《21 世纪议程》中规定的任务,由国际劳工组织(ILO)、经济合作与发展组织(OECD)、联合国合作制定的,作为指导各国控制化学品危害和保护人类与环境的规范性文件。

　　GB 6944 和 GB 13690 对危险化学品的称呼不一样,一个称为危险货物,一个称为危险化学品,根据它们沿用的联合国标准的不同以及在实际执行过程的特点,它们实际上是对危险化学品在不同环节的安全管理进行了分类。GB 6944 规定的危险货物分类更多是对危险化学品在运输环节的安全管理进行了分类,而 GB 13690 规定的危险化学品分类更多是对危险化学品在生产领域、储存、经营、使用等环节的安全管理分类。它们的分类依据很多是相同的,都来自联合国《规章范本》对危险货物的分类原则,只不过表述方式有差异。大多数危险化学品在运输环节都是危险货物,大多数危险货物在其他环节都是危险化学品,如乙醇、氢氧化钠等,但是部分危险货物不是危险化学品,有部分危险化学品也不是危险货物,如六溴联苯是危险化学品,但不是危险货物,锂离子电池是危险货物,但不是危险化学品。为了方便人们辨识常见的危险化学品,国家应急管理部发布了《危险化学品目录(2015 版)》和《危险化学品分类信息表》。

本章将一一介绍与危险化学品分类相关的标准。

2.1 《危险货物分类和品名编号》(GB 6944—2012)

《危险货物分类和品名编号》(GB 6944—2012)是国家质量技术监督局于 2012 年发布的国家标准。与该标准一同使用的还有《危险货物品名表》(GB 12268—2012),也是国家标准化管理委员会于 2012 年发布的。

《危险货物分类和品名编号》(GB 6944—2012)对危险货物的定义是,危险货物也称危险物品或危险品,英文名称:dangerous goods,指具有爆炸、易燃、毒害、感染、腐蚀、放射性等危险特性,在运输、储存、生产、经营、使用和处置中,容易造成人身伤亡、财产损毁或环境污染而需要特别防护的物质和物品。

该标准还使用了联合国编号,即 UN number。UN number 是由联合国危险货物运输专家委员会编制的四位阿拉伯数编号,用以识别一种物质或物品或一类特定物质或物品。

根据运输的危险性,《危险货物分类和品名编号》(GB 6944—2012)按危险货物具有的危险性或最主要的危险性将危险货物分为 9 类,并规定危险货物的品名和编号。危险货物品名编号采用联合国编号。每一危险货物对应一个编号,但对性质基本相同,运输、储存条件和灭火、急救、处置方法相同的危险货物,也可使用同一编号。9 个类别中,第 1 类、第 2 类、第 4 类、第 5 类和第 6 类再分成项别。类别和项别的号码顺序并不是危险程度的顺序。危险货物分类结果见表 2.1。

表 2.1　危险货物分类结果

类别	名称	类别	名称
第 1 类	爆炸品	第 6 类	毒性物质和感染性物质
第 2 类	气体	第 7 类	放射性物质
第 3 类	易燃液体	第 8 类	腐蚀性物质
第 4 类	易燃固体、易自燃的物质、遇水放出易燃气体的物质	第 9 类	杂项危险物质和物品,包括危害环境物质
第 5 类	氧化性物质和有机过氧化物		

危险化学品目前约有数千种,其性质各不相同,每一种危险化学品往往具有多种危险性。例如,二硝基苯酚既有爆炸性、易燃性,又有毒害性;一氧化碳既有易燃性,又有毒害性。但是,每一种危险化学品在其多种危险性中必有一种主要的对人类危害最大的危险性。因此,《危险货物分类和品名编号》(GB 6944—2012)在对危险化学品进行分类时,遵循了"择重归类"的原则,即根据该危险化学品的主要危险性来进行分类,每种化学品只归属于某一类。

《危险货物分类和品名编号》(GB 6944—2012)规定了危险货物的分类、危险货物危险性的先后顺序和危险货物编号,适用于危险货物运输、储存、经销及相关活动。下面将 GB 6944—2012 中对危险货物的分类情况进行介绍,并对每个类别进行相关的注释、危险特性分析及举例说明。《危险货物分类和品名编号》(GB 6944—2012)中除本节介绍的分类、分项内容外,还规定了各类危险货物的包装要求,这部分内容将在本书的 5.1 节进行介绍。

2.1.1　第 1 类: 爆炸品

2.1.1.1　爆炸品的概念和范围

爆炸品是指在外界作用下(如受热、受压、撞击等),能发生剧烈的化学反应,瞬时产生大量的气体和热量,使周围压力急骤上升,发生爆炸,对周围环境造成破坏的物品,也包括无整体爆炸危险,但具有着火、抛射及较小爆炸危险,或仅产生热、光、声响或烟雾等一种或几种作用的烟火物品。不包括与空气混合才能形成爆炸性气体、蒸气和粉尘的物质。

爆炸品实际是炸药、爆炸性药品及其制品的总称。炸药又包括起爆药、猛炸药、火药、烟火药 4 种。因为"爆炸"是爆炸品的首要危险性,所以区别是否是爆炸品,只能依据能够描述其爆炸性的指标。衡量爆炸品爆炸危险性的指标主要有爆速、每千克炸药爆炸后产生的气体量和敏感度几种。从储存、运输和使用的角度看,敏感度极为重要。敏感度又和爆炸基团、温度、杂质、结晶、密度以及包装的好坏有关。故以热感度、撞击感度和爆速的大小为衡量是否属于爆炸品的标准,即热感度试验爆发点在 350 ℃ 以下;撞击感度试验爆炸率在 2% 以上;或爆速大于 3 000 m/s 的物质和物品为爆炸品。

爆炸是物质从一种状态通过物理的或化学的变化突然变成另一种状态,并放出巨大的能量而做机械功的过程。爆炸可分为核爆炸、物理爆炸、化学爆炸三种形式。

(1)核爆炸是由核反应引起的爆炸,例如:原子弹或氢弹的爆炸。

(2)物理爆炸是物理原因引起的爆炸,例如:蒸汽锅炉因水快速汽化,压力超过设备所能承受的强度而产生的锅炉爆炸;装有压缩气体的钢瓶受热爆炸等。

(3)化学爆炸是物质发生化学反应引起的爆炸。化学爆炸可以是可燃气体和助燃气体的混合物遇明火或火源而引起的(如煤矿的瓦斯爆炸),也可以是可燃粉末与空气的混合物遇明火或火源而引起的(粉尘爆炸),但更多的是炸药及爆炸性物品所引起的。化学爆炸的主要特点是:反应速度极快、放出大量的热、产生大量的气体,只有上述三个特点同时具备的化学反应才能发生爆炸。

《危险货物分类和品名编号》(GB 6944—2012)所指爆炸品主要包括以下3种。

(1)爆炸性物质(物质本身不是爆炸品,但能形成气体、蒸汽或粉尘爆炸环境者,不列入第1类),不包括那些太危险以致不能运输或其主要危险性符合其他类别的物质。

注:爆炸性物质是指固体或液体物质(或物质混合物),自身能够通过化学反应产生气体,其温度、压力和速度高到能对周围造成破坏。烟火物质即使不放出气体,也包括在内。

(2)爆炸性物品,不包括下述装置:其中所含爆炸性物质的数量或特性,不会使其在运输过程中偶然或意外被点燃或引发后因迸射、发火、冒烟、发热或巨响而在装置外部产生任何影响。

注:爆炸性物品是指含有一种或几种爆炸性物质的物品。

(3)为产生爆炸或烟火实际效果而制造的(1)和(2)中未提及的物质或物品。

2.1.1.2 爆炸品的分项

第1类爆炸品划分为以下6项。

(1)1.1项:有整体爆炸危险的物质和物品。

整体爆炸是指瞬间即迅速传播到几乎全部装入药量的爆炸。如硝基重氮酚、雷汞、雷银等起爆药;TNT、黑索金、苦味酸、硝化甘油等锰炸药;硝化棉、无烟火药、浆状火药等火药;黑火药及其制品、爆破用的电雷管、弹药用雷管等火工品均属此项。

(2)1.2项:有迸射危险,但无整体爆炸危险的物质和物品。

如带有炸药或抛射药的火箭弹头,装有炸药的炸弹、弹丸、穿甲弹,非水活化的带有或不带有爆炸管、抛射药或发射药的照明弹、燃烧弹、烟幕弹、催泪弹、毒气弹,以及摄影闪光弹、闪光粉、地面或空中照明弹,不带雷管的民用炸药装药、民用火箭等,均属此项。

(3)1.3项:有燃烧危险并有局部爆炸危险或局部迸射危险或这两种危险都有,但无整体爆炸危险的物质和物品。

本项包括满足下列条件之一的物质或物品:

①可产生大量热辐射的物质和物品;

②相继燃烧产生局部爆炸或迸射效应或两种效应兼而有之的物质和物品。

如速燃导火索、点火管、点火引信,二硝基苯、苦氨酸、苦氨酸锆、含乙醇>25%或增塑剂>18%的硝化纤维素、油井药包、礼花弹等。

(4)1.4项:不呈现重大爆炸危险的物质和物品。

本项包括运输中万一点燃或引发时仅出现小危险的物质和物品;其影响主要限于包件本身,并预计射出的碎片不大、射程也不远,外部火烧不会引起包件几乎全部内装物的瞬间爆炸。如导火索、手持信号器、电缆爆炸切割器、爆炸性铁路轨道信号器、火炬信号、烟花爆竹等均属此项。

(5)1.5项:有整体爆炸危险的非常不敏感物质。

①本项包括有整体爆炸危险性但非常不敏感,以致在正常运输条件下引发或由燃烧转为爆炸的可能性很小的物质。

②船舱内装有大量本项物质时,由燃烧转为爆炸的可能性较大。如 B 型爆破用炸药、E 型爆破用炸药(乳胶炸药、浆状炸药和水凝胶炸药)、铵油炸药、铵松蜡炸药等。

(6)1.6 项:无整体爆炸危险的极端不敏感物品。

①本项包括仅含有极不敏感爆炸物质,并且其意外引发爆炸或传播的概率可忽略不计的物品。

②本项物品的危险仅限于单个物品的爆炸。

2.1.1.3　爆炸品的特性

1)爆炸性强

爆炸品都具有化学不稳定性,在一定外因的作用下,能以极快的速度发生猛烈的化学反应,产生的大量气体和热量在短时间内无法逸散开去,致使周围的温度迅速升高并产生巨大的压力而引起爆炸。

例如,黑火药的爆炸反应:$2KNO_3+S+3C \xrightarrow{\quad\quad} K_2S+N_2\uparrow+3CO_2\uparrow+$热量

显然,黑火药的爆炸反应就具备化学爆炸的三个特点:反应速度极快,瞬间即进行完毕,产生大量气体(280 L/kg),放出大量的热(3 015 kJ/kg),火焰温度高达 2 100 ℃以上。

煤在空气中点燃后,虽然也能放出大量的热和气体:$C+O_2 \xrightarrow{\quad\quad} CO_2\uparrow+$热量,但由于煤的燃烧速度比较慢,产生的热量和气体逐渐地扩散开去,不能在其周围产生高温和巨大压力,所以只是燃烧而不是爆炸。

2)敏感度高

各种爆炸品的化学组成和性质决定了它具有发生爆炸的可能性,但如果没有必要的外界作用,爆炸是不会发生的。也就是说,任何一种爆炸品的爆炸都需要外界供给它一定的能量——起爆能。

不同的炸药所需的起爆能不同,某一炸药所需的最小起爆能,即为该炸药的敏感度(简称"感度")。起爆能与敏感度成反比,起爆能越小,敏感度越高。

从储运的角度来讲,希望敏感度低些,但实际上如炸药的敏感度过低,则需要消耗较大的起爆能,造成使用不便,因而各使用部门对炸药的敏感度都有一定的要求。了解各种爆炸品的敏感度,在生产、储存、运输、使用中适当控制,确保安全。

爆炸品的敏感度主要分热感度(如加热、火花、火焰等),机械感度(如冲击、针刺、摩擦、撞击等),静电感度(如静电、电火花等),起爆感度(如雷管、炸药等)等;不同的爆炸品的各种感度数据是不同的。爆炸品在储运中必须远离火种、热源及防震等要求就是根据它的热感度和机械感度来确定的。

决定爆炸品敏感度的内在因素是它的化学组成和化学结构,影响敏感度的外来因素还有温度、杂质、结晶、密度等。

(1)化学组成和化学结构。

爆炸品的化学组成和化学结构是决定其具有爆炸性质的主要因素。具体地讲是由于分子中含有某些"炸性基团"引起的。例如:叠氮化合物中的 —N═N≡N 基;雷汞、雷银中的 —O—N═C 基;硝基化合物中的—NO_2 基;重氮化合物中的 —N═N— 基等。

另外,爆炸品分子中含有"炸性基团"数目对敏感度也有明显的影响,例如芳香族硝基化合物,随着分子中硝基($-NO_2$)数目的增加,其敏感度亦增高。硝基苯只含有一个硝基,它在加热时虽然分解,但不易爆炸,因其毒性突出定为毒害品;(邻、间、对)二硝基苯虽然具有爆炸性,但不敏感,由于它的易燃性比爆炸性更突出,所以定为易燃固体;三硝基苯所含硝基的数目在三者中最多,其爆炸性突出,非常敏感,故定为爆炸品。

(2)温度。

不同爆炸品的温度敏感度是不同的,例如:雷汞为 165 ℃,黑火药为 270~300 ℃,苦味酸为 300 ℃。同一爆炸品随着温度升高,其机械感度也升高。原因在于其本身具有的内能也随温度相应地增高,对起爆所需外界供给的能量则相应地减少。因此,爆炸品在储存、运输中绝对不允许受热,必须远离火种、热源,避免日光照射,在夏季要注意通风降温。

(3)杂质。

沙粒、石子、水、金属、酸、碱等杂质对爆炸品的敏感度也有很大影响,而且不同的杂质所起的影响也不同。在一般情况下,固体杂质,特别是硬度高、有尖棱的杂质能增加爆炸品的敏感度。因为这些杂质能使冲击能量集中在尖棱上,产生许多高能中心,促使爆炸品爆炸。例如 TNT 中混进沙粒后,敏感度就显著提高。

因此,在储存、运输中,特别是在撒漏后收集时,要防止沙粒、尘土混入。相反,松软的或液态杂质混入爆炸品后,往往会使敏感度降低。例如,雷汞含水大于 10% 时可在空气中点燃而不爆炸;苦味酸含水量超过 35% 时就不会爆炸。因此,在储存中,对加水降低敏感度的爆炸品如苦味酸等,要经常检查有无漏水情况,含水量少时应立即添加,包装破损时要及时修理。

(4)结晶。

有些爆炸品由于晶型不同,它的敏感度也不同。例如:液体硝化甘油炸药在凝固、半凝固时,结晶多呈三斜晶系,属不安定型。不安定型结晶比液体的机械感度更高,对摩擦非常敏感,甚至微小的外力作用就足以引起爆炸。因此,硝化甘油炸药在冷天要做防冻工作,储存温度不低于 15 ℃,以防止冻结。

(5)密度。

爆炸品随着密度增大,通常敏感度均有所下降。粉碎、疏松的爆炸品敏感度高,是因为密度不仅直接影响冲击力、热量等外界作用在爆炸品中的传播,而且对炸药颗粒之间的相互摩擦也有很大影响。在储运中应注意包装完好,防止破裂致使炸药粉碎而导致危险。

3)爆炸破坏性强

爆炸品一旦发生爆炸,爆炸中心的高温、高压气体产物会迅速向外膨胀,剧烈地冲击、压缩周围原来平静的空气,使其压力、密度、温度突然升高,形成很强的空气冲击波并迅速向外传播。冲击波在传播过程中有很大的破坏力,会使周围建筑物遭到破坏和人员遭受伤害。爆炸品无论是储存还是运输,量都比较大,一旦发生爆炸事故危害会更大,所以必须重视爆炸品的爆炸破坏性。

（1）爆炸的破坏作用。

爆炸的破坏作用可包括以下4个方面：

①爆炸火球对物体的直接作用。炸药爆炸产生的高温、高压、高能量密度的气体产物最初呈一个炽热的火球，其迅速膨胀对周围的物体有灼烧和猛烈冲击作用，可以烧穿钢甲、炸碎弹体、炸坏建筑或设备，也可以使邻近炸药产生殉爆或引起火灾。

②空气冲击波的作用。炸药爆炸形成的空气冲击波可以使人体内脏器官受到损伤，使建筑物遭到破坏，引起邻近炸药的殉爆。

③固体飞散物的作用。由于爆炸而抛掷起来的石块、破片、碎砖等固体飞散物，可以击伤人员和砸坏建筑物。

④地震波的作用。爆炸引起的地震效应以地震波的形式向周围传播，使邻近建筑物遭到破坏。

一般来说，爆炸火球的作用距离较近，只有在装药半径的7～14倍之内；石块、碎片等固体飞散物有时被抛掷很远，但它对建筑物只能造成局部破坏；地震波对人不起什么直接作用，只是对建筑物有害，特别是大容量地下炸药库或洞库爆炸时的地震波对附近建筑物威胁较大，但地震波比空气冲击波衰减快得多。相比之下，爆炸形成的空气冲击波传播距离很远，破坏作用很大，能使邻近炸药产生殉爆，邻近建筑物遭受一定程度破坏，对附近人员也有一定杀伤作用。从爆炸能量分布来看，敞开条件下爆炸时大约有75%的能量传给了空气冲击波。所以，在考虑地面爆炸品仓库发生事故的破坏作用时，主要考虑空气冲击波的作用。

（2）爆炸空气冲击波的特性。

炸药爆炸时，在短时间内释放大量高热的气态产物，其压力极高，可达10^4 MPa以上，因而以很高的速度向周围膨胀扩散，扩散速度可达3 000～5 000 m/s，这就在空气中形成初始冲击波。初始冲击波波阵面上的压力可达100～200 MPa，并以每秒几千米的速度在空气中传播，以致强烈压缩周围空气，把自己的一部分能量传递给空气粒子，引起这些空气粒子的剧烈运动。爆炸空气冲击波的所有这些特性决定了它能对爆源周围的建筑物和构筑物产生强烈的机械破坏作用。先是冲击波波头以极大的速度袭击遇到的障碍物，紧跟在冲击波波头后面的是以很高速度、朝同一方向运动的空气介质流，它以猛烈的冲击力对障碍产生补充破坏作用，使其倾翻或破坏。

空气冲击波在传播过程中，不断把能量传递给周围介质和遇到的障碍物，其自身能量不断减少，强度不断衰减。随着冲击波远离爆源，其压力和速度逐渐减小，最后衰减成对人员和建筑物不再构成危险的音波，以至最后完全消失。

（3）空气冲击波对建筑物的破坏和对人员的杀伤。

①对建筑物的破坏作用。根据我国爆炸试验和爆炸事故统计资料，得出建筑物破坏等级与冲击波超压峰值的关系，见表2.2。

表2.2 空气冲击波超压对建筑物的破坏作用

破坏等级	破坏程度	破坏特征描述									冲击波峰值超压/MPa
		玻璃	木门窗	砖外墙	木屋盖	钢筋混凝土屋盖	瓦屋面	顶棚	内墙	钢筋混凝土柱	
一	基本无破坏	偶然破坏	无损坏	无损坏	无损坏	无损坏	无损坏	无损坏	无损坏	无损坏	0.002~0.007
二	次轻度破坏	少部分到大部分呈大块、条状或小块破坏	窗扇少量破坏	无损坏	无损坏	无损坏	少量移动	抹灰少量掉落	板条墙抹灰小量掉落	无损坏	0.007~0.015
三	轻度破坏	粉碎	窗扇大量破坏,窗框、门扇破坏	出现较小裂缝,最大宽度大于5 mm,稍微使其倾斜	木屋面板变形,偶然有折裂	无损坏	大量移动	抹灰大量掉落	板条墙抹灰大量掉落	无损坏	0.015~0.03
四	中等破坏	粉碎	窗扇掉落、门倒、内扇破坏	出现较大裂缝,最大宽度在5~50 mm,有明显倾斜,砖垛出现较小裂缝	木屋面板、木屋檩条折裂,木屋支架松动	出现微小裂缝,最大宽度大于1 mm	少量移动到全部掀掉	木龙骨部分破坏,下垂,裂缝	砖内墙出现较小裂缝	无损坏	0.03~0.05
五	次严重破坏	粉碎	窗扇掉落、门倒、内扇大量破坏	出现严重裂缝,最大宽度大于50 mm,严重倾斜,砖垛出现较大裂缝	木檩条折断,木屋架杆偶然折裂,支座错位	出现明显裂缝,最大宽度在1~2 mm,修理后能继续使用	全部掀掉	塌落	砖内墙出现较大裂缝	无损坏	0.05~0.1

续表

破坏等级	破坏程度	破坏特征描述									冲击波峰值超压/MPa
		玻璃	木门窗	砖外墙	木屋盖	钢筋混凝土屋盖	瓦屋面	顶棚	内墙	钢筋混凝土柱	
六	严重破坏	粉碎	全部摧毁	部分倒塌	部分倒塌	出现较宽裂缝,最大宽度大于2 mm	全部掀掉	全部塌落	砖内墙出现严重裂缝到部分倒塌	有倾斜	0.1～0.2
七	完全破坏	粉碎	全部摧毁	大部分到整个倒塌	整个倒塌	砖墙承重的大部分到整个倒塌,钢筋混凝土柱严重破坏	全部掀掉	全部倒塌	大部分倒塌	有较大倾斜	大于0.2

②对人员的杀伤作用。空气冲击波对人员的杀伤作用主要是引起听觉器官损伤、内脏器官出血以及死亡。较小的冲击波能引起耳膜破裂,稍大的冲击波会引起肺、肝和脾等内脏器官的严重损伤。在无掩蔽的情况下,人员无法承受 0.02 MPa 以上的冲击波超压。用羊、狗做实验(动物取立姿,腹部正对爆炸中心),实验药量为 1～40 t,测得冲击波峰值超压划分的动物死亡等级见表2.3。

表2.3　冲击波峰值超压与动物伤亡等级的关系

伤亡等级	等级程度	伤亡特征	对比距离/m	冲击波峰值超压/MPa
一	无伤	无损伤	>12	<0.01
二	轻伤	1/4 肺气肿,散在性肺气肿或2～3个脏器点状出血	7～12	0.025～0.010
三	中伤	1/3 肺气肿,1～3 个脏器片状出血或1个脏器大片出血	4.5～7	0.045～0.025
四	重伤	1/3 肺气肿,3 个以上脏器片状(0.5 cm² 左右)出血或2个脏器大片(1 cm² 以上)出血	3.7～4.5	0.075～0.045
五	死亡	当场死亡或伤势来得急,无法抢救	<3.7	>0.075

表2.3 的情况说明,1 kg TNT 爆炸时空气冲击波对人的安全距离按伤亡等级一级计算,应在安全距离 12 m 以外;对建筑物的安全距离,按破坏等级二级计算,应在安全

距离 17 m 以外。

4）自燃危险性

一些火药在一定温度下可不用火源的作用即自行着火或爆炸,如双基火药长时间堆放在一起,由于火药的缓慢热分解放出的热量及产生的 NO_2 气体不能及时散发出去,火药内部就会产生热积累,当达到其自燃点时就会自行着火或爆炸。这是火药爆炸品在储存和运输工作需特别注意的。

从微观看,火药中的分子是处于运动状态的,每个分子所处的位能符合分子状态分布的规律,也就是位能极高的分子或极低的分子数目很少,而大部分的分子位于平均位能周围,只有分子中的活化分子才能产生化学反应。在常温下,火药中也有活化分子,但这种分子很少,分解反应进行得很慢,慢到用普通方法无法观测,化学反应释放的热量也很少,可以及时散失到周围介质中。但当产生热积累时,火药就会自动升温。温度升高会使系统中的活化分子数目增多,因此增加了分解反应的速度,反应放热又会自动加热升温,从而使反应加速,最终导致炸药的自燃或爆炸。这里说明了火药遇热敏感性;对于多元醇硝酸酯为基的火药还存在着分解产物 NO 的自动催化作用(安定剂失效后)。所以压延后的双基药粒(50 ℃)不得装入胶皮口袋内,各种火药不得堆大垛长时存放,储存中应注意及时通风和散热散潮。

5）着火危险性

由炸药的成分可知,凡是炸药,百分之百都是易燃物质,而且着火不需外界供给氧气。这是因为许多炸药本身就是含氧的化合物或者是可燃物与氧化剂的混合物,受激发能源作用就能发生氧化-还原反应而形成分解式燃烧。同时,炸药爆炸时放出大量的热,形成数千摄氏度的高温,能使自身分解出的可燃性气态产物和周围接触的可燃物质起火燃烧,造成重大火灾事故。因此必须做好炸药爆炸时的火灾预防工作,并针对炸药爆炸时的着火特点进行施救。

6）毒害性

很多炸药,例如 TNT、硝化甘油、雷汞等本身都具有一定毒害性,且绝大部分爆炸品爆炸时能产生 CO、CO_2、HCN、NO_2、N_2 等有毒或窒息性气体,可从呼吸道、食道甚至皮肤等进入体内,引起中毒。这是因为它们本身含有形成这些有毒或窒息性气体的元素,在爆炸的瞬间,这些元素的原子相互间重新结合而组成一些有毒的或窒息性的气体。如三硝基苯酚 $[C_6H_2(NO_2)_3OH]$,分子中含有 C、H、O、N 等元素,它们通过爆炸反应就可生成 CO、CO_2、HCN、NO_2 等气体。因此,在炸药爆炸场所进行施救工作时,除防止爆炸伤害外,还应注意防毒。

2.1.1.4　常见的爆炸品

1）导火索

(1)理化性质:导火索以黑火药为芯体,外层包有棉线,外形与棉绳相似,制成卷状,一般每卷长 50 m。对火焰敏感,爆燃点 290 ~ 300 ℃,爆温 2 200 ~ 2 380 ℃,燃速约 1 cm/s;能用明火或拉火管点燃。

(2)危险特性:接触火焰、电火花,或受到猛撞,或受到摩擦,均能引起燃烧。

(3)灭火剂:大量水;禁用沙土压盖。

2)2,4,6-三硝基甲苯(干的或含水<30%)

(1)别名:TNT、茶色炸药;分子式:$CH_3C_6H_2(NO_2)_3$。

(2)理化性质:白色或淡黄色针状结晶。无臭,有毒,几乎不溶于水,微溶于乙醇,溶于苯、甲苯和丙酮;遇碱则生成不安定的爆炸物;撞击敏感度为14.7 N·m;暴露在日光下颜色会变深;是猛性炸药,亦是多种混合炸药的组分。

(3)危险特性:撞击、摩擦、明火、高温均能引起燃烧爆炸。

(4)灭火剂:大量水;禁用沙土盖压。

3)环三亚甲基三硝胺(含水≥15%或含钝感剂)

(1)别名:黑索金、旋风炸药;分子式:$C_3H_6N_3(NO_2)_3$。

(2)理化性质:无臭无味白色粉状结晶,几乎不溶于水,可溶于浓硝酸和丙酮,是爆炸力极强大的猛性炸药。

(3)危险特性:遇明火、高温或受震动、撞击、摩擦,有引起燃烧爆炸危险。

(4)灭火剂:大量水;禁用沙土盖压。

2.1.2 第2类:气体

2.1.2.1 气体的概念和范围

本类气体指满足下列条件之一的物质:

①在50 ℃时,蒸气压力大于300 kPa;

②20 ℃时,在101.3 kPa标准压力下完全是气态。

本类包括压缩气体、液化气体、溶解气体和冷冻液化气体、一种或多种气体与一种或多种其他类别物质的蒸气的混合物、充有气体的物品和气雾剂。

(1)压缩气体是指在-50 ℃下加压包装供运输时完全是气态的气体,包括临界温度小于或等于-50 ℃的所有气体。

(2)液化气体是指在温度大于-50 ℃下加压包装供运输时部分是液态的气体,可分为:

①高压液化气体:临界温度在-50~65 ℃的气体;

②低压液化气体:临界温度大于65 ℃的气体。

(3)溶解气体是指加压包装供运输时溶解于液相溶剂中的气体。

(4)冷冻液化气体是指包装供运输时由于其温度低而部分呈液态的气体。

2.1.2.2 气体的分项

第2类气体分为3项。

(1)第2.1项:易燃气体。

本项包括在20 ℃和101.3 kPa条件下满足下列条件之一的气体:

①爆炸下限小于或等于13%。

②不论其爆燃性下限如何,其爆炸极限(燃烧范围)大于或等于12%。

注:如压缩或液化的氢气、乙炔气、一氧化碳、甲烷等C5以下的烷烃、烯烃,无水的

一甲胺、二甲胺、三甲胺,环丙烷、环丁烷、环氧乙烷,四氢化硅、液化石油气等。

(2)第2.2项:非易燃无毒气体。

本项包括窒息性气体、氧化性气体以及不属于其他项别的气体。

本项不包括在温度20 ℃时的压力低于200 kPa并且未经液化或冷冻液化的气体。

注:如氧气、压缩空气、二氧化碳、氮气、氖气、氙气、氩气等均属此项。值得注意的是,此类气体虽然不燃、无毒,但由于处于压力状态下,故仍具有潜在的爆裂危险,其中氧气和压缩空气等还具有强氧化性,属气体氧化剂或氧化性气体,逸漏时遇可燃物或含碳物质也会着火或使火灾扩大,所以,此类气体的危险性是不可忽视的。另外,对氧气和压缩空气等氧化性气体,其火灾危险性还应按乙类管理。

(3)第2.3项:毒性气体。

本项包括满足下列条件之一的气体:

①其毒性或腐蚀性对人类健康造成危害;

②急性半数致死浓度 LC_{50} 值小于或等于5 000 mL/m^3 的毒性或腐蚀性气体。

注:如氟气、氯气等有毒氧化性气体,氨气、无水溴化氢、磷化氢、砷化氢、无水硒化氢、煤气、氮甲烷、溴甲烷、锗烷等有毒易燃气体均属此项。

氟气、氯气等都是氧化性极强的气体,与可燃气体混合可形成爆炸性混合物,在生产、储存中其火灾危险性当属甲类。

另外,具有两个项别以上危险性的气体和气体混合物,其危险性先后顺序为2.3项优先于其他项,2.1项优先于2.2项。

2.1.2.3 气体的特性

1)易燃易爆性

在列入《危险货物品名表》的气体中,约有54.1%是可燃气体,有61%的气体具有火灾危险。可燃气体的主要危险性是易燃易爆性。所有处于燃烧浓度范围之内的可燃气体,遇火源都可能发生着火或爆炸,有的可燃气体遇到极微小能量着火源的作用即可引爆。一些可燃气体在空气中的最小引燃能量见表2.4。

表2.4 一些可燃气体在空气中的最小引燃能量

可燃气体	最小引燃能量/mJ	可燃气体	最小引燃能量/mJ
甲烷	0.28	丙炔	0.152
乙烷	0.25	1,3-丁二烯	0.013
丙烷	0.26	丙烯	0.28
戊烷	0.51	环氧丙烷	0.19
乙炔	0.019	环丙烷	0.17
乙烯基乙炔	0.082	氢	0.019
乙烯	0.096	硫化氢	0.068
正丁烷	0.25	环氧乙烷	0.087
异戊烷	0.70	氮	1 000(不着火)

可燃气体着火或爆炸的难易程度,除受着火源能量大小的影响外,主要取决于其化学组成,而其化学组成又决定可燃气体燃烧浓度范围的大小、自燃点的高低、燃烧速度的快慢和发热量的多少。

综合可燃气体的燃烧现象,其易燃易爆性具有以下3个特点。

(1)比液体、固体易燃,且燃速快,一燃即尽。这是因为一般气体分子间引力小,容易断键,无须熔化分解过程,也无须用经熔化、分解所消耗的热量。

(2)一般来说,由简单成分组成的气体比复杂成分组成的气体易燃,燃速快,火焰温度高,着火爆炸危险性大。如氢气(H_2)比甲烷(CH_4)、一氧化碳(CO)等组成复杂的可燃气体易燃,且爆炸浓度范围大。这是因为单一成分的气体不需受热分解的过程和分解所消耗的热量。简单成分气体和复杂成分气体的火灾危险性比较见表2.5。

表2.5　简单成分气体和复杂成分气体的火灾危险性比较

气体名称	化学组成	最大直线燃烧速度/($cm \cdot s^{-1}$)	最高火焰温度/℃	爆炸浓度范围/%(体积)
氢气	H_2	210	2 130	4 ~ 75
一氧化碳	CO	39	1 680	12.5 ~ 74
甲烷	CH_4	33.8	1 800	5 ~ 15

(3)价键不饱和的可燃气体比相对应价键饱和的可燃气体的火灾危险性大。这是因为不饱和的可燃气体的分子结构中有双键或三键存在,化学活性强,在通常条件下,即能与氯、氧等氧化性气体起反应而发生着火或爆炸,所以火灾危险性大。

2)扩散性

处于气体状态的任何物质都没有固定的形状和体积,且能自发地充满任何容器。由于气体的分子间距大,相互作用小,所以非常容易扩散。

压缩气体和液化气体的扩散特点主要体现在以下几方面:

(1)比空气轻的可燃气体逸散在空气中可以无限制地扩散与空气形成爆炸性混合物,并能够顺风飘荡,迅速蔓延和扩展。

(2)比空气重的可燃气体泄漏出来时,往往飘浮于地表、沟渠、隧道、厂房死角等处,长时间聚集不散,易与空气在局部形成爆炸性混合气体,遇着火源发生着火或爆炸。同时,密度大的可燃气体一般都有较大的发热量,在火灾条件下,易于造成火势扩大。常见可燃气体的相对密度与扩散系数的关系见表2.6。

表2.6　常见可燃气体的相对密度与扩散系数的关系

气体名称	扩散系数/($cm^2 \cdot s^{-1}$)	相对密度	气体名称	扩散系数/($cm^2 \cdot s^{-1}$)	相对密度
氢气	0.634	0.07	乙烯	0.130	0.97
乙炔	0.194	0.91	甲醚	0.118	1.58
甲烷	0.196	0.55	液化石油气	0.121	1.56
氨气	0.198	0.596 2			

掌握可燃气体的相对密度及其扩散性,不仅对评价其火灾危险性的大小,而且对选择通风门的位置、确定防火间距以及采取防止火势蔓延的措施都具有实际意义。

3)可缩性和膨胀性

任何物体都有热胀冷缩的性质,气体也不例外,其体积也会因温度的升降而胀缩,且胀缩的幅度比液体要大得多。

压缩气体和液化气体的可缩性和膨胀性特点如下:

(1)当压力不变时,气体的温度与体积成正比,即温度越高,体积越大。通常气体的相对密度随温度的升高而减小,体积却随着温度的升高而增大。如压力不变时,液态丙烷60 ℃时的体积比10 ℃时的体积膨胀了20%还多,其体积与温度的关系见表2.7。

表2.7 液态丙烷体积与温度的关系

温度/℃	−20	0	10	15	20	30	40	50	60
相对密度	0.56	0.53	0.517	0.509	0.5	0.486	0.47	0.45	0.43
热胀率/%	96.2	96.2	98.7	100	101	104.9	109.1	113.8	119.3

(2)当温度不变时,气体的体积与压力成反比,即压力越大,体积越小。如对100 L、质量一定的气体加压至1 013.25 kPa时,其体积可以缩小至10 L。这一特性说明,气体在一定压力下可以压缩,甚至可以压缩成液态。所以,气体通常都是经压缩后存于钢瓶中的。

(3)当体积不变时,气体的温度与压力成正比,即温度越高,压力越大。这就是说,当储存在固定容积容器内的气体被加热时,温度越高,其膨胀后形成的压力就越大。如果盛装压缩或液化气体的容器(钢瓶)在储运过程中受到高温、暴晒等热源作用时,容器、钢瓶内的气体就会急剧膨胀,产生比原来更大的压力。当压力超过了容器的耐压强度时,就会引起容器的膨胀,甚至爆裂,造成伤亡事故。因此,在储存、运输和使用压缩气体和液化气体的过程中,一定要注意防火、防晒、隔热等措施;在向容器、气瓶内充装时,要注意极限温度和压力,严格控制充装量。防止超装、超温、超压。表2.8列出了各组分液化石油气在不同温度下的饱和蒸气压,可从中看出温度的影响程度。

表2.8 各组分液化石油气在不同温度下的饱和蒸气压　　　　　单位:MPa

温度/℃	气体组分								
	丙烷	丙烯	正丁烷	异丁烷	正丁烯	异丁烯	25%丁烷 75%丙烷	50%丁烷 50%丙烷	75%丁烷 25%丙烷
−50	0.08	0.09	0.010	0.017	0.009	—	0.062	0.045	0.027
−40	0.12	0.14	0.018	0.027	0.017	—	0.094	0.069	0.043
−30	0.18	0.20	0.028	0.044	0.027	0.044	0.142	0.104	0.066
−20	0.27	0.30	0.045	0.069	0.041	0.069	0.213	0.157	0.101
−10	0.37	0.41	0.068	0.102	0.064	0.102	0.295	0.219	0.143

续表

温度/℃	气体组分								
	丙烷	丙烯	正丁烷	异丁烷	正丁烯	异丁烯	25%丁烷 75%丙烷	50%丁烷 50%丙烷	75%丁烷 25%丙烷
0	0.47	0.59	0.130	0.106	0.130	0.160	0.384	0.288	0.192
10	0.64	0.76	0.150	0.230	0.140	0.230	0.517	0.395	0.272
20	0.80	0.98	0.200	0.295	0.250	0.320	0.690	0.530	0.370
30	1.10	1.33	0.290	0.420	0.270	0.420	0.900	0.695	0.492
40	1.43	1.70	0.390	0.550	0.360	—	1.170	0.910	0.650
50	1.80	2.10	0.510	0.710	0.480	0.710	1.475	1.155	0.832

4）带电性

从静电产生的原理可知,任何物体的摩擦都会产生静电,氢气、乙烯、乙炔、天然气、液化石油气等压缩气体或液化气体从管口或破损处高速喷出时也同样能产生静电,其主要原因是气体本身剧烈运动造成分子间的相互摩擦,气体中含有固体颗粒或液体杂质在压力下高速喷出时与喷嘴产生的摩擦等。

影响压缩气体和液化气体静电荷产生的主要因素如下。

（1）杂质。气体中所含的液体或固体杂质越多,多数情况下产生的静电荷也越多。

（2）流速。气体的流速越快,产生的静电荷也越多。

据实验,液化石油气喷出时,产生的静电电压可达 9 000 V,其放电火花足以引起燃烧。因此,压力容器内的可燃压缩气体或液化气体,在容器、管道破损时或放空速度过快时,都易产生静电,一旦放电就会引起着火或爆炸事故。

带电性是评定可燃气体火灾危险性的参数之一,掌握了可燃气体的带电性,可采取设备接地、控制流速等相应的防范措施。

5）腐蚀性、毒害性和窒息性

（1）腐蚀性。这里所说的腐蚀性主要是指一些含氢、硫元素的气体具有腐蚀性。比如硫化氢、硫氧化碳、氨、氢等都能腐蚀设备,削弱设备的耐压强度,严重时可导致调和系统裂隙、漏气,引起火灾等事故。目前危险性最大的是氢,氢在高压下能渗透到碳素中去,使金属容器发生"氢脆"。因此,对盛装这类气体的容器要采取一定的防腐措施。如用高压合金钢并含铬、钼等一定量的稀有金属制造材料,定期检验其耐压强度等。

（2）毒害性。在压缩气体和液化气体中,除氧气和压缩空气外,大都具有一定的毒害性。《危险货物品名表》列入管理的剧毒气体中,毒性最大的是氰化氢,当在空气中的含量达到 300 mg/m³ 时,能够使人立即死亡;达到 200 mg/m³ 时,10 min 后死亡;达到 100 mg/m³ 时,一般在 1 h 后死亡。不仅如此,氰化氢、硫化氢、硒化氢、锑化氢、二甲胺、氨、溴甲烷、二硼烷、二氯硅烷、锗烷、三氟氢乙烯等气体,除具有相当的毒性外,还具有一定的着火爆炸性,这一点是不可忽视的,切忌只看有毒气体标志而忽视了它们的火灾危险性。表2.9列出了一些有毒气体的火灾危险性,因此,在处理或扑救此类有毒可燃气体火灾时,应特别注意防止中毒。表2.10列出了一些可燃气体的毒害性,可从中看出其危害程度。

表2.9 一些有毒气体的火灾危险性

气体名称	闪点/℃	自燃点/℃	爆炸极限/%（体积）	气体名称	闪点/℃	自燃点/℃	爆炸极限/%（体积）
氨	—	651	15.7～27.4	煤气	—	648.89	4.5～40.0
磷化氢	—	100	2.12～15.3	水煤气	—	600	6.0～70.0
氰化氢	-17.78	537.78	5.60～40.0	砷化氢	—	—	3.9～77.8
溴甲烷	—	536	8.60～20.0	氰	—	—	6.6～43.0
氯甲烷	0	632	8.00～20.0	羰基硫			11.9～28.5

表2.10 一些可燃气体的毒害性

气体名称	容许含量/(mg·m⁻³)	短期暴露时对健康的相对危害	超过容许含量时吸入对人体的主要影响
磷化氢	0.4	中毒	中毒
硫化氢	15	中毒	—
氰化氢	1S	中毒	吸入或渗入皮肤,中毒
氯乙烯	1 300C	麻醉中毒	—
氯甲烷	210C	中毒	慢性中毒
一氧化碳	55T	中毒	化学窒息
氨	35	刺激	—
环氧乙烷	90	刺激中毒	—
液化石油气	1 800	麻醉	—
甲醛	3	刺激	皮肤、呼吸道过敏

（3）窒息性。除氧气和压缩空气外,其他压缩气体和液化气体都具有窒息性。一般地,压缩气体和液化气体的易燃易爆性和毒害性易引起人们的注意,而对其窒息性往往被忽视,尤其是那些不燃无毒的气体,如氮气、二氧化碳及氦、氖、氩、氪、氙等惰性气体,虽然它们无毒、不燃,但都必须盛装在容器内,并有一定的压力。如二氧化碳、氮气气瓶的工作压力均可达15 MPa,设计压力应可达20～30 MPa。这些气体一旦泄漏于房间或大型设备及装置内,均会使现场人员窒息死亡;另外,充装这些气体的气瓶也是压力容器,在受热或受到火场上的热辐射时,气瓶压力会升高,当超过其强度时便会发生爆裂,现场人员也会被伤害,这是应当注意的。

6）氧化性

除极易自燃的物质外,通常可燃性物质只有和氧化性物质作用,遇火源时才能发生燃烧。所以,氧化性气体是燃烧得以发生的最重要的要素之一。氧化性气体主要包括两类:一类是明确列为不燃气体的,如氧气、压缩或液化空气、一氧化二氮等;另一类是列为有毒气体的,如氯气、氟气、过氯酰氟、四氟肼、氯化溴、五氟化氯、亚硝酰氯、三氟化氮、二氟化氧、四氧化二氮、三氧化二氮、一氧化氮等。这些气体本身都不可燃,但氧化性很强,都是强氧化剂,与可燃气体混合时都能着火或爆炸。如氯气与乙炔气接触即可爆炸,氯气与氢气混合见光可爆炸,油脂接触到氧气能自燃,铁在氧气中也能燃烧等。因此,在实施消防安全管理时不可忽略这些气体的氧化性,尤其是列为有毒气体管理的氯气和氟气等氧化性气体,除应注意其毒害性外,亦应注意其氧化性,在储存、运输和使用时必须与可燃气体分开。一些常见可燃气体的主要性质见表 2.11。

表 2.11　一些常见可燃气体的主要性质

气体名称	分子式	相对分子质量	相对密度	自燃点/℃	爆炸极限/%(体积)	临界温度/℃	临界压力/atm	热值/(kJ·m^{-3})
氢	H_2	2	0.07	570	4.0~75.0	-240	12.8	10 784
甲烷	CH_4	16	0.55	537	5.0~15.0	-82.5	45.8	39 333
乙烷	C_2H_6	30	1.04	472	3.22~12.45	32.3	48.2	69 220
丙烷	C_3H_8	44	1.52	446	2.1~9.5	96.8	42.0	93 638
正丁烷	C_4H_{10}	58	2.01	430	1.5~8.5	152.8	36.0	121 220
异丁烷	$(CH_3)_2CHCH_3$	58	2.01	462	1.8~8.0	134.0	37.0	—
乙烯	C_2H_4	28	0.97	425	2.75~34.0	9.6	50.51	62 294
丙烯	C_3H_6	42	1.45	410	2.0~11.0	92.3	45.0	86 944
丁烯	C_4H_8	56	1.93	384	1.6~9.4	146.0	36.66	114 950
异丁烯	$CH_2{=}C(CH_3)_2$	56	1.93	465	1.7~8.8	144.7	39.41	—
丁二烯	C_4H_6	54	1.88	420	2.5~11.5	171.0	44.42	—
乙炔	C_2H_2	26	0.91	335	2.5~82.0	36.0	62.0	57 684
氯甲烷	CH_3Cl	50.5	1.74	632	8.2~19.7	143.0	66.43	—
氯乙烷	C_2H_5Cl	64.5	2.21	494	3.8~15.4	187.2	52.0	—

注:1 atm=101.325 kPa。

2.1.2.4　常见的气体

1)氢气

(1)分子式:H_2。

(2)理化性质:无色、无臭气体;不溶于水、乙醇、乙醚;无毒、无腐蚀性;相对密度 0.07(空气=1);极易燃烧,燃烧时火焰呈蓝色;爆炸极限 4.0%~75.6%(体积浓度);氢气、氧气混合燃烧火焰温度为 2 100~2 500 ℃;用于合成氨和甲醇、石油精馏、有机物氢化及用作火箭燃料。

（3）危险特性：氢气与空气混合能形成爆炸性混合物，爆炸极限范围较大，遇火星、高温能引起燃烧爆炸。它比空气轻，在室内使用或储存氢气，当有漏气时，氢气上升滞留屋顶，不易自然排出，遇火星时会引起爆炸，与氟、氯、溴等卤素能起剧烈的化学反应。

（4）灭火剂：雾状水、泡沫、二氧化碳、干粉。灭火时要先切断气源，否则不许熄灭正在燃烧的气体。

2）氧气

（1）分子式：O_2。

（2）理化性质：无色、无味、助燃性气体；正常大气中含有约 21% 的氧气；相对密度 1.43（空气=1）；熔点-218.4 ℃，沸点-183 ℃，饱和蒸气压 506.62 kPa（-164 ℃），临界温度-118.4 ℃，临界压力 5 080 kPa；能被液化和固化；1 L 液态氧为 1.14 kg，在 20 ℃、101.3 kPa 下能蒸发成 860 L 氧气，用于炼钢、切割、焊接金属，制造医药、染料、炸药等，还用于废水处理，航天、潜水、医疗的供氧。

（3）危险特性：是易燃物、可燃物燃烧爆炸的基本要素之一，能氧化大多数活性物质。与乙炔、氢、甲烷等易燃气体能形成爆炸性氢气，与空气混合能形成爆炸性混合物。能使活性金属粉末、油脂剧烈氧化引起燃烧。常压下，吸入 40% 以上氧气时，可能发生氧中毒，长期吸入可发生眼损害甚至失明。

（4）灭火剂：水。

3）氯气

（1）分子式：Cl_2。

（2）理化性质：黄绿色有刺激性的气体；常温下加压到 608～811 kPa 或在常压下冷却至-40～-35 ℃可液化，液化后为黄绿色透明液体；易溶于水和碱溶液；相对密度 2.5（空气=1）、1.5（水=1），沸点-34.0 ℃，饱和蒸气压 506.62 kPa（10.3 ℃）；用于漂白，制造氯化合物、盐酸、聚氯乙烯等。

（3）危险特性：本身虽不燃，但有助燃性，一般可燃物大都能在氯气中燃烧，在日光下与易燃气体混合时会发生燃烧爆炸。几乎对金属和非金属都有腐蚀作用。有剧毒，车间空气中最高容许浓度为 1 mg/m³。大鼠吸入半数致死量（LC_{50}）为 850 mg/m³。气体对眼、呼吸道有刺激作用，严重时会使人畜中毒，甚至死亡。受热时瓶内压力增大，危险性增加。

（4）灭火剂：泡沫、干粉。消防人员须戴防毒面具，穿防护服，在上风处灭火。

2.1.3 第3类：易燃液体

2.1.3.1 易燃液体的概念和范围

本类包括易燃液体和液态退敏爆炸品。

（1）易燃液体，是指易燃的液体或液体混合物，或是在溶液或悬浮液中有固体的液体，其闭杯试验闪点不高于 60 ℃，或开杯试验闪点不高于 65.6 ℃。易燃液体还包括满足下列条件之一的液体：

①在温度等于或高于其闪点的条件下提交运输的液体；

②以液态在高温条件下运输或提交运输,并在温度等于或低于最高运输温度下放出易燃蒸气的物质。

(2)液态退敏爆炸品,是指为抑制爆炸性物质的爆炸性能,将爆炸性物质溶解或悬浮在水中或其他液态物质后,而形成的均匀液态混合物。

符合本项中易燃液体的定义,但闪点高于 35 ℃ 而且不持续燃烧的液体,本标准中不视为易燃液体。符合下列条件之一的液体被视为不能持续燃烧:

①按照 GB/T 21622 规定进行持续燃烧试验,结果表明不能持续燃烧的液体;

②按照 GB/T 3536 确定的燃点大于 100 ℃ 的液体;

③按质量含水大于 90% 且混溶于水的溶液。

2.1.3.2 易燃液体的特性

1)高度易燃性

由于液体的燃烧是通过其挥发的蒸气与空气形成可燃性混合物,在一定的比例范围内遇火源点燃而实现的,因而液体的燃烧是液体蒸气与空气中的氧进行的剧烈反应。从表 2.12 可以看出,多数易燃液体被引燃只需要 0.5 mJ 左右的能量。由于易燃液体的沸点都很低,故易于挥发出易燃蒸气,且液体表面的蒸气压较大,加之着火所需能量极小,故易燃液体都具有高度易燃性。如二硫化碳的闪点为 -30 ℃,最小引燃能量为 0.015 mJ;甲醇闪点为 11.11 ℃,最小引燃能量为 0.215 mJ。

表 2.12　几种常见易燃液体蒸气在空气中的最小引燃能量

液体名称	最小引燃能量/mJ	液体名称	最小引燃能量/mJ
噻吩	0.39	二乙胺	0.75
环己烷	0.22	异丙胺	2.0
甲醚	0.33	乙胺	2.4
二甲氧基甲烷	0.42	苯	0.55
乙醚	0.19	二硫化碳	0.015
异丙醚	1.14	汽油	0.1~0.2

影响易燃液体易燃性的因素很多,且不同的液体又有不同的特点。从烃类易燃液体看,影响其易燃性的内在因素主要有以下几点。

(1)相对分子量。表 2.13 列出了烷烃和芳烃的相对分子质量与燃烧的关系,从表 2.13 可以看出:相对分子质量越小,闪点越低,燃烧范围越大,着火的危险性也就越大;相对分子量越大,自燃点越低,受热时越容易自燃起火。这是因为相对分子质量小,分子间隔大,易蒸发;沸点、闪点低,易达到爆炸极限范围;但自燃点不同,因为物质的相对分子量大,分子间隔小,黏度大,蓄热条件好,所以易自燃。如在 20 ℃ 时,松节油的黏度为 1.49×10^{-3} Pa·S,其自燃点为 235 ℃;而苯的黏度是 0.65×10^{-3} Pa·S,其自燃点是 574 ℃。

表 2.13　烷烃和芳烃的火灾危险性

液体名称		相对分子质量	闪点/℃	爆炸极限/%（体积）	自燃点/℃
烷烃	戊烷	72	<-40	1.4~8.0	260
	己烷	86	-20	1.2~7.5	247
	庚烷	100	-4.05	1.2~6.7	226
	辛烷	114	16.05	1.0~6.2	225
	壬烷	128	33.5	0.7~2.9	206
	癸烷	142	47.0	0.6~5.4	230
芳烃	苯	78	-14	1.5~9.5	580
	甲苯	92	5.5	1.5~7.0	576
	乙苯	106	23.5	0.9~3.9	448
	丙苯	120	30.5	0.68~4.2	431
	丁苯	134	52.0	0.8~5.8	421

（2）分子结构。

从各种烃类液体的分子结构看，其易燃性大致有如下规律。

①烃的含氧衍生物燃烧的难易程度，一般是：醚>醛>酮>酯>醇>酸，见表 2.14。

表 2.14　烃的含氧衍生物的火灾危险性

液体名称	分子简式	闪点/℃	自燃点/℃	爆炸极限/%（体积）
乙醚	$C_2H_5OC_2H_5$	-45	180	1.85~48.6
乙醛	CH_3CHO	-40	185	4.0~57.0
丙酮	CH_3COCH_3	-20	575	2.0~13.0
乙酸乙酯	$CH_3COOC_2H_5$	-5	481	2.2~11.4
乙醇	C_2H_5OH	11	414	3.3~18.0
乙酸	CH_3COOH	40	534	4.0~17.0

②不饱和有机液体的火灾危险比饱和有机液体的大。这是因为不饱和烃类的相对密度小，相对分子量小，分子间作用力小，沸点低，闪点低，所以不饱和烃类的火灾危险性大于饱和烃类。不饱和烃类与饱和烃类液体的火灾危险性比较，见表 2.15。

表 2.15　不饱和烃类与饱和烃类液体的火灾危险性比较

液体名称	分子简式	闪点/℃	自燃点/℃	爆炸极限/%（体积）
丙醇	C_3H_7OH	23.5	404	2.55~9.2
丙烯醇	$CH_2{=}CHCH_2OH$	21.0	378	2.5~18
丙醛	C_2H_5CHO	-12.5	221	2.9~17

液体名称	分子简式	闪点/℃	自燃点/℃	爆炸极限/%（体积）
丙烯醛	CH_2=CHCHO	-19	278	2.8 ~ 31
乙酸乙酯	$CH_3COOC_2H_5$	-5	481	2.2 ~ 11.4
乙酸乙烯酯	CH_3COOCH=CH_2	-5	361	2.9 ~ 12.5
二氯乙烷	$C_2H_4Cl_2$	13.0	413	6.2 ~ 16
二氯乙烯	ClHC=CHCl	<10	456	9.7 ~ 12.8
己烷	C_6H_{14}	-20	247	1.2 ~ 7.5
己烯	$CH_3CH_2CH_2CH_2CH$=CH_2	-29	—	—

③在同系物中，异构体的火灾危险性比正构体的大，受热自燃危险性则小。这是因为正构体链长，受热时易断，而异构体的氧化初温高、链短、受热不易断。同系物中正构体与异构体的火灾危险性比较见表2.16。

表2.16 同系物正构体与异构体的火灾危险性比较

物质名称	相对密度	沸点/℃	闪点/℃	自燃点/℃	爆炸极限/%（体积）
正丙醇	0.804	97.2	23.5	404	2.55 ~ 9.2
异丙醇	0.785	82.4	13	431	3.8 ~ 10.2
正丁醇	0.810	117.7	36	345	3.7 ~ 10.2
异丁醇	0.803	108.0	31.5	413	1.7 ~ 7.3
甲酸丙酯	0.903	81	-3	400	3.5 ~ 16.5
甲酸异丙酯	0.873	68	-6	460	3.6 ~ 10.7
乙酸丙酯	0.887	101.8	13.5	450	1.8 ~ 9
乙酸异丙酯	0.874	88.4	3	460	1.8 ~ 8
乙酸丁酯	0.876	125	25.5	371	1.7 ~ 15
乙酸异丁酯	0.871	118.0	17	421	2.4 ~ 10.5
乙酸戊酯	0.879	148.4	42	378.5	2.2 ~ 10
乙酸异戊酯	0.876	142.0	36.5	379	0.2 ~ 4.35

④在芳香烃的衍生物中，液体火灾危险性的大小主要取决于取代基的性质和数量。

a. 以甲基、氯基、羟基和氨基等取代时，取代基的数量越多，其着火爆炸的危险性越小。这是因为它们的相对密度和沸点随着取代基数量的增加而增加。芳香烃中氢被甲基、氯基、羟基、氨基取代时的火灾危险性比较见表2.17。

表 2.17 芳香烃中氢被甲基、氯基、羟基、氨基取代时的火灾危险性比较

液体名称	相对密度	沸点/℃	闪点/℃	自燃点/℃	爆炸极限/%（体积）
用甲基取代时					
甲苯	0.866	110.6	5.5	576	1.5～7.0
二甲苯	0.870	136.0	24	531	3.0～7.6
三甲苯	0.889	164.7	36.0	—	—
用氯基取代时					
氯苯	1.107	132	28.5	475	2.2～10
二氯苯	1.288	179	65.0	593	2.2～9.2
三氯苯	—	213	98.9	648	—
用羟基取代时					
苯酚	1.07	181.4	79	710	4～7.5
苯二酚	—	285.0	165	515	—
用氨基取代时					
苯胺	1.02	184	71	620	1.34～4.2
苯二胺	1.139	267	154	530	粉尘有爆炸危险性
甲苯胺	—	199.7	85	481	—
二甲苯胺	—	213	97	545	1～2.7

b. 以硝基取代时,取代基数的数量越多,则着火爆炸的危险性越大。这是因为硝基中的"N"是高价态,硝基极不稳定,易于分解而爆炸。

2）蒸气易爆性

由于液体在任意温度下都能蒸发,所以,在存放易燃液体的场所也都因蒸发而存在大量的易燃蒸气,并常常在作业场所或储存场地弥漫。如储运石油的场地能闻到各种油品的气味就是这个缘故。由于易燃液体具有这种蒸发性,所以当盛放易燃液体的容器有某种破损或不密封时,挥发出来的易燃蒸气扩散到存放或运载该物品的库房或车厢的整个空间,与空气混合,当浓度达到一定范围,即达到爆炸极限时,遇明火或火花即能引起爆炸。易燃液体的挥发性越强,这种爆炸危险就越大;同时,这些易燃蒸气可以任意飘散,或在低洼处聚积（油品蒸气的相对密度为 1.59～4）,使得易燃液体的储存更具有火灾危险性。但液体的蒸发性又随所处状态的不同而变化,影响其蒸发性的因素主要有以下几点。

（1）温度。液体的蒸发随着温度（液体温度和空气温度）的升高而加快,即温度越高,蒸发速度越快,反之则慢。因为液体的温度越高,分子平均运动速度就越快,能够克服液面的分子引力跑到空气中去的分子就越多。如汽油的挥发损耗,夏天比冬天大就是这个缘故。

（2）暴露面。液体的暴露面越大，蒸发量也就越大。因为暴露面越大，同时从液体里跑出来的分子数目也就越多；暴露面越小，飞出的就越少。所以汽油等挥发性强的液体应在口小、深度大的容器中盛装。

（3）相对密度。液体的相对密度与蒸发速度的关系是相对密度越小，蒸发得越快，反之则越慢。在实际工作中，除二硫化碳等少数特殊的液体外，通常是相对密度小的液体首先蒸发，而相对密度较大的液体则蒸发较慢，所需要蒸发的温度也较高。这就是在同一条件下，汽油蒸发损耗大，而润滑油却损耗极少的缘故。

（4）饱和蒸气压力。液面上的压力越大，蒸发越慢，反之则越快，这是通常的规律。因为液面受压后，在一定程度上阻碍了液体分子飞离液体表面的倾向，故蒸发就慢。但是当液体处于密闭容器中时，液体能蒸发成饱和蒸发，即液体处于动态平衡时的蒸气。所以对易燃液体来说，饱和蒸气压力越大，表明蒸发速度越快，蒸发在气相空间的蒸气分子数目就越多，故液体饱和蒸气压越大，火灾危险性就越大，对包装的要求也就越高。如甲乙醚在 −20 ℃ 时的饱和蒸气压为 8.933 kPa，在 30 ℃ 时饱和蒸气压可达 84.633 kPa；而汽油在 −20 ℃ 时没有饱和蒸气压，在 30 ℃ 时饱和蒸气压仅为 13.066 kPa，所以乙醚的火灾危险性比汽油大。因此乙醚要用高强度的容器盛装或在低温条件下储运，因为气温超过沸点时，其蒸气压力能导致容器爆裂和火灾事故。

（5）流速。液体流动的速度越快，蒸发越快，反之则慢。这是因为液体流动时，分子运动速度增大，部分分子更易克服分子间的相互引力而飞到周围的空气里，液体流动得越快，飞到空气里的分子就越多。此外，在空气流动时，飞到空气里的分子被风带走，空气不能被蒸气饱和，就会造成空气流动速度越快，带走的液体分子越多的不断蒸发的条件。在密闭的容器中，空气不流动，容器的气体空间被蒸气饱和后液体则不再蒸发。

3）受热膨胀性

易燃液体也和其他物体一样，有受热膨胀性。而且易燃液体的膨胀系数比较大，受热后体积容易膨胀，同时其蒸气压亦随之升高，从而使密封容器中内部压力增大，造成"鼓桶"，甚至爆裂，在容器爆裂时会产生火花而引起燃烧爆炸。因此，对盛装易燃液体的容器，应留有不少于5%的空隙，不可灌满，夏天要储存于阴凉处或用喷淋冷水降温的方法加以防护。

各种易燃液体的热胀体积可以通过下式计算：

$$V_t = V_0(1 + \beta d_t) \tag{2.1}$$

式中　V_t——液体受热后的体积，L；

　　　V_0——液体受热前的体积，L；

　　　β——液体在 0～100 ℃时的平均热胀系数；

　　　d_t——液体受热的温度，℃。

4）流动性

流动性是任何液体的通性。易燃液体的分子多为非极性分子，黏度一般都很小，不仅本身极易流动，还因渗透、浸润及毛细现象等作用，即使容器只有极细微裂纹，易燃液体也会渗出容器壁外，扩大其表面积，并源源不断地挥发，使空气中的易燃液体蒸气浓度增高,从而增加了燃烧爆炸的危险性。所以,为了防止液体泄漏、流散,在储存工作中应备置事故槽(罐)、构筑防火堤、设置水封井等。液体着火时,应设法堵截流散的液体,防止火势扩大蔓延。

液体流动性的强弱主要取决于液体本身的黏度。所谓黏度是指流体(包括液体和气体)内部阻碍其流动的一种特性,常以 mPa·s 为单位。液体的黏度越小,其流动性越强,反之则越弱。黏度大的液体随着温度升高而增强其流动性,即液体的温度升高,其黏度减小,流动性增强,因而火灾危险性增大。一些常见易燃液体在 20 ℃时的黏度见表2.18。

表2.18　一些常见易燃液体在 20 ℃时的黏度

液体名称	黏度/(mPa·s)	液体名称	黏度/(mPa·s)	液体名称	黏度/(mPa·s)
甲醇	0.584	乙酸	1.220	戊烷	0.229
乙醇	1.190	丙酸	1.100	甘油	149.900
丙醇	2.200	丁酸	2.360	松节油	1.46
乙醚	0.234	苯	0.650	乙酸乙酯	0.449
乙醛	0.222	甲苯	0.586	乙酸丙酯	0.580
丙酮	0.322	乙苯	0.670	乙二醇	19.900
甲胺	1.780	二甲苯	0.61~0.81	蓖麻油	98.600

5)带电性

多数易燃液体都是电介质,在灌注、输送和喷流过程中能够产生静电,当静电荷聚集到一定程度则会放电发火,故有引起着火或爆炸的危险。

液体的带电能力主要取决于介电常数和电阻率。一般来说,介电常数小于 10 F/m(特别是小于 3 F/m)、电阻率大于 $10^5\ \Omega\cdot cm$ 的液体都有较大的带电能力,如醚、酯、芳烃、二硫化碳、石油及石油产品等;而醇、醛、羧酸等液体的介电常数一般都大于 10 F/m,电阻率一般也都低于 $10^5\ \Omega\cdot cm$,则它们的带电能力就比较弱。一些易燃液体的介电常数和电阻率见表2.19。

表2.19　一些易燃液体的介电常数和电阻率

液体名称	介电常数/(F·m⁻¹)	电阻率/(Ω·cm)	液体名称	介电常数/(F·m⁻¹)	电阻率/(Ω·cm)
甲醇	32.62	5.8×10^6	苯	2.50	$>1\times10^{18}$
乙醇	25.80	6.4×10^6	乙苯	2.48	$>1\times10^{12}$
乙醛	>10	1.7×10^6	甲苯	2.29	$>1\times10^{14}$
乙醚	4.34	2.54×10^{12}	苯胺	7.20	2.4×10^8
丙酮	21.45	1.2×10^7	乙酸甲酯	6.40	—
丁酮	18.00	1.04×10^7	乙酸乙酯	7.30	—
戊烷	<4	$<2\times10^5$	乙二醇	41.20	3×10^7

续表

液体名称	介电常数/(F·m^{-1})	电阻率/(Ω·cm)	液体名称	介电常数/(F·m^{-1})	电阻率/(Ω·cm)
二硫化碳	2.65	—	甲酸	—	$5.6×10^5$
氯仿	5.10	>2×10^8	氯乙酸	20.0	$1.4×10^6$

液体产生静电荷的多少,除与液体本身的介电常数和电阻率有关外,还与输送管道的材质和流速有关。管道内表面越光滑,产生的静电荷越少;流速越快,产生的静电荷则越多。

无论在何等条件下产生静电,在积聚到一定程度时,都会发生放电现象。据测试,积聚的电荷大于4 V时,放电火花就足以引燃汽油蒸气。所以液体在装卸、储运过程中,一定要设法导泄静电,防止聚集而放电。掌握易燃液体的导电能力,不仅可据此确定其火灾危险的大小,还可据此采取相应的防范措施,如选用材质好而光滑的管道输送易燃液体,设备、管道接地,限制流速等。

6)毒害性

大多数易燃液体及其蒸气均有不同程度的毒性,有的还具有刺激性和腐蚀性。其毒性大小与其本身化学结构、蒸发的快慢有关。不饱和碳氢化合物、芳香族碳氢化合物和易蒸发的石油产品比饱和的碳氢化合物、不易挥发的石油产品的毒性要大。易燃液体对人体的毒害性主要表现在蒸发气体上。它能通过人体的呼吸道、消化道、皮肤三个途径进入体内,造成人体中毒。例如:甲醇、苯、二硫化碳等,不但吸入其蒸气会中毒,有的经皮肤吸收也会造成中毒事故,故应注意防护。

2.1.3.3　常见的易燃液体

1)汽油(闪点<-18 ℃)

(1)分子式:C_5H_{12} ~ $C_{12}H_{26}$。

(2)理化性质:无色或淡黄色易挥发液体,具有特殊的气味;不溶于水,易溶于苯、二硫化碳、醇等;相对密度0.7~0.78(水=1)、3.5(空气=1),沸点40~200 ℃,闪点-50 ℃,爆炸极限1.3%~6%。汽油根据用途分为航空汽油、车用汽油、溶剂汽油三类。汽油主要用于汽油发动机的燃料,也用于橡胶、油漆、制革、制鞋、印刷、颜料及机械零部件的清洗去污等。

(3)危险特性:易燃,其蒸气与空气可形成爆炸性混合物;遇明火、高热极易燃烧爆炸;与氧化剂能发生强烈反应;其蒸气比空气重,能沿低处扩散到相当远处,遇明火会引起回燃。

(4)灭火剂:泡沫、干粉、二氧化碳等;用水灭火无效。泄漏时应切断火源,撤离人员。小量泄漏时,可用沙土、蛭石等惰性材料吸收,在保证安全情况下,焚烧处理。大量泄漏时,应构筑围堤或挖坑收容,用泡沫覆盖避免大量挥发蒸气,用防爆泵转移至槽车或专用容器内,再行回收或处置。

2)甲苯

(1)别名:甲基苯。

(2)分子式:$C_6H_5CH_3$。

(3)理化性质:无色液体,能与苯、醇和醚相混合,不溶于水;相对密度0.87(水=1)、3.14(空气=1),沸点110.6℃,闪点4℃,自燃点535℃,爆炸极限1.2%~7%;用于生产甲苯衍生物、炸药、染料中间体、药物的原料,也用于汽油的掺和组分。

(4)危险特性:易燃,与空气混合能成为爆炸性混合物;遇到火种、高温、强氧化剂时有引起燃烧爆炸的危险;其蒸气比空气重,能沿低处扩散相当远,遇明火会回燃;对皮肤、黏膜有轻度的刺激作用,对中枢神经系统有麻醉作用;有低毒,车间空气中最高容许浓度为100 mg/m³。

(5)灭火剂:泡沫、干粉、二氧化碳、沙土等;用水灭火无效。

3)正丁醇

(1)分子式:$CH_3(CH_2)_3OH$。

(2)理化性质:无色透明液体;易燃,易挥发;微溶于水,能溶于酒精、醚及大多数有机溶剂;能溶解生物碱、樟脑、树胶、树脂;相对密度0.81(水=1)、2.55(空气=1),闪点35℃,自燃点340℃,爆炸极限1.4%~11.2%;用于制取酯类、塑料增塑剂、医药、油漆及作为溶剂。

(3)危险特性:易燃;其蒸气能与空气形成爆炸性混合物;遇明火、高温、强氧化剂有燃烧危险;有毒,车间空气中最大容许浓度为200 mg/m³。

(4)灭火剂:泡沫、二氧化碳、干粉、雾状水、沙土等。

2.1.4 第4类:易燃固体、易于自燃的物质、遇水放出易燃气体的物质

2.1.4.1 概念和范围

本类物质包含易燃固体、自反应的物质、固态退敏爆炸品、易自燃的物质和遇水放出易燃气体的物质等。

2.1.4.2 分项

第4类分为3项。

(1)第4.1项:易燃固体、自反应物质和固态退敏爆炸品。

①易燃固体:易于燃烧的固体或摩擦可能起火的固体。

②自反应物质:即使没有氧气(空气)存在,也容易发生激烈放热分解的热不稳定物质。

③固态退敏爆炸品:为抑制爆炸性物质的爆炸性能,用水或酒精湿润爆炸性物质,或用其他物质稀释爆炸性物质后而形成的均匀固态混合物。

注:易燃固体指燃点低,对热、撞击、摩擦敏感,易被外部火源点燃,燃烧迅速并可能散发出有毒烟雾或有毒气体的固体。如红磷、硫磷化合物(三硫化二磷),含水大于15%的二硝基苯酚等充分含水的炸药,任何地方都可以擦燃的火柴,硫黄、镁片、钛、锰、铁等元素的粒、粉或片,硝化纤维的漆纸、漆片、漆布,生松香、安全火柴、棉花、亚麻、黄麻、木棉等均属此项物品。

（2）第4.2项:易自燃的物质。

本项包括发火物质和自热物质:

①发火物质:即使只有少量与空气接触,不到5 min时间便燃烧的物质,包括混合物和溶液(液体或固体)。

②自热物质:发火物质以外的与空气接触便能自己发热的物质。

注:属于该项物品的有黄磷、钙粉,干燥的金属元素如铝粉、铅粉、钛粉、烷基镁、甲醇钠、烷基铝、烷基铝氢化物、烷基铝卤化物,硝化纤维片基、赛璐珞碎屑,油布、油绸及其制品,油纸、漆布及其制品,拷纱、棉籽、菜籽、油菜籽、葵花籽、尼日尔草籽等,油棉纱、油麻丝等含油植物纤维及其制品,种子饼,未加抗氧剂的鱼粉等。

（3）第4.3项:遇水放出易燃气体的物质。

本项物质是指遇水放出易燃气体,且该气体与空气混合能够形成爆炸性混合物的物质。

注:遇湿易燃物品常见的有锂、钠、钾、钙、铷、铯、锶、钡等碱金属、碱土金属,钠汞齐、钾汞齐,锂、钠、钾、镁、钙、铝等金属的氢化物(如氢化钙)、碳化物(如电石)、硅化物(如硅化钠)、磷化物(如磷化钙、磷化锌),以及锂、钠、钾等金属的硼氢化物(如硼氢化钠)和镁粉、锌粉、保险粉等轻金属粉末。

2.1.4.3 易燃固体的特性

1）燃点低,易点燃

易燃固体的着火点都比较低,一般在300 ℃以下,在常温下只要有能量很小的着火源与之作用即能引起燃烧。如镁粉、铝粉只要有20 mJ的点火能即可点燃;硫黄、生松香则需15 mJ的点火能即可点燃。有些易燃固体当受到摩擦、撞击等外力作用时也能引发燃烧。所以,易燃固体在储存、运输、装卸过程中,应当注意轻拿轻放,避免摩擦、撞击等外力作用。

2）遇酸、氧化剂易燃易爆

绝大多数易燃固体遇无机酸性腐蚀品、氧化剂等能够立即引起着火或爆炸。如萘与发烟硫酸接触反应非常剧烈,甚至引起爆炸;红磷与氯酸钾、硫黄与过氧化钠或氯酸钾相遇,稍经摩擦或撞击,都会引起着火或爆炸。所以,易燃固体绝对不许和氧化剂、酸类混储混运。

3）本身或燃烧产物有毒

很多易燃固体本身就是具有毒害性或燃烧后能产生有毒气体的物质,如硫黄、三硫化四磷等,不仅与皮肤接触(特别夏季有汗的情况下)能引起中毒,而且粉尘吸入后,亦能引起中毒;硝基化合物、硝基棉及其制品等易燃固体,由于本身含有硝基、亚硝基等不稳定的基团,在快速燃烧的条件下还可能转为爆炸,燃烧时亦会产生大量的一氧化碳、氧化氮、氢氰酸等有毒气体,故应特别注意防毒。

4）兼有遇湿易燃性

硫的磷化物类,不仅具有遇火受热的易燃性,还具有遇湿易燃性。如五硫化二磷、三硫化四磷等,遇水能产生具有腐蚀性和毒性的可燃气体硫化氢。所以,对此类物品还应注意防水、防潮。着火不可用水扑救。

5）自燃危险性

易燃固体中的赛璐珞、硝化棉及其制品等在积热不散的条件下都容易自燃着火,硝化棉在 40 ℃的条件下就会分解。因此,这些易燃固体在储存和远航水上运输时,一定要注意通风、降温、散潮,堆垛不可过大、过高,加强养护管理,防止自燃造成火灾。

易燃固体的特性跟它自身的分子结构及形态有关,影响易燃固体危险特性的因素主要有以下几点。

（1）单位体积的表面积。

同样的固体物质,单位体积的表面积越大,其火灾危险性就越大,反之则越小。这是因为固体物质燃烧,首先是从物质表面上开始的,而后逐渐深入物质的内部,所以,物质的表面积越大,和空气中的氧接触机会就越多,氧化作用就越容易、越普遍,燃烧速度也越快。如松木片的燃点为 238 ℃,而松木粉燃点为 196 ℃。实际观测得知,一块 1 cm^3 的木头,若将其分成 0.01 mm 见方的颗粒,其表面积就会从原来的 6 cm^2 增大到 6 000 cm^2。所以粉状物比块状物易燃,松散物比堆捆物易燃,就是因为增大了其与空气中氧气接触的面积。

（2）热分解温度。

硝化纤维及其制品、硝基化合物、某些合成树脂和棉花等由多种元素组成的固体物质,其火灾危险性还取决于热分解温度。一般规律是:热分解温度越低,燃速越快、火灾危险性越大;反之越小。一些易燃固体的热分解温度与燃点的关系见表 2.20。

表 2.20 一些易燃固体的热分解温度与燃点的关系

固体名称	热分解温度/℃	燃点/℃	固体名称	热分解温度/℃	燃点/℃
硝化棉	40	180	棉	120	210
赛璐珞	90～100	150～180	蚕丝	235	250～300
麻	107	150～200			

（3）含水率。

固体的含水率不同,其燃烧性也不同。如硝化棉含水在 35% 时就比较稳定,含水率在 20% 时就有着火危险,稍经摩擦、撞击或遇其他火种作用,都易引起着火。又如在危险品的管理中,干的或未浸湿的二硝基苯酚,有很大的爆炸危险性,所以列为爆炸品管理,但含水量达 15% 以上时,就主要表现为着火而不易发生爆炸,故对此类列为易燃固体管理。若二硝基苯酚完全溶解在水中时,其燃烧性能大大降低,主要表现为毒害性,所以将这样的二硝基苯酚列为毒害品管理。

2.1.4.4 常见的易燃固体

1）N,N-二亚硝基五亚甲基四胺(含钝感剂)

（1）别名:H 发孔剂;发泡剂 H。

（2）分子式:$(CH_2)_5(NO)_2N_4$。

（3）理化性质:淡黄色粉末或砂粒状固体;易溶于丙酮,略溶于醇,不溶于乙醚及水;

温度大于 199 ℃时分解;相对密度 1.40~1.45(水=1),熔点 200 ℃(分解);用于橡胶、聚氯乙烯塑料等制造微孔产品。

(4)危险特性:遇明火、高温、酸类易剧烈燃烧;与氧化剂混合能成为爆炸性混合物。有毒,LD_{50} 为 940 mg/kg。

灭火剂:水、沙土。禁用酸碱灭火剂。

2)红磷

(1)别名:赤磷。

(2)分子式:P_4。

(3)理化性质:紫红色粉末,无臭、无毒;在暗处不发磷光;微溶于无水酒精,不溶于水、二硫化碳;相对密度 2.20(水=1),自燃点 260 ℃;用于制造火柴、农药及进行有机合成。

(4)危险特性:遇热、火种、摩擦、撞击或溴、氯气及氧化剂都有引起燃烧的危险;与氯酸钾混合后,即使在含水分的情况下,稍经摩擦或撞击也会燃烧爆炸,燃烧时放出有毒的刺激性烟雾。

(5)灭火剂:冒烟及初起火苗时用黄沙、干粉、石粉,大火时用水。但应注意水的流向,以及赤磷散失后的场地处理,防止复燃。

2.1.4.5 易于自燃的物质的危险特性

1)遇空气自燃

自燃物品大多性质非常活泼,具有极强的还原性,接触空气后能迅速与空气中的氧化合,并产生大量的热量,达到该物质的自燃点时便会自发地着火燃烧。接触氧化剂和其他氧化性物质反应更加剧烈甚至爆炸。如黄磷遇空气即自燃发火,生成有毒的五氧化二磷。所以此类物品的包装必须保证密闭,充氮气保护或据其特性用液土壤密闭,如黄磷必须存放于水中。

2)遇湿易燃

硼、锌、锑、铝的烷基化合物类、烷基铝氢化合物类、烷基铝卤化物类、烷基铝类等自燃物品,由于化学性质非常活泼,具有极强的还原性,遇氧化剂和酸类反应剧烈。除在空气中能自燃外,遇水或受潮还能分解而自燃或爆炸。如三乙基铝在空气中能氧化而自燃:

$$2Al(C_2H_5)_3 + 21O_2 === 12CO_2 + 15H_2O + Al_2O_3$$

此外,三乙基铝遇水还能发生爆炸。其机理是三乙基铝与水作用生成氢氧化铝和乙烷,同时放出大量的热,从而导致乙烷爆炸。属于这类的自燃物品火灾危险性极大,所以,在储存、运输和销售时,包装应充氮密封、防水、防潮。起火时不可用水或泡沫等含水的灭火剂扑救。

3)积热自燃

硝化纤维制品,如胶片、X 光片、废影片等,由于本身含有硝酸银,化学性质很不稳定,在常温下就能缓慢分解,当堆积在一起或仓库通风不好时,分解反应产生的热量无法散失,放出的热量越积越多,便会自动升温达到其自燃点而着火,火焰温度可达 1 200 ℃。而且此类物品在阳光及水分的影响下也会加速氧化,分解出一氧化氮。

一氧化氮在空气中会与氧化合生成二氧化氮,而二氧化氮与潮湿空气中的水汽化合又能生成硝酸及亚硝酸,二者会进一步加速硝化纤维及其制品的分解。此类物品在空气充足的条件下燃烧速度极快,比相应数量的纸张快 5 倍,且在燃烧过程中能产生有毒和刺激性的气体。灭火时可用大量水,但要注意防止复燃和防毒,火焰扑灭后应当立即埋掉。

另外,油纸、油布等含油脂的物品,云母带、活性炭、炭黑、菜籽饼、大豆饼、花生饼、鱼粉等物品都属于积热不散可自燃的物品,在大量远途运输和储存时,要特别注意通风和晾晒。

自燃物品的这些危险特性与它自身的分子结构有关,也与一些外在因素有关。影响自燃物品危险特性的因素有以下几点。

(1)氧化介质。

由物质的燃烧机理可知,自燃物品必须在一定的氧化介质中才能发生自燃,否则是不会自燃的。如黄磷必须在空气(氧气)、氯气等氧化性气体或氧化剂中才能发生自燃。但是,有些自燃物品由于本身含有大量的氧,在没有外界氧化剂供给的条件下也会氧化分解直至自燃起火。物质分子中含氧越多,越易发生自燃,如硝化纤维及其制品就是如此。因此,对这类物品在防火管理上应当更加严格。

(2)温度。

温度升高能加速自燃性物品的氧化反应速度。

(3)潮湿程度。

潮湿对自燃物品有着明显的影响。因为一定的水分能起到促使升温的作用和积热作用,可加速自燃性物品的氧化过程而自燃。如硝化纤维及其制品和油纸、油布等浸油物品,在有一定湿度的空气中均会加速氧化反应,造成温度升高而自燃。故此类物品在储存和运输过程中应注意防湿、防潮。

(4)含油量。

对涂(浸)油的制品,如果含油量小于3%,氧化过程中放出的热量少,一般不会发生自燃。故在危险品管理中,对于含油量小于3%的涂油物品不列入危险品管理。

(5)杂质。

某些杂质的存在,会影响自燃物品的氧化过程,使自燃的因素加大。如浸油的纤维内含有金属粉末时就比没有金属粉末时易自燃。绝大多数自燃物品如与残酸、氧化剂等氧化性物质接触,都会很快引起自燃。自燃物品在储存、运输过程中,除应注意与这些残留杂质隔离外,对存放的库房、载运车船等,应首先仔细检查清扫,以免因自燃而导致火灾。

(6)其他因素。

除上述因素外,自燃物品的包装、堆放形式等,对其自燃性也有影响。如油纸、油布严密的包装、紧密的卷曲、折叠的堆放,都会因积热不散、通风不良而引起自燃。因此,油纸、油布等浸油物品应以透笼木箱包装,限高、限量分堆存放,不得超量积压堆放。

2.1.4.6 常见的易自燃的物质

1）二乙基锌

（1）分子式：$Zn(C_2H_5)_2$。

（2）理化性质：无色液体具有恶臭；遇水强烈分解，与醇和胺类能发生化学作用；能溶于多数饱和烃类有机溶剂；与氧化剂接触能剧烈反应；相对密度1.21（水=1），熔点-28 ℃，沸点118 ℃，蒸气压2 kPa；用于有机合成等。

（3）危险特性：在空气或氯气中能自燃；与潮湿空气、氯气、氧化剂接触有引起燃烧危险。

（4）灭火剂：干砂、干粉、石粉。禁止用水、泡沫和卤素化合物灭火剂。

（5）储运注意事项：储存或运输都必须用充有惰性气体或氮气的特定容器（容器内氮的含氧量及含水量均不大于0.002%）。储存于阴凉通风库房内，远离火种、热源，库温不宜超过30 ℃，相对湿度在75%以下。应与氧化剂、氯气分库房存放，切勿混储混运。搬运时轻装轻卸，保持包装完整、密封，防止接触空气引起事故。

2）黄磷

（1）别名：白磷。

（2）分子式：P_4。

（3）理化性质：纯品为无色蜡状固体，受光和空气氧化后表面变为淡黄色；在黑暗中可见到淡绿色磷光；低温时发脆，随温度上升而变柔软；不溶于水，稍溶于苯、氯仿，易溶于二硫化碳；相对密度1.82（水=1），熔点44.1 ℃，沸点280 ℃，自燃点30 ℃；用于特种火柴、磷酸、磷酸盐、农药、信号弹等的制造。

（4）危险特性：剧毒，大鼠经口半数致死量（LD_{50}）为3.03 mg/kg，车间空气中最高容许浓度为0.03 mg/m^3；在空气中会冒白烟燃烧；受撞击、摩擦或与氯酸钾等氧化剂接触能立即燃烧甚至爆炸。

（5）灭火剂：雾状水、沙土（火熄灭后应仔细检查现场，将剩下的黄磷移入水中，防止复燃）。

2.1.4.7 遇水放出易燃气体的物质的危险特性

目前列入《危险货物品名表》的遇湿易燃物品火灾危险性大，其火灾危险性全部属于甲类。其危险特性有如下几点。

1）遇水易燃易爆

遇水易燃易爆是该类物品的通性，其特点如下。

（1）遇水后发生剧烈的化学反应使水分解，放出易燃气体和热量。当可燃气体在空气中达到燃烧范围时，或接触明火，或由于反应放出的热量达到引燃温度时就会发生着火或爆炸。如金属钠、氢化钠、二硼氢等遇水反应剧烈，放出氢气多，产生热量大，能直接使氢气燃爆。

（2）遇水后反应较为缓慢，放出的可燃气体和热量少，可燃气体接触明火时才可引起燃烧。氢化铝、硼氢化钠等属于这种情况。

（3）电石、碳化铝、甲基钠等遇湿易燃物品盛放在密闭容器内，遇湿后放出的乙炔和甲烷及热量逸散不出来而积累,致使容器内的气体越积越多,压力越来越大,当超过了容器的强度时,就会胀裂容器以致发生化学爆炸。

2)遇氧化剂和酸着火爆炸

遇湿易燃物品除遇水反应外,遇到氧化剂、酸也能发生反应,而且比遇水反应更加剧烈,极易引起燃烧爆炸,危险性更大。有些遇水反应较为缓慢,甚至不发生反应的物品遇到酸或氧化剂时,也能发生剧烈反应,如锌粒在常温下放入水中并不会发生反应,但放入酸中,即使是较稀的酸,反应也非常剧烈,放出大量的氢气。这是因为遇湿易燃物品都是还原性很强的物品,而氧化剂和酸类等物品都具有较强的氧化性,所以它们相遇后反应更加剧烈。

3)自燃危险性

有些遇湿易燃物品不仅具有遇湿易燃危险,还有自燃危险性。如金属粉末类的锌粉、铂镁粉等,在潮湿的空气中能自燃,与水接触,特别是在高温下反应比较剧烈,能放出氢气和热量。

另外,金属的硅化物、磷化物类物品遇水放出在空气中能自燃且有毒的气体四氢化硅和磷化氢,这类气体的自燃危险也是不容忽视的。

4)毒害性和腐蚀性

在遇湿易燃物品中,有一些与水反应生成的气体是易燃有毒的,如乙炔、磷化氢、四氢化硅等。尤其是金属的磷化物、硫化物与水反应,可放出有毒的可燃气体,并放出一定的热量;同时,有很多遇湿易燃物品本身也具有腐蚀性或毒性,如碱金属及其氢化物类、碳化物类与水作用生成的强碱,具有很强的腐蚀性;而钠汞剂、钾汞剂等本身就是毒害性很强的物质;硼和氢的金属化合物类的毒性比氰化氢、光气的毒性还大,因此,应当特别注意防毒、防腐。

遇水放出易燃气体的物质的危险特性主要由其化学结构决定,其影响因素主要有以下几点。

(1)化学组成。

遇湿易燃物品火灾危险性的大小主要取决于物质本身的化学组成。组成不同,与水反应的强烈程度不同,产生的可燃气体也不同。如钠与水反应放出氢气,电石与水作用放出乙炔,碳化铝与水反应放出甲烷,磷化钙与水反应放出磷化氢气体等。

(2)金属的活泼性。

金属与水的反应能力主要取决于金属的活泼性。金属的活泼性强,遇湿(水、酸)反应激烈,火灾危险性就很大。例如,碱金属的活泼性比碱土金属强,故碱金属比碱土金属的火灾危险性大。

综上所述,遇湿易燃物品必须盛装于气密或液密容器中,或浸没于稳定剂中,置于干燥通风处,与性质相互抵触的物品隔离储存,注意防水、防潮、防雨雪、防酸,严禁火种接近等,切实保证储存、运输和销售的安全。

2.1.4.8　常见的遇水放出易燃气体的物质

1）三氯硅烷

（1）别名：硅仿、硅氯仿。

（2）分子式：$SiHCl_3$。

（3）理化性质：无色液体，极易挥发；遇水分解；溶于苯、醚等；相对密度 1.37（水＝1）、4.7（空气＝1），沸点 31.8 ℃，闪点-13.9 ℃，蒸气压 53.33 kPa（14.5 ℃）；用于制造硅酮化合物。

（4）危险特性：有毒，车间空气中最高容许浓度为 3 mg/m³；遇明火强烈燃烧，受热分解放出含氯化物的有毒烟雾；遇水或水蒸气能产生热和有毒的腐蚀性烟雾；能与氧化剂起反应，有燃烧危险。

（5）灭火剂：干石粉、干沙。禁止用水、泡沫、二氧化碳、酸碱灭火剂。

2）碳化钙

（1）别名：电石。

（2）分子式：CaC_2。

（3）理化性质：黄褐色或黑色硬块，其结晶断面为紫色或灰色；相对密度 2.22（水＝1）；暴露于空气中极易吸潮而失去光泽变为灰色，放出乙炔气而变质失效；用于产生乙炔气，也用于有机合成、氧炔焊接等。

（4）危险特性：与水作用而分解出乙炔气，因本品往往含有磷、硫等杂质，与水作用也会放出磷化氢和硫化氢，当磷化氢含量超过 0.08%，硫化氢含量超过 0.15% 时，容易引起自燃爆炸。乙炔气与银、铜等金属接触能生成敏感度高的爆炸性物质。乙炔气与氟、氯等气体和酸类接触发生剧烈反应，能引起燃烧爆炸。

（5）灭火剂：干粉、干石粉、干黄沙。严禁用水和泡沫。

2.1.5　第 5 类：氧化性物质和有机过氧化物

2.1.5.1　概念和范围

本类包括氧化性物质和有机过氧化物等。

2.1.5.2　分项

第 5 类分为 2 项。

1）第 5.1 项：氧化性物质

氧化性物质是指本身未必燃烧，但通常因放出氧可能引起或促使其他物质燃烧的物质。

注：氧化剂指处于高氧化态，具有强氧化性，易于分解并放出氧和热量的物质，包括含有过氧基的无机物。其特点是本身不一定可燃，但能导致可燃物的燃烧，与松软的粉末状可燃物能形成爆炸性混合物，对热、震动或摩擦较为敏感。

2）第 5.2 项：有机过氧化物

有机过氧化物是指含有两价过氧基（—O—O—）结构的有机物质。当有机过氧化物配制品满足下列条件之一时，可视为非有机过氧化物。

①其有机过氧化物的有效氧质量分数［按式（2.2）计算］不超过 1.0%，而且过氧化

氢质量分数不超过 1.0% 。

$$X = 16 \times \sum \left(\frac{n_i \times C_i}{m_i} \right) \tag{2.2}$$

式中　X——有效氧含量,以质量分数表示,%;

　　　n_i——有机过氧化物 i 每个分子的过氧基数目;

　　　C_i——有机过氧化物 i 的浓度,以质量分数表示,%;

　　　m_i——有机过氧化物 i 的相对分子质量。

②其有机过氧化物的有效氧质量分数不超过 0.5%,而且过氧化氢质量分数超过 1.0% 但不超过 7.0% 。

有机过氧化物按其危险性程度分为七种类型,从 A 型到 G 型。

①A 型有机过氧化物:装在供运输的容器中时能起爆或迅速爆燃的有机过氧化物配制品。

②B 型有机过氧化物:装在供运输的容器中时既不起爆也不迅速爆燃,但在该容器中可能发生热爆炸的具有爆炸性质的有机过氧化物配制品。该有机过氧化物装在容器中的数量最高可达 25 kg,但为了排除在包件中起爆或迅速爆燃而需要把最高数量限制在较低数量者除外。

③C 型有机过氧化物:装在供运输的容器(最多 50 kg)内不可能起爆或迅速爆燃或发生热爆炸的具有爆炸性质的有机过氧化物配制品。

④D 型有机过氧化物:满足下列条件之一,可以接受装在净重不超过 50 kg 的包件中运输的有机过氧化物配制品。

a. 如果在实验室试验中,部分起爆,不迅速爆燃,在封闭条件下加热时不显示任何激烈效应。

b. 如果在实验室试验中,根本不起爆,缓慢爆燃,在封闭条件下加热时不显示激烈效应。

c. 如果在实验室试验中,根本不起爆或爆燃,在封闭条件下加热时显示中等效应。

⑤E 型有机过氧化物:在实验室试验中,既不起爆也不爆燃,在封闭条件下加热时只显示微弱效应或无效应,可以接受装在不超过 400 kg/450 L 的包件中运输的有机过氧化物配制品。

⑥F 型有机过氧化物:在实验室试验中,既不在空化状态下起爆也不爆燃,在封闭条件下加热时只显示微弱效应或无效应,并且爆炸力弱或无爆炸力的,可考虑用型散货箱或罐体运输的有机过氧化物配制品。

⑦G 型有机过氧化物:在实验室试验中,既不在空化状态下起爆也不爆燃,在封闭条件下加热时不显示微弱效应或无效应,并且没有任何爆炸力的有机过氧化物配制品,应免予被划入 5.2 项,但配制品应是热稳定的(50 kg 包件的自加速分解温度为 60 ℃ 或更高),液态配制品应使用 A 型稀释剂退敏。

如果配制品不是热稳定的,或者用 A 型稀释剂以外的稀释剂退敏,配制品应定为 F 型有机过氧化物。

2.1.5.3　氧化性物质的危险特性

1）强烈氧化性

氧化剂多为碱金属、碱土金属的盐或过氧基所组成的化合物。其特点是氧化价态高，金属活泼性强，易分解，有极强的氧化性；本身不燃烧，但与可燃物作用能发生着火和爆炸。属于这类的物质主要有以下几种。

（1）硝酸盐类，这一类氧化剂中含有高价态的氮原子（N^{5+}），易得电子变为低价态氮原子（N^0，N^{3+}），如硝酸钾、硝酸锂等。

（2）氯的含氧酸及其盐类，这类氧化剂的分子中含有高价态的氯原子（Cl^{1+}、Cl^{3+}、Cl^{5+} 和 Cl^{7+}），易得电子变为低价态的氯原子（Cl^0、Cl^{1-}），如高氯酸、氯酸钾、次亚氯酸钙等。

（3）高锰酸盐类，这类氧化剂的分子中含有高价态的锰原子（Mn^{7+}），易得电子变为低价态的锰原子（Mn^{2+}、Mn^{4+}），如高锰酸钾、高锰酸钠等。

（4）过氧化物类，这类氧化剂分子中含有过氧基（—O—O—），不稳定，易分解，放出具有强氧化性的氧原子，如过氧化钠、过氧化钾等。

（5）其他银、铝催化剂。

（6）有机硝酸盐类，这类物质与无机硝酸盐类相似，也含有高价态的氮原子，易得电子变为低价态，但本身可燃，如硝酸胍、硝酸脲等。

2）受热、被撞分解性

在现行列入氧化剂管理的危险品中，除有机硝酸盐类外，都是不燃物质，但当受撞或摩擦时，极易分解出原子氧，若接触易燃物、有机物，特别是与木炭粉、硫黄粉、淀粉等粉末状可燃物混合时，能引起着火和爆炸。例如，硝酸铵在加热到 210 ℃时即能分解，分解出来的氨又被分解出来的硝酸氧化为氮的氧化物：

$$5NH_4NO_3 \longrightarrow 5NH_3 + 5HNO_3 \Longrightarrow 4N_2 + 9H_2O + 2HNO_3$$

这个反应是放热反应，整个变化过程即是硝酸铵爆炸反应的历程。在这个变化的过程中所生成的硝酸对硝酸铵的分解有催化作用，当有大量的硝酸铵存在且温度超过 400 ℃时，这个变化就能引起爆炸，若有易燃物或还原剂渗入，危险性就更大。

一些常见氧化剂的分解温度和与可燃性粉状物的反应情况见表 2.21。

表 2.21　一些常见氧化剂的分解温度和与可燃性粉状物的反应情况

氧化剂名称	分解反应式	分解温度/℃	与木炭、硫黄等粉状物质混合后受热、撞击、摩擦反应情况
硝酸铵	$2NH_4NO_3 \Longrightarrow 2N_2 + 4H_2O + O_2$	210	受热能着火、爆炸
高锰酸钾	$2KMnO_4 \Longrightarrow K_2MnO_4 + MnO_2 + O_2$	<240	经撞击爆炸
硝酸钾	$2KNO_3 \Longrightarrow 2KNO_2 + O_2$	400	受热能着火、爆炸
硝酸钠	$2NaNO_3 \Longrightarrow 2NaNO_2 + O_2$	380	受热能着火、爆炸
氯酸钾	$2KClO_3 \Longrightarrow 2KCl + 3O_2$	400	经摩擦立即爆炸
氯酸钠	$2NaClO_3 \Longrightarrow 2NaCl + 3O_2$	300	经摩擦立即爆炸

续表

氧化剂名称	分解反应式	分解温度/℃	与木炭、硫黄等粉状物质混合后受热、撞击、摩擦反应情况
过氧化钾	$K_2O_2 \longrightarrow K_2O+[O]$	490	经摩擦立即爆炸
过氧化钠	$Na_2O_2 \longrightarrow Na_2O+[O]$	460	经摩擦立即爆炸

所以,储运这些氧化剂时,应防止受热、摩擦、撞击,并与易燃物、还原剂、有机氧化剂、可燃粉状物等隔离存放,遇有硝酸铵结块必须粉碎时,不得使用铁质等硬质工具敲打,可用木质等柔质工具破碎。

3)可燃性

虽然氧化剂大多数是不燃的,但也有少数有机氧化剂具有可燃性,如硝酸胍、硝酸脲、过氧化氢尿素、高氯酸醋酐溶液、二氯异氰尿酸、三氯异氰尿酸、四硝基甲烷等,不仅具有很强的氧化性,而且与可燃性物质结合可引起着火或爆炸,着火不需要外界的可燃物参与即可燃烧。因此,对于有机氧化剂,除防止与任何可燃物质相混外,还应隔离所有火种和热源,防止阳光暴晒和任何高温作用。储存和运输时,应与无机氧化剂和有机过氧化物分开堆放或积载。

4)与可燃液体作用自燃性

有些氧化剂与可燃液体接触能引起自燃。如高锰酸钾与甘油或乙二醇接触,过氧化钠与甲醇或醋酸接触,铬酸与丙酮或香蕉水接触等,都能自燃起火,故在储运这些氧化剂时一定要与可燃液体隔离,分仓储存、分车运输。

5)与酸作用分解性

氧化剂遇酸后,大多能发生反应,而且反应常常是剧烈的,甚至引起爆炸。如过氧化钠、高锰酸钾与硫酸,氯酸钾与硝酸接触等都十分危险。

$$Na_2O_2+H_2SO_4 \longrightarrow Na_2SO_4+H_2O_2$$

$$2KMnO_4+H_2SO_4 \longrightarrow K_2SO_4+2HMnO_4$$

$$KClO_3+HNO_3 \longrightarrow HClO_3+KNO_3$$

在上述反应的生成物中,除硫酸盐比较稳定外,过氧化氢、高锰酸、氯酸、硝酸盐等都是一些性质很不稳定的氧化剂,极易分解而引起着火或爆炸。因此,氧化剂不可与硫酸、硝酸等酸类物质混储混运。这些氧化剂着火时,也不能用泡沫和酸碱灭火器扑救。

6)与水作用分解性

有些氧化剂,特别是过氧化钠、过氧化钾等活泼金属的过氧化物,遇水或吸收空气中的水蒸气和二氧化碳时,能分解放出原子氧,致使可燃物质爆燃。过氧化钠与水和二氧化碳反应生成原子氧的反应方程式如下:

$$Na_2O_2+H_2O \longrightarrow 2NaOH+[O]$$

$$2Na_2O_2+2CO_2 \longrightarrow 2Na_2CO_3+2[O]$$

此外,漂白剂(主要成分是次氯酸钙)吸水后,不仅能放出原子氧,还能放出大量的氯;高锰酸锌吸水后形成的液体,接触纸张、棉布等有机物能立即引起燃烧。这类氧化剂在储运中,要严密包装,防止受潮、雨淋。着火时禁止用水扑救,也不能用二氧化碳扑救。

7) 强氧化剂与弱氧化剂作用的分解性

在氧化剂中,强氧化剂与弱氧化剂相互之间接触能发生复分解反应,产生高热而引起着火爆炸。因为弱氧化剂在遇到比其氧化性强的氧化剂时,又呈还原性,如漂白粉、亚硝酸盐、亚氯酸盐、次氯酸盐等,当遇到氯酸盐、硝酸盐等氧化剂时,即显示还原性,并发生剧烈反应,引起着火或爆炸。如硝酸铵与亚硝酸钠作用能分解生成硝酸钠和比其危险性更大的亚硝酸铵。因此,氧化性弱的氧化剂不能与比它们氧化性强的氧化剂一起储运,应注意分隔。

8) 腐蚀毒害性

绝大多数氧化剂都具有一定的毒害性和腐蚀性,能毒害人体,烧伤皮肤。如二氧化铬(铬酸)既有毒害性又有腐蚀性,故储运这类物品时应注意安全防护。

氧化剂氧化能力的强弱主要在于化学反应中电子得失的能力。其得失电子能力的大小主要取决于以下因素。

(1)原子内部结构。

所谓原子内部结构主要是指围绕原子核外面的电子轨道,即电子层数和最外层的电子数目。元素的电子层数和最外层电子的数目不同,其氧化性也不同。在氟、氯、溴、碘这组卤族元素中,原子最外层电子都是7,只要再得到1个电子外层就能达到"8电子稳定结构",所以,它们从别的物质中夺取1个电子的能力都比较强,因而表现出很强的氧化性。而它们彼此之间氧化性的强弱又与电子层数有关,即电子层数越少,则氧化能力就越强。卤族元素单质的电子结构和氧化性能的关系见表2.22。

表 2.22　卤族元素单质性质的比较

元素名称	元素符号	核电荷数	最外层电子	颜色和状态(常态)	相对密度	沸点/℃	电负性	与氢的反应和氢化物的稳定性	与水的反应	活泼性比较
氟	F	9	7	浅黄绿色气体	1.69	-188	4.1	在冷暗处就能剧烈化合而爆炸,HF很稳定	能使水迅速分解	最活泼,能把氯、溴、碘从其化合物中置换出来
氯	Cl	17	7	黄绿色气体	3.21	-34.6	2.83	在强光照射下剧烈化合而爆炸,HCl很稳定	在日光照射下缓慢放出氧气	较氟次之,能把溴、碘从其化合物中置换出来
溴	Br	35	7	深红色液体	3.12	58.78	2.74	在500℃以上高温时较慢地化合,HBr较不稳定	反应较氯弱	较氯次之,能把碘从其化合物中置换出来
碘	I	53	7	紫黑色固体	4.93	184.4	2.21	持续加热,慢慢地化合,HI很不稳定,同时发生分解	只起很微弱的反应	较不活泼

（2）元素的非金属性。

在同一类含有非金属元素的氧化剂时，其元素的非金属性越强，氧化性也越强。这是因为非金属性元素具有较强的得电子能力。故在同一类氧化剂中，非金属性强的元素（如氟、氯等）的含氧酸及其盐类的火灾危险性多为甲类，而非金属相对弱一些的元素（如溴、碘）的含氧酸及其盐类的火灾危险性则多为乙类，见表 2.23。

表 2.23　硝酸盐、氯酸盐与溴酸盐、碘酸盐的火灾危险性比较

甲类				乙类			
—NO₃		—ClO₃		—BrO₃		—IO₃	
名称	分解温度/℃	名称	分解温度/℃	名称	分解温度/℃	名称	分解温度/℃
硝酸钾	400	氯酸钾	400	溴酸钾	370	碘酸钾	500
硝酸钠	380	氯酸钠	261	溴酸钠	381	碘酸钠	熔点
硝酸钡	600	氯酸钡	250	溴酸钡	260	碘酸钙	540
硝酸钙	495～500	氯酸铯	—	溴酸铅	180	碘酸钡	476
硝酸铵	185～200	氯酸铵	100	溴酸银	熔点	碘酸铅	300
硝酸锶	600	氯酸锶	—	溴酸锶	240	碘酸铁	130

（3）离子电荷数。

在同一类氧化剂中，离子所带的正电荷越多，越容易获得电子，其氧化性也就越强。如四价的锡离子比二价的锡离子就具有更强的氧化性。

（4）氧化价态。

在同一类含有高氧化价态元素的氧化剂中，元素的化合价越高，其氧化性越强。例如氨、亚硝酸钠、硝酸钠的氧化性强弱依次为：硝酸钠＞亚硝酸钠＞氨。

这是因为氨中的氮元素是-3 价，而它已经得到了 3 个电子，达到了外层"8 电子稳定结构"，所以氨不具有氧化性能；硝酸钠中的氮元素是+5 价，它失去了 5 个电子，极欲强烈地夺回这些失去的电子，所以它的氧化性较强；亚硝酸钠中的氮元素是+3 价的，处于中间状态，所以它的氧化性介于氨和硝酸钠之间。因此，同一类氧化剂中，当有多种氧化价态时，其火灾危险性：高价态的多为甲类，而处于中间价态或低价态的多为乙类。如硝酸盐、氯酸盐类多为甲类，而亚硝酸盐、亚氯酸盐类多为乙类。

（5）金属活泼性。

在同一类含有金属元素的氧化剂中，其金属的活泼性越强，氧化性也越强。也就是说化合物中金属失去电子的能力越强，其氧化性也就越强。如：

$$\underrightarrow{\text{Pb Sn Fe Zn Al Mg Ca Na K}}$$
金属的活泼性增强，氧化性增强

所以，同一类含有金属元素的氧化剂中，金属活泼性强的高氯酸盐、氯酸盐及硝酸盐等氧化剂多为甲类，而金属活泼性差的氯酸盐及硝酸盐则多为乙类。

应当指出，物质氧化性的强弱，必须通过化学反应才能表现出来。上述总结的大致规律虽不严格，但可帮助人们进一步识别各种氧化剂氧化性能的强弱和区分氧化剂的火灾危险性类别。

2.1.5.4　常见的氧化性物质

1)过氧化钠

(1)别名:双氧化钠、二氧化钠。

(2)分子式:Na_2O_2。

(3)理化性质:米黄色粉末或颗粒,加热后则变为黄色,有吸湿性;露置在空气中能吸收水分,放出氧气;遇水发生强烈反应,生成氢氧化钠及过氧化氢,后者会很快分解成水和氧,并放出大量的热;有较强的腐蚀性和氧化性;相对密度2.80(水=1),熔点460 ℃(分解);主要用于医药、印染、漂白及分析试剂。

(4)危险特性:强氧化剂;与有机物,易燃物如硫、磷等接触能引起燃烧,甚至爆炸;与水起剧烈反应,产生高温,量大时能发生爆炸;有较强的腐蚀性。

(5)灭火剂:干沙、干土、干石粉。禁止用水、二氧化碳、泡沫灭火剂。

2)过氧化氢溶液(40%以下)

(1)别名:双氧水。

(2)分子式:H_2O_2。

(3)理化性质:纯过氧化氢是无色黏稠液体,易分解放出氧气和热量,是强氧化剂;市售商品一般是它的水溶液,含量为27.5%、35%两种,相对密度1.11～1.13(水=1),沸点106～108 ℃,凝固点-26～-32.8 ℃,均系无色透明液体;医用消毒多为3%溶液;主要用于漂白、医药和分析试剂。

(4)危险特性:受热或遇有机物易分解放出氧气,加热到100 ℃则剧烈分解;遇铬酸酐、高锰酸钾、金属粉末会起剧烈作用,甚至爆炸;对皮肤和呼吸道有刺激作用;本品触及皮肤会使皮肤发白并感到疼痛,可用水冲洗后涂搽甘油或酒精。

(5)灭火剂:水、雾状水、黄沙、二氧化碳。火灾后被抢救下来的双氧水,必须在包装外面用雾状水淋过,才能重新进入仓库,以防包装外面沾有双氧水及有机物而重新燃烧起来。

2.1.5.5　有机过氧化物的危险特性

1)分解爆炸性

由于有机过氧化物都含有过氧基,而过氧基是极不稳定的结构,对热、震动、冲击或摩擦都极为敏感,所以当受到轻微的外力作用时即分解。如过氧化乙二酰,纯品制成后存放24 h就可能发生强烈的爆炸;过氧化二苯甲酰当含水在1%(质量)以下时,稍有摩擦即能爆炸;过氧化二碳酸二异丙酯在10 ℃以上时不稳定,达到17.22 ℃时即分解爆炸。因此,有机过氧化物对温度和外力作用是十分敏感的,其危险性和危害性比其他氧化剂更大。

过氧基之所以不稳定,是因为过氧基断裂所得的两个基团均含有未成对的电子,这两个基团称为自由基。自由基的特点是具有不稳定性、显著反应性和较低的活化能,且只能暂时存在。当自由基周围有其他基团和分子时,自由基能迅速与其他基团和分子作用,并放出能量。这时自由基被破坏,形成新的分子和基团。由于自由基都具有较高的能量,当在某一反应系统中大量存在时,则自由基之间相互碰撞或自由基与器壁碰撞,就会放出大量的热量。加之有机过氧化物本身易燃,因此,就会由于高温引起有机过氧化物的自燃,而自燃又产生更多的热量,致使整个反应体系的反应速度加快,体积迅速膨胀,最后导致反应体系的爆炸。

过氧基键之所以容易断裂主要是由于过氧键结合力弱,断裂时所需的能量不大。从表2.24所列的几种有机过氧化物的分解温度可以看出,一些有机过氧化物在常温或低于常温时即可分解。例如,过氧化重碳酸二异丙酯的危险温度是−15 ℃,最高运输温度不准超过−25 ℃,所以,必须用二甲苯等稀释后于−10 ℃下在冰箱中储存或运输,或用透气容器在−10 ℃条件下储存,并要消除震动、摩擦、冲击和热的影响。

表2.24　几种有机过氧化物的分解温度

物品名称	分子式	分解温度/℃
过氧化重碳酸二异丙酯	$(CH_3)_2CHOCO \cdot OOCO \cdot OCH(CH_3)_2$	11.7
过氧化三甲基乙酸叔丁酯	$(CH_3)_3COOCOC(CH_3)_3$	29.4
过氧化二月桂酰	$(C_{23}H_{46}CO_2)O_2$	48.8
过氧化苯甲酸叔丁酯	$C_6H_5COOOC(CH_3)_3$	60
过氧化乙酸叔丁酯	$CH_3CO(OO)C(CH_3)_3$	93.3

2)易燃性

有机过氧化物不仅极易分解爆炸,还特别易燃。如过氧化叔丁醇的闪点为26.67 ℃,过氧化二叔丁醇的闪点只有18.33 ℃。一些液体有机过氧化物的闪点见表2.25。

表2.25　一些液体有机过氧化物的闪点

有机过氧化物名称	闪点/℃	有机过氧化物名称	闪点/℃
过氧化甲乙酮	50	过氧化二乙酰	45
过氧化叔丁醇	26.67	过蚁酸(过甲酸)	40
过氧化二叔丁醇	18.33	过氧化羟基异丙苯	79
过氧乙酸(过醋酸)	40.56	过苯甲酸叔丁酯	87.8

当有机过氧化物因受热或与杂质接触或摩擦、碰撞而发热分解时,可产生有害或易燃气体或蒸气;许多有机过氧化物易燃,而且燃烧迅速而猛烈,当封闭受热时极易由迅速的爆燃而转为爆轰。所以扑救有机过氧化物火灾时应特别注意爆炸的危险性。

3)人身伤害性

有机过氧化物的人身伤害主要表现在容易伤害眼睛,如过氧化环己酮、叔丁基过氧化氢、过氧化二乙酰等,都对眼睛有伤害作用,其中有些即使与眼睛有短暂的接触,也会对角膜造成严重的伤害。因此,应避免眼睛接触有机过氧化物。

2.1.5.6　常见的有机过氧化物

1)过乙酸(含量≤43%)

(1)别名:过醋酸、过氧乙酸。

(2)分子式:CH_3COOOH。

(3)理化性质:无色液体;有强烈刺激性气味;易溶于水、乙醇、乙醚、硫酸;相对密度1.15(水=1),熔点0.1 ℃,沸点105 ℃,闪点41 ℃;一般商品为35%和18% ~23%两种过氧乙酸溶液;用于漂白剂、消毒剂、催化剂、氧化剂及环氧化作用。

（4）危险特性:纯的过氧乙酸极不稳定,在20 ℃时也会爆炸;浓度大于45%就具有爆炸性;有金属离子存在,或与还原剂、促进剂、有机物、可燃物接触,有引起燃烧爆炸的危险;性质不稳定,在存放过程中逐渐分解,放出氧气;易燃,加热至100 ℃时即猛烈分解,遇火源可燃烧爆炸,有强腐蚀性。

（5）灭火剂:雾状水、二氧化碳、泡沫。

2）过氧化甲乙酮

（1）别名:过氧化丁酮液、催化剂 M、树脂接触剂。

（2）分子式:$C_4H_8O_2$。

（3）理化性质:无色液体;不溶于水,溶于苯、醇、醚和酯;在130 ℃分解;通常商品为60%的苯二甲酸二甲酯溶液;相对密度1.042（水 =1）,闪点50 ℃;用作聚酯和丙烯酸系聚合物的催化剂。

（4）危险特性:与还原剂及硫、磷混合,能成为爆炸性的混合物。遇高温、撞击,有引起燃烧爆炸的危险。

（5）灭火剂:雾状水、沙土、二氧化碳、泡沫。

2.1.6　第6类: 毒性物质和感染性物质

2.1.6.1　概念和范围

本类包括毒性物质和感染性物质。

2.1.6.2　分项

第6类分为2项。

（1）第6.1项:毒性物质。

毒性物质是指经吞食、吸入或与皮肤接触后可能造成死亡或严重受伤或损害人类健康的物质。

本项包括满足下列条件之一的毒性物质（固体或液体）:

①急性口服毒性:$LD_{50} \leqslant 300$ mg/kg。

注:青年大白鼠口服后,最可能引起受试动物在14 d 内死亡一半的物质剂量,试验结果以 mg/kg 体重表示。

②急性皮肤接触毒性:$LD_{50} \leqslant 1\ 000$ mg/kg。

注:使白兔的裸露皮肤持续接触24 h,最可能引起受试动物在14 d 内死亡一半的物质剂量,试验结果以 mg/kg 体重表示。

③急性吸入粉尘和烟雾毒性:$LC_{50} \leqslant 4$ mg/L。

④急性吸入蒸气毒性:$LC_{50} \leqslant 5\ 000$ mL/m^3,且在 20 ℃和标准大气压力下的饱和蒸气浓度大于或等于1/5 LC_{50}。

注:使雌雄青年大白鼠连续吸入1 h,最可能引起受试动物在14 d 内死亡一半的蒸气、烟雾或粉尘的浓度。固态物质如果其总质量的10%以上是在可吸入范围的粉尘（即粉尘粒子的空气动力学直径≤10 μm）应进行试验。液态物质如果在运输密封装置漏泄

时可能产生烟雾,应进行试验。不管是固态物质还是液态物质,准备用于吸入毒性试验的样品的90%以上(按质量计算)应在上述规定的可吸入范围。对粉尘和烟雾,试验结果以 mg/L 表示;对蒸气,试验结果以 mL/m³ 表示。

(2)第6.2项:感染性物质。

感染性物质是指已知或有理由认为含有病原体的物质,又分为 A 类和 B 类。

①A 类:以某种形式运输的感染性物质,在与之发生接触(发生接触,是在感染性物质泄漏到保护性包装之外,造成与人或动物的实际接触)时,可造成健康的人或动物永久性失残、生命危险或致命疾病。

②B 类:A 类以外的感染性物质。

2.1.6.3 毒性物质的危险特性

毒性物质的主要特性是具有毒害性。少量进入人、畜体内即能引起中毒,不但口服会中毒,吸入其蒸气也会中毒,有的还能通过皮肤吸收引起中毒。所以除不得入口及吸入大量蒸气外,还应避免触及皮肤。

影响毒害性的因素主要有以下几个方面。

1)化学组成和化学结构

化学组成和化学结构是决定物品毒害性的根本因素,其影响因素是:有机化合物的饱和程度,如乙炔的毒性比乙烯大,乙烯的毒性比乙烷大;分子上烃基的碳原子数,如甲基内吸磷比乙基内吸磷的毒性小 50%;硝基化合物中硝基的多少,硝基增加毒性增强,若将卤素原子引入硝基化合物中,毒性随着卤原子的增加而增强;硝基在苯环上的位置,如当同一硝基在苯环上的位置改变时,其毒性相差数倍,见表 2.26。

表 2.26 毒害品结构的变化对毒性的影响

名称	结构	白鼠半数致死剂量/(mg·kg⁻¹)
对硝基对硫磷		18
邻硝基对硫磷		50
间硝基对硫磷		100~150

2）溶解性

毒害品在水中的溶解度越大,越容易引起中毒。因为人体内含有大量的水分,易溶于水的毒品易被人体组织吸收,而且人体内的血液、胃液、淋巴液、细胞液中,除含有大量水分外,还含有酸、脂肪等,一些毒物在这些体液中比在水中的溶解度还要大,所以更容易引起人体中毒。

3）挥发性

毒害品的挥发速度越快,越容易引起中毒。这是由于毒物挥发所产生的有毒蒸气容易通过人体呼吸器官进入人体内,引起呼吸中毒。如汞、氯化苦、溴甲烷、氯化酮等毒品的挥发性很强,其挥发的蒸气在空气中的浓度越大,越容易使人中毒。人在一定浓度的有害气体中停留的时间越长,越易中毒,且中毒程度越严重。其中无色无味者比色浓味烈者难以察觉,隐蔽性更强,更易引起中毒。

4）颗粒性

固体毒物的颗粒越细,越易使人中毒。因为细小粉末容易穿透包装随空气的流动而扩散,特别是包装破损时更易被人吸入。而且小颗粒的毒物易被动物体吸收。如铅块进入人体后并不会引起中毒,但铅粉进入人体后则易引起中毒。

5）气温

气温越高则挥发性毒物蒸发得越快,空气中的浓度就越大。同时,潮湿季节,人的皮肤、毛孔扩张,排汗增多,血液循环加快,也容易使人中毒。所以在火场上由于火焰高温辐射,更须注意防毒。

此外,除毒害性外,从列入有毒品管理的物品分析,约89%的有毒品都具有火灾危险性,这主要是这些有毒品具有遇湿易燃性、氧化性、易燃性、易爆性等特点导致的。

2.1.6.4　常见的毒性物质

1）氰化钠

(1)别名:山奈;山奈钠。

(2)分子式:NaCN。

(3)理化性质:白色粉末状结晶,通常加工成煤球形、丸状或块状;易溶于水,水溶液呈碱性;稍溶于乙醇、乙醚、苯;有潮解性,并有腐蚀性;相对密度1.60(水=1);用于提炼金、银等贵金属,也用于塑料、农药、医药、染料等有机合成工业。

(4)危险特性:剧毒,易经皮肤吸收中毒,接触皮肤伤口极易侵入人体而造成死亡;大鼠经口半数致死量(LD_{50})为6.4 mg/kg;车间空气中最高容许浓度(以氰化氢计算)为0.3 mg/m³;本身不会燃烧,但遇潮湿空气或与酸类接触则会放出剧毒、易燃的氧化氢气体,与硝酸盐、亚硝酸盐、氯酸盐反应强烈,有发生爆炸的危险。

(5)灭火剂:干粉、沙土。禁用酸碱和二氧化碳灭火剂。消防人员应戴防毒面具,穿全身消防服。

2）硫酸二甲酯

(1)别名:硫酸甲酯。

(2)分子式:$(CH_3O)_2SO_2$。

(3)理化性质:无色或淡黄色透明液体,微溶于水,溶于醇;相对密度1.33(水=1)、

4.35(空气 =1),熔点-31.8 ℃,沸点188 ℃(分解),闪点83 ℃,自燃点191 ℃;用于染料制造及作为胺类、醇类的甲基化剂。

(4)危险特性:剧毒,大鼠吸入半数致死量(LD_{50})为450 mg/kg;车间空气中最高容许浓度为5 mg/m³。

蒸气无严重气味,不易察觉,往往在不知不觉中中毒。遇明火、高温、氧化剂有燃烧爆炸危险。与氢氧化铵反应强烈。有腐蚀性,蒸气对眼有刺激性,损害呼吸道。液体与皮肤接触可引起溃疡,不易愈合。

(5)灭火剂:雾状水、泡沫、二氧化碳、沙土。

2.1.7　第7类: 放射性物质

2.1.7.1　概念和范围

本类是指任何含有放射性核素且其活度浓度和放射性总活度都超过 GB 11806 规定限值的物质。

放射性物品按其比活度或安全程度包括以下5 种物品。

(1)低比活度放射性物品:在不考虑周围屏蔽材料情况下,其比活度等于或低于一定限值的放射性物品,主要包括含有天然放射性核素(铀、钍)的矿石及其浓缩物;未经照射的固体天然铀、贫化铀和天然钍,以及它们的固体或液体化合物的混合物。放射性物质均匀分布在密实的固体黏结剂内的固体等。

(2)表面污染物品:物体本身不属于放射性物质,但表面散布着放射性核素的固态物体。

(3)可裂变物质:U233、U235、Pu238、Pu239、Pu241 或这些可裂变物质的任意组合物。但不包括未辐照过或仅在热中子反应堆中辐照过的天然铀或贫化铀。

(4)特殊性质的放射性物品:不弥散的放射性物质或装有放射性物品的密封容器。

(5)其他性质的放射性物品:除上述各类以外的放射性物质。

2.1.7.2　放射性物质的危险特性

1)放射性

放射性物品的主要危险特性在于其放射性,能自发、不断地放出人们感觉器官不能觉察到的射线。其放射性强度越大,危险性也就越大。放射性物质放出的射线可分为四种:α 射线,也叫甲种射线;β 射线,也叫乙种射线;γ 射线,也叫丙种射线;还有中子流。但是各种放射性物品放出的射线种类和强度不尽一致。

如果上述射线从人体外部照射时,β 射线、γ 射线和中子流对人的危害很大,达到一定剂量时易使人患放射病,甚至死亡。如果放射性物质进入体内时,则 α 射线的危害最大,其他射线的危害较大,所以要严防放射性物品进入体内。

不能用化学方法中和或者其他方法使放射性物品不放出射线,而只能设法把放射性物质清除或者用适当的材料予以吸收屏蔽。

2)易燃性

多数放射性物品具有易燃性,且有的燃烧十分强烈,甚至引起爆炸。如金属钍在空气中280 ℃时可着火;粉状金属铀在200 ~400 ℃时有着火危险;硝酸铀、硝酸钍等遇高温分解,遇有机物、易燃物都能引起燃烧,且燃烧后均可形成放射性灰尘,污染环境,危害人们健康;硝酸铀的醚溶液在阳光的照射下能发生爆炸。

3)氧化性

有些放射性物品不仅具有易燃性,而且大部分兼有氧化性。如硝酸铀、硝酸钍、硝酸铀酰(固体)、硝酸铀酰六水合物溶液等都具有强氧化性,遇可燃物可引起着火或爆炸。

4)毒害性

许多放射性物品毒性很大。如钋 210、镭 226、镭 228、钍 230 等都是剧毒的放射性物品;钠 22、钴 60、锶 90、碘 131、铅 210 等为高毒的放射性物品,均应注意。

2.1.7.3　常见的放射性物质

1)金属钍

钍为天然的放射性元素,分子式 Th,相对原子质量 232.0,相对密度 11.72,熔点 1 842 ℃,沸点 4 788 ℃。Th232 的半衰期为 14.05×10^9 年。

本品是将四氟化钍、金属钙和氯化锌的混合物料放在钢弹中还原制得的钍与锌的合金,在真空下加热到 1 100 ℃除掉锌而得海绵状的金属钍。钍为银白色软状放射性重金属,块状的长期暴露于空气中仅表面氧化,失去光泽。钍是高毒元素,钍盐都显示+4价,缓慢溶于稀盐酸、稀硝酸、稀硫酸,在浓硝酸中分解迅速。钍在核反应堆中可转化为原子铀-233。若通过钍-铀-233 体系的转化可将钍原子全部利用,预计比地球上蕴藏的铀、煤、石油总的可用能量还大得多。钍的主要矿石为独居石。

钍粉有着火危险,在空气中着火温度为 280 ℃,除惰性气体外,所有非金属元素皆可与钍形成化合物;铜、银等许多钍的金属互化物都易自燃。

各种形式货包外表面的最大辐射水平不得超过 2 mSv/h(200 mrem/h);距包装外表面 1 m 处不得超过 0.1 mSv/h(10 mrem/h)。

本品着火可用沙土、二氧化碳、干粉、雾状水等相应的灭火剂扑救。火灾后现场要经射线测定和消毒处理。

2)金属铀

铀的分子式 U,相对原子质量 238.0,相对密度 19.04,熔点 1 132 ℃,沸点 4 131 ℃。U238 的半衰期为 4.47×10^9 年。

本品可通过在密闭容器中用钙或镁于 1 200～1 400 ℃的高温下还原四氟化铀而制得,为银白色有光泽金属,在空气中表面被氧化后为晕黄色,后转为黑色,金属铀有三种晶体,相对密度不同。

粉状金属铀在空气中温度达到 200～400 ℃时就有着火危险。金属铀易溶于高氯酸、浓硝酸,与浓盐酸反应剧烈,产生黑色沉淀物;与一氧化碳、硒、硫和水也能剧烈反应。运输包装形式和包装表面辐射水平限值同金属钍。

2.1.8　第 8 类:腐蚀性物质

2.1.8.1　概念和范围

腐蚀性物质是指通过化学作用使生物组织接触时造成严重损伤或在渗漏时会严重

损害甚至毁坏其他货物或运载工具的物质。本类包括满足下列条件之一的物质。

（1）使完好皮肤组织在暴露超过 60 min，但不超过 4 h 之后开始的最多 14 d 观察期内全厚度损毁的物质。

（2）被判定不引起完好皮肤组织全厚度毁损，但在 55 ℃ 试验温度时，对钢或铝的表面腐蚀率超过 6.25 mm/a 的物质。

腐蚀品的特点是能灼伤人体组织，并对动物、植物体、纤维制品、金属等造成较为严重的损坏。由于腐蚀品酸碱性各异，相互间易发生反应，为了便于运输时合理积载，以及发生事故时易于迅速地采取急救措施，因此，日常使用中可按酸碱性进一步分为以下 3 类。

（1）酸性腐蚀品。该类物质呈固态或液态，具有强烈腐蚀性。从其包装中泄漏的该类物品亦能导致对其他货物或运输工具的损坏。酸性腐蚀品挥发的蒸气，能刺激眼睛、黏膜，吸入会中毒。大部分酸性腐蚀品受热或遇水会放出有毒的烟雾。有些无机酸性腐蚀品，具有较强的氧化性，接触可燃物易燃烧。有些有机酸性腐蚀品具有可燃和易燃性。如硝酸、发烟硝酸、发烟硫酸、溴酸、含酸不大于 50% 的高氯酸、五氯化磷、己酰氯、溴乙酸等均属此项。酸性腐蚀品按其化学组成还可分为无机酸性腐蚀品和有机酸性腐蚀品 2 个子项。

无机酸性腐蚀品是指具有酸性的无机品。该项物品中很多具有强氧化性，如硝酸、氯磺酸等；其中还有不少是遇湿能生成酸的物质，如三氧化硫、五氧化磷等。

有机酸性腐蚀品是指具有酸性的有机品。该项物品绝大多数是可燃物，且有很多是易燃的。如乙酸的闪点是 42.78 ℃，丙烯酸的闪点是 54 ℃；溴乙酰的闪点是 1 ℃，与水激烈反应，放出白色雾状的具有刺激性和腐蚀性的溴化氢气体，与具有氧化性的酸性腐蚀品混合引起着火或爆炸。

所以同是酸性腐蚀品，具有强氧化性的无机酸与具有还原性的可燃的有机酸，绝不能认为都是酸性腐蚀品而可以同车配载或同库混存。

（2）碱性腐蚀品。如氢氧化钠、烷基醇钠类（乙醇钠）、含肼不大于 64% 的水合肼、环己胺、二环乙胺、蓄电池（含有碱液的）均属此项。由于碱性腐蚀品中没有具有氧化性物质，因此没有必要把腐蚀品再分为无机碱和有机碱 2 个子项。但碱性腐蚀品中的水合肼等有机碱是强还原剂，其易燃蒸气会爆炸，故对有机碱性腐蚀品应注意其易燃危险性。

（3）其他腐蚀品，指酸性和碱性不太明显的腐蚀品。如木馏油、蒽、塑料沥青、含有效氯大于 5% 的次氯酸盐溶液（如次氯酸钠溶液）等均属此项。其他腐蚀品也有无机和有机之分。其中无机的次氯酸钠等都有一定的氧化性，有机的甲醛等都有一定的还原性。如甲醛的闪点是 50 ℃，爆炸极限为 7% ～ 73%，还原性极强，二者是不能混储混运的。所以该项物品的火灾危险性也是不能忽视的。

2.1.8.2　腐蚀品的危险特性

1）腐蚀性

当一种物体与其他物质接触时，会使其他物质发生化学变化或电化学变化而受破坏,这种性质就叫腐蚀性,这是腐蚀性物品的主要危险特性,其特点如下。

(1)对人体的伤害。腐蚀性物品的形态有液体和固体两种,当人们直接触及这些物品后,会引起灼伤或发生破坏性创伤以至溃疡等;当人们吸入这些挥发出来的蒸气或飞扬到空气中的粉尘时,呼吸道黏膜便会受腐蚀,引起咳嗽、呕吐、头痛等症状;特别是接触氢氟酸时,能发生剧痛,使组织坏死,如不及时治疗,会导致严重后果;人体被腐蚀性物品灼伤后,伤口往往不容易愈合。故在储存、运输过程中,应特别注意防护。

(2)对有机物质的腐蚀。腐蚀性物品能夺取布匹、木材、纸张、皮革及其他一些有机物质中的水分,破坏其组织成分,甚至使之碳化。如有封口不严的浓硫酸坛中进入杂草、木屑等有机物,浅色透明的溶液会变黑就是这个道理;浓度较大的氢氧化钠溶液接触棉质物,特别是接触毛纤维,即能使纤维组织受破坏而溶解。这些腐蚀性物品在储运过程中,若渗透或挥发出气体(蒸气),则能腐蚀库房的屋架、门窗、苫垫用品和运输工具等。

(3)对金属的腐蚀。腐蚀品中的酸和碱甚至盐类都能引起金属不同程度的腐蚀,使其遭受腐蚀损坏。浓硫酸虽然不易与铁发生作用,但当储存日久、吸收空气中的水分后浓度变稀薄时,也能继续与铁发生作用,使铁受到腐蚀;又如冰醋酸,有时使用铝桶包装,但储存日久也能引起腐蚀,产生白色的醋酸铝沉淀;有些腐蚀品,特别是无机酸类,挥发出来的蒸气对库房建筑物的钢筋、门窗、照明用品、排风设备等金属物料和库房结构的砖瓦、石灰等均能发生腐蚀作用。

2)毒害性

在腐蚀品中,多数腐蚀品有不同程度的毒性,有的还是剧毒品,如氢氟酸、溴素、五溴化磷等。

3)火灾危险性

在列入管理的腐蚀品中,约83%具有火灾危险性,有的还是相当易燃的液体和固体,其火灾危险性主要有以下几点。

(1)氧化性。无机腐蚀品大都本身不燃,但具有较强氧化性,有的还是氧化性很强的氧化剂,与可燃物接触或遇高温时,都有着火或爆炸的危险。如浓硝酸、浓硫酸、高氯酸等具有氧化性能,遇有机化合物如食糖、稻草、木屑、松节油等易因氧化发热而引起燃烧。高氯酸浓度超过72%时遇热极易爆炸,属爆炸品;高氯酸浓度低于72%时属无机酸性腐蚀品,但遇还原剂、受热等也会发生爆炸。

(2)易燃性。有机腐蚀品大都可燃,且有的非常易燃。如有机酸性腐蚀品中的溴乙酰闪点是1 ℃,硫代乙酰闪点小于1 ℃。甲酸、冰醋酸、甲基丙烯酸、苯甲酰氯等遇火易燃,蒸气可形成爆炸性混合物;有机碱性腐蚀品甲基肼在空气中可自燃;其他有机腐蚀品如苯酚、甲酚、甲醛、松焦油、蒽等,不仅本身可燃,且都能挥发出有刺激性或毒性的气体。

(3)遇水分解易燃性。有些腐蚀品,特别是五氯化磷、五氯化锑、五溴化磷、四氯化硅、三溴化硼等多卤化合物,遇水分解、放热、冒烟,放出具有腐蚀性的气体,这些气体遇空气中的水蒸气还可形成酸雾;氯磺酸遇水猛烈分解,可产生大量的热和浓烟,甚至爆炸;无水溴化铝、氧化钙等腐蚀品遇水能产生高热,接触可燃物时会引起着火;更加危险的是烷基醇钠类,本身可燃,遇水可引起燃烧;异戊醇钠、氯化硫本身可燃,遇水分解;无水的硫化钠本身有可燃性,且遇高热、撞击还有爆炸危险。

2.1.8.3 常见的腐蚀性物质

1)硝酸

(1)分子式:HNO_3。

(2)理化性质:无色透明发烟液体,工业品常呈黄色或红棕色;能与水以任何比例混合;有硝化作用,能在有机化合物中引入硝基而生成硝基化合物;相对密度1.41 (68%)、1.5(无水),沸点86 ℃(无水)、120.5 ℃(68%);用途极广,主要用于化肥、染料、国防、炸药、冶金、医药等工业。

(3)危险特性:强氧化剂,遇金属粉末、H发孔剂、松节油立即燃烧,甚至爆炸;与还原剂、可燃物,如糖、纤维素、木屑、棉花、稻草等接触可引起燃烧;遇氧化物则产生剧毒气体;有强腐蚀性,其蒸气刺激眼和上呼吸道,皮肤接触能引起灼伤,误触皮肤应立即用苏打水冲洗,再作医治。

(4)灭火剂:沙土、二氧化碳、雾状水(禁用加压的柱状水,以防飞溅影响消防人员安全)。

2)甲醛溶液

(1)别名:福尔马林溶液。

(2)分子式:HCHO。

(3)理化性质:有刺激气味的无色液体;含甲醛约37%,是较强的还原剂;有凝固蛋白质作用,故可作标本防腐剂;相对密度0.82(水=1),沸点101 ℃;用于制酚醛树脂、脲醛树脂、维纶、乌洛托品、季戊四醇、染料等,也用作农药和消毒剂。

(4)危险特性:本品剧毒,能使蛋白质凝固,触及皮肤能使皮肤发硬,甚至局部组织坏死;极易聚合,易溶于水,有较强的还原性;可燃,闪点为85 ℃(37 ℃,不含甲醇),自燃点430 ℃,蒸气与空气混合能成为爆炸性气体,与氧化剂、火种接触着火危险。

(5)灭火剂:本品着火可用水、泡沫、二氧化碳、干粉、沙土等相应的灭火剂扑救。

2.1.9 第9类: 杂项危险物质和物品, 包括危害环境物质

本类是指存在危险但不满足其他类别定义的物质和物品,包括:

①以微细粉尘吸入可危害健康的物质,如UN 2212、UN 2590;

②会放出易燃气体的物质,如UN 2211、UN 3314;

③锂电池组,如UN 3090、UN 3091、UN 3480、UN 3481;

④救生设备,如UN 2990、UN 3072、UN 3268;

⑤一旦发生火灾可形成二噁英的物质和物品,如UN 2315、UN 3432、UN 3151、UN 3152;

⑥在高温下运输或提交运输的物质,是指在液态温度达到或超过100 ℃,或固态温度达到或超过240 ℃条件下运输的物质,如UN 3257、UN 3258;

⑦危害环境物质,包括污染水生环境的液体或固体物质,以及这类物质的混合物(如制剂和废物),如 UN 3077、UN 3082;

⑧不符合第6类物质中第6.1项毒性物质或第6.2项感染性物质定义的经基因修改的微生物或生物体,如 UN 3245;

⑨其他,如 UN 1814、UN 1845、UN 1931、UN 1941、UN 1990、UN 2071、UN 2216、UN 2807、UN 2969、UN 3166、UN 3171、UN 3316、UN 3334、UN 3335、UN 3359、UN 3363。

物质满足表2.27所列急性1、慢性1或慢性2的标准,应列为"危害环境物质(水生环境)"。

表2.27　危害水生环境物质的分类

急性(短期)水生危害[a]	慢性(长期)水生危害[b]		
	已掌握充分的慢毒性资料		没有掌握充分的慢毒性资料[a]
	非快速降解物质[c]	快速降解物质[c]	
类别:急性1	类别:慢性1	类别:慢性1	类别:慢性1
LC_{50}(或 EC_{50})[d] ≤1.00	NOEC(或 EC_x)≤0.1	NOEC(或 EC_x)≤0.01	LC_{50}(或 EC_{50})[d] ≤1.00,并且该物质满足下列条件之一:(1)非快速降解物质;(2)BCF ≥500,如没有该数值,lg K_{ow} ≥4
—	类别:慢性2	类别:慢性2	类别:慢性2
—	0.1<NOEC(或 EC_x)≤1	0.01<NOEC(或 EC_x)≤0.1	1.00<LC_{50}(或 EC_{50})[d] ≤10.0,并且该物质满足下列条件之一:(1)非快速降解物质;(2)BCF ≥500,如没有该数值,lg K_{ow} ≥4

注:

BCF:生物富集系数;

EC_x:产生 x% 反应的浓度,单位为毫克每升(mg/L);

EC_{50}:造成 50% 最大反应的物质有效浓度,单位为毫克每升(mg/L);

E_rC_{50}:在减缓增长上的 EC_{50},单位为毫克每升(mg/L);

K_{ow}:辛醇溶液分配系数;

LC_{50}(50% 致命浓度):物质在水中造成一组试验动物 50% 死亡的浓度,单位为毫克每升(mg/L);

NOEC(无显见效果浓度):试验浓度刚好低于产生在统计上有效的有害影响的最低测得浓度;NOEC 不产生在统计上有效的应受管制的有害影响。NOEC 单位为毫克每升(mg/L)

a 以鱼类、甲壳纲动物,和/或藻类或其他水生植物的 LC_{50}(或 EC_{50})数值为基础的急性毒性范围;

b 物质按不同的慢毒性分类,除非掌握所有三个营养水平的充分的慢毒性数据,在水溶性以上或 1 mg/L;

c 慢性毒性范围以鱼类或甲壳纲动物的 NOEC 或等效的 EC_x 数值,或其他公认的慢毒性标准为基础;

d LC_{50}(或 EC_{50})分别指 96 h LC_{50}(对鱼类)、48 h EC_{50}(对甲壳纲动物),以及 72 h 或 96 h E_rC_{50}(对藻类或其他水生植物)

2.2 《全球化学品统一分类和标签制度》(GHS)

《全球化学品统一分类和标签制度》(GHS,又称"紫皮书")是由联合国出版的指导各国控制化学品危害和保护人类健康与环境的规范性文件。2002 年联合国可持续发展世界首脑会议鼓励各国 2008 年前执行 GHS。APEC 会议各成员国承诺自 2006 年起执行 GHS。2011 年联合国经济和社会理事会 25 号决议要求 GHS 专家分委员会秘书处邀请未实施 GHS 的政府尽快通过本国立法程序实施 GHS。

目前世界上大约拥有数百万种化学物质,常用的约为 7 万种,且每年大约上千种新化学物质问世。很多化学品对人体健康以及环境造成了一定的危害,如某些化学物质具有腐蚀性、致畸性、致癌性等。由于部分化学从业人员对化学品缺乏安全使用操作意识,在化学品生产、储存、操作、运输、废弃处置中,难免损害自身健康,或给环境带来负面影响。

多年来,联合国有关机构以及美国、日本、欧洲各工业发达国家都通过化学品立法对化学品的危险性分类、包装和标签作出明确规定。各国对化学品危险性定义的差异,可能造成某种化学品在一国被认为是易燃品,而在另一国被认为是非易燃品,从而导致该化学品在一国作为危险化学品管理而另一国却不认为是危险化学品。在国际贸易中,遵守各国法规的不同危险性分类和标签要求,既增加贸易成本,又耗费时间。为了健全危险化学品的安全管理,保护人类健康和生态环境,同时为尚未建立化学品分类制度的发展中国家提供安全管理化学品的框架,有必要统一各国化学品统一分类和标签制度,消除各国分类标准在方法学和术语学上存在的差异,建立全球化学品统一分类和标签制度。

GHS 分类标准文件目前已经先后进行 9 次修订。2002 年 12 月通过了第 1 版,并于 2003 年公布出版。随后,第 1 修订版:2004 年 12 月通过,2005 年 12 月公布;第 2 修订版:2006 年 12 月通过,2007 年 7 月公布;第 3 修订版:2008 年 12 月通过,2009 年 7 月公布;第 4 修订版:2010 年 12 月通过,2011 年 7 月公布;第 5 修订版:2012 年 12 月通过,2013 年 7 月公布;第 6 修订版:2014 年 12 月通过,2015 年 7 月公布;第 7 修订版:2016 年 12 月通过,2017 年 7 月公布;第 8 修订版:2019 年 3 月通过,2019 年 10 月公布;第 9 修订版:2021 年 9 月发布。

GHS 专家小组委员会负责维持和促进 GHS 的执行,并根据需要提供补充指导意见。GHS 分类制度是动态的,在执行过程中随着经验的积累每两年修订一次,使之更加完善有效。

在最新版本的 GHS(第 9 修订版,2021)中,共分物理危险、健康危害、环境危害三个大类,下分 29 个危险种类,包括 17 个物理危险种类、10 个健康危害种类以及 2 个环境危害种类,每类按其危险性程度又分为不同类别,类别与警示性用语密切相关。本节对危险品全球统一分类(也称"GHS 分类")的种类、定义和类别进行简单介绍。

2.2.1 物理危险

物理危险(physical hazard)指化学品所具有的爆炸性、燃烧性(易燃或可燃性、自燃性、遇湿易燃性)、自反应性、氧化性、高压气体危险性、金属腐蚀性等危险性。GHS中规定了17个物理危险种类。

2.2.1.1 爆炸物

1)定义

爆炸性物质或混合物,是一种固体或液体物质或混合物,本身能够通过化学反应产生气体,而产生气体的温度、压力和速度之大,能对周围环境造成破坏。烟火物质和混合物也属爆炸性物质或混合物,即使它们不放出气体。

烟火物质或烟火混合物,是通过非爆炸、自持放热化学反应,并产生热、光、声、气体、烟等效应或这些效应之组合的物质或混合物。

爆炸性物品是指含有一种或多种爆炸性物质或混合物的物品。

爆炸物种类包括:

(a)爆炸性物质和混合物;

(b)爆炸性物品,但不包括下述装置:其中所含爆炸性物质或混合物由于其数量或特性,在意外或偶然点燃或引爆后,不会由于迸射、发火、冒烟、发热或巨响而在装置之外产生任何效应;

(c)在上文(a)和(b)中未提及的为产生实际爆炸或烟火效应而制造的物质、混合物和物品。

2)分类标准

根据表2.28,这一类爆炸性物质、混合物和物品划为两个类别之一,对于类别2,划入三个子类别之一。

表2.28 爆炸物标准

类别	子类别	标准
1		以下爆炸性物质、混合物和物品: (a)未划定项别,并且是为产生爆炸或烟火效应而制造的;或是在《试验和标准手册》试验系列2的试验中显示结果为"+"的物质或混合物 或 (b)不在已划定项别的配置的初级包装内,除非它们是已划定项别的以下爆炸性物品: 没有初级包装;或在不减弱爆炸效应的初级包装中,同时还应考虑到中间包装材料、间距或临界方向

续表

类别	子类别	标准
2	2A	已划入以下项别的爆炸性物质、混合物和物品： (a)1.1、1.2、1.3、1.5 或 1.6 项；或 (b)1.4 项，并且不符合子类别 2B 或 2C 的标准
	2B	已划入 1.4 项和 S 以外的其他配装组，并且符合以下条件的爆炸性物质、混合物和物品： (a)正常发挥作用时不引爆、不碎裂；并且 (b)在《试验和标准手册》实验 6(a)或 6(b)中未显示高度危险事件；并且 (c)除初级包装可能提供的减爆设计外，不需要减爆设计来减轻高度危险事件
	2C	已划入 1.4 项配装组 S，并且满足以下条件的爆炸性物质、混合物和物品： (a)正常发挥作用时不起爆、不碎裂；并且 (b)在《试验和标准手册》试验 6(a)或 6(b)中未显示高度危险事件，或者在未取得这些试验结果的情况下，未显示试验 6(d)的类似结果；并且 (c)除初级包装可能提供的减爆设计外，不需要减爆设计以减轻高度危险事件

各项别如下所示：

(a)1.1 项：有整体爆炸危险的物质、混合物和物品(整体爆炸是指几乎瞬间影响到几乎全部存在数量的爆炸)；

(b)1.2 项：有迸射危险但无整体爆炸危险的物质、混合物和物品；

(c)1.3 项：有起火危险以及轻微爆炸危险或轻微迸射危险，或同时兼有这两种危险，但没有整体爆炸危险的物质、混合物和物品：这些物质、混合物和物品的燃烧产生相当大的辐射热，或它们相继燃烧，产生轻微爆炸或迸射效应或两种效应兼而有之；

(d)1.4 项：不具备重大危险性的物质和物品：在点燃或引爆时仅具有较小危险的物质、混合物和物品。其效应主要限于包装件的范围，预计不会射出的体积较大或射程较远的碎片。外部火烧不会引起包装件几乎全部内装物的瞬间爆炸；

(e)1.4 项配装组 S：物质、混合物和物品的包装或设计使得因意外发挥作用引起的任何危险效应限制在包装件内，除非包装件因火受损，在这种情况下，所有爆炸效应或迸射效应都局限于不会显著妨碍在包装件附近进行救火或其他急救工作的程度内。

(f)1.5 项：有整体爆炸危险的非常不敏感的物质或混合物：这些物质和混合物有整体爆炸危险，但非常不敏感以致在正常情况下引爆或由燃烧转为爆轰的可能性非常小。如果数量很大，由燃烧转为爆轰的可能性加大。

(g)1.6 项：没有整体爆炸危险的极其不敏感的物品：这些物品主要含极其不敏感

的物质或混合物,而且意外引爆或传播的概率微乎其微。1.6 项物品的危险仅限于单一物品爆炸。

类别的层级:

类别 2 仅包含已划入某个项别的爆炸物,与《联合国规章范本》第 1 类相对应。类别 2 内的子类别根据爆炸物在初级包装中的危险表现或在适用情况下仅根据有关爆炸性物品的危险表现对爆炸物进行分类。对于没有划定项别的爆炸物,则将之划入爆炸物危险种类的类别 1。这种分类可能是因为认为该爆炸物太过危险而无法划入某个项别,也可能是因为该爆炸物(尚)未处于合适的配置中而无法将之划入某个项别。因此,类别 1 中的爆炸物不一定比类别 2 中的爆炸物更具危险性。

3)危险公示

爆炸物各类别的危险性象形图、信号词及危险性说明等标签要素如表 2.29 所示。

表 2.29　爆炸物的标签要素

类别	1	2		
子类别	不适用	2A	2B	2C
符号				
信号词	危险	危险	警告	警告
危险说明	爆炸物	爆炸物	起火或迸射危险	起火或迸射危险
补充危险说明	非常敏感 或 可能敏感	不适用	不适用	不适用

2.2.1.2　易燃气体

1)定义

(1)易燃气体,是在 20 ℃和 101.3 kPa 标准压力下,与空气有易燃范围的气体。

(2)发火气体,是在等于或低于 54 ℃时在空气中可能自燃的易燃气体。

(3)化学性质不稳定的气体,是在即使没有空气或氧气的条件下也能起爆炸反应的易燃气体。

2)分类标准

易燃气体可根据表 2.30 划为类别 1A、类别 1B 或类别 2。发火和/或化学性质不稳定的易燃气体一律划为类别 1A。

表2.30 易燃气体分类标准

类别			标准
1A	易燃气体		在20 ℃和101.3 kPa标准压力下： (a)气体的混合物在空气中所占比例按体积小于等于13%时可点燃； (b)不论易燃性下限如何，与空气混合后可燃范围至少为12个百分点，除非数据表明气体符合类别1B的标准
	发火气体		在温度低于等于54 ℃时会在空气中自燃的易燃气体
	化学性质不稳定的气体	A	在20 ℃和101.3 kPa标准压力下化学性质不稳定的易燃气体
		B	在温度高于20 ℃和/或压力大于101.3 kPa时化学性质不稳定的易燃气体
1B	易燃气体		符合类别1A的易燃性标准，但既非发火亦非化学性质不稳定且至少具下列情形之一的气体： (a)在空气中按体积易燃性下限大于6%； (b)基本燃烧速率小于10 cm/s
2	易燃气体		除类别1A或类别1B外，在20 ℃和101.3 kPa标准压力下与空气混合时有某个易燃范围的气体

注：①有些管理制度将氨气和甲基溴视为特例。
②气雾剂不应被分类为易燃气体。
③在没有数据可确定应划为类别1B时，符合类别1A标准的易燃气体默认划为类别1A。
④发火气体自燃不一定立即发生，有可能延时发生。
⑤在不掌握易燃气体混合物发火性数据的情况下，如所含发火性成分(按体积)超过1%，则应将其划为发火气体。

3)危险公示

易燃气体的标签要素见表2.31。

表2.31 易燃气体的标签要素

	类别1A	符合发火气体或不稳定气体A/B标准划为类别1A的气体			类别1B	类别2
		发火气体	化学性质不稳定气体			
			类别A	类别B		
符号	◇🔥	◇🔥	◇🔥	◇🔥	◇🔥	无符号
信号词	危险	危险	危险	危险	危险	警告
危险说明	极易燃气体	极易燃气体。曝露在空气中可自燃	极易燃气体。即使在没有空气的条件下仍可能发生爆炸反应	极易燃气体。在高压和/或高温条件下，即使没有空气仍可能发生爆炸反应	易燃气体	易燃气体

气体混合物是否属于易燃气体的判断法有两种,一是通过实验测试混合气体的爆炸极限,然后根据爆炸极限的判定标准来确定;二是根据气体混合物的成分信息,运用公式计算其易燃性指标 R 来判断,参考《关于危险货物运输的建议书　试验和标准手册》(第五修订版)(以下简称《试验和标准手册》)、GB 30000.3—2013 所列出的计算公式,当 $R>1$ 时,为易燃气体。气体混合物易燃性指标 R 的计算公式如下:

$$R = \sum_{i}^{n} \frac{V_i}{T_{ci}} \tag{2.3}$$

式中　V_i——易燃气体体积分数,以%表示;

　　　T_{ci}——易燃气体在氮气中的混合气体与空气混合,不可燃的最大浓度;

　　　i——混合气体中的第一种气体;

　　　n——混合物中的第 n 种气体;

　　　K_i——惰性气体对氮气的相当系数。

在气体混合物含有非氮气的惰性稀释气体时,应使用该惰性气体的相应系数(K_i)将该惰性稀释气体体积调整相当于氮气体积的该稀释剂体积。

举例:

混合气体的组成如下:2%(H_2)+6%(CH_4)+27%(Ar)+65%(He),试判断该混合物气体是否属于易燃气体?

计算:

第一步:确定惰性气体对氮气的相当系数 K_i:

$$K_i(Ar) = 0.5$$
$$K_i(He) = 0.5$$

第二步:使用惰性气体的 K_i 数计算以氮气为平衡气体的等同混合气体:

2%(H_2)+6%(CH_4)+[27%×0.5+65%×0.5](N_2) = 2%(H_2)+6%(CH_4)+46%(N_2) = 54%

第三步:调整含量到100%:

$$\frac{100}{54} \times [2\%(H_2)+6\%(CH_4)+46\%(N_2)] = 3.7\%(H_2)+11.1\%(CH_4)+85.2\%(N_2)$$

第四步:确定易燃性气体的 T_{ci} 系数:

$$T_{ci}(H_2) = 5.7\%$$
$$T_{ci}(CH_4) = 14.3\%$$

第五步:用式(2.3)计算当量混合气体的易燃性:

$$R = \sum_{i}^{n} \frac{V_i}{T_{ci}} = \frac{3.7}{5.7} + \frac{11.1}{14.3} = 1.42$$

因为 $R=1.42>1$,因此,该混合气体在空气中易燃,属于易燃气体。

2.2.1.3　气雾剂和加压化学品

气雾剂和加压化学品虽然危害相似并且其分类是依据易燃特性和燃烧热,但由于两种储器的容许压强、容量和构造不同而列入两个不同的类别,因此分别进行介绍。

1)气雾剂

(1)定义。

气雾剂,也即喷雾器,是任何不可再充装的储器,用金属、玻璃或塑料制成,内装压缩、液化或加压溶解气体,包含或不包含液体、膏剂或粉末,配有释放装置,可使内装物喷射出来,形成在气体中悬浮的固态或液态微粒或形成泡沫、膏剂或粉末,或处于液态或气态。

(2)分类。

气雾剂根据表2.32划为三个类别之一,取决于:易燃特性;燃烧热。如适用,还包括按照《试验和标准手册》第31.4、31.5和31.6小节进行的点火距离试验、封闭空间试验和泡沫气雾剂易燃性试验的结果。

如果气雾剂满足以下条件,则应考虑将之划入类别1或类别2:根据全球统一制度的标准,气雾剂所含成分的1%以上(按质量)被划为下列易燃成分:易燃气体、易燃液体、易燃固体,或如果其燃烧热至少为20 kJ/g。

表2.32 气雾剂的分类标准

类别	标准
1	(1)含有易燃成分(按质量)≥85%并且燃烧热≥30 kJ/g的任何气雾剂; (2)点火距离试验中测得点火距离≥75 cm、可喷出气雾的任何气雾剂; (3)泡沫易燃性试验中测得下列数值的、可喷出泡沫的任何气雾剂:火焰高度≥20 cm且火焰时间≥2 s,或火焰高度≥4 cm且火焰持续时间≥7 s
2	(1)点火距离试验表明不符合类别1的标准且测得下列数值的可喷出气雾的任何气雾剂: (a)燃烧热≥20 kJ/g; (b)燃烧热<20 kJ/g,且点火距离≥15 cm; (c)燃烧热<20 kJ/g,点火距离<15 cm,且在封闭空间点火试验中测得以下数值之一:时间当量≤300 s/m³;爆燃密度≤300 g/m³; (2)气雾剂泡沫易燃性试验结果表明不符合类别1的标准、火焰高度≥4 cm和火焰持续时间≥2 s的、可喷出泡沫的任何气雾剂
3	(1)所含易燃成分(按质量)≤1%并且燃烧热<20 kJ/g的任何气雾剂; (2)所含易燃成分(按质量)>1%或燃烧热≥20 kJ/g,但点火距离试验、封闭空间试验或气雾剂泡沫易燃性试验结果表明不符合类别1或类别2标准的任何气雾剂

注:①易燃成分不包括发火、自热或遇水反应物质和混合物,因为这类成分从不用作为喷雾器内装物。

②未经过易燃性分类程序但所含易燃成分超过1%或燃烧热至少达20 kJ/g的气雾剂,应划为类别1气雾剂。

③气雾剂不再另属易燃气体、加压化学品、高压气体、易燃液体和易燃固体的范畴。但气雾剂可能由于所含物质而属于其他危险类别的范畴,包括其标签要素。

(3)危险公示。

气雾剂的标签要素见表2.33。

表2.33 气雾剂的标签要素

类别	类别1	类别2	类别3
符号			无符号
信号词	危险	警告	警告
危险说明	极易燃气雾剂 压力容器受热后可爆裂	易燃气雾剂 压力容器受热后可爆裂	压力容器受热后可爆裂

2）加压化学品

（1）定义。

加压化学品是指装在除气雾剂喷罐之外的其他压力贮器内、20 ℃ 条件下用某种气体加压到等于或高于 200 kPa（表压）的液体或固体（例如糊状物或粉末）。

注：加压化学品通常含有 50% 或更多（按质量）液体或固体，而气体含量超过 50% 的液体或固体则通常视为加压气体。

（2）分类。

加压化学品按其易燃成分含量和燃烧热划为三个类别，分类标准见表 2.34。

表 2.34　加压化学品的分类标准

类别	标准
1	符合下列数值的任何加压化学品： 含有 ≥85% 易燃成分（按质量）且燃烧热 ≥20 kJ/g
2	符合下列数值的任何加压化学品： （a）含有 >1% 易燃成分（按质量）且燃烧热 <20 kJ/g； （b）含有 <85% 易燃成分（按质量）且燃烧热 ≥20 kJ/g
3	符合下列数值的任何加压化学品： 含有 ≥1% 易燃成分（按质量）且燃烧热 <20 kJ/g

注：加压化学品的易燃成分不包括发火物质、自热物质或遇水反应物质，因为按照联合国《关于危险货物运输的建议书　规章范本》，加压化学品不允许含有这些成分。

加压化学品不再另属气雾剂、易燃气体、加压气体、易燃液体和易燃固体的范畴。但加压化学品可能由于所含物质而属于其他危险类别的范畴，包括其标签要素。

（3）危险公示。

加压化学品的标签要素见表 2.35。

表 2.35　加压化学品的标签要素

	类别 1	类别 2	类别 3
符号			
信号词	危险	警告	警告
危险说明	极易燃加压化学品： 受热可能爆炸	易燃加压化学品： 受热可能爆炸	加压化学品： 受热可能爆炸

2.2.1.4　氧化性气体

1）定义

氧化性气体是指一般通过提供氧气，比空气更易引起或促使其他物质燃烧的任何气体。

注:"比空气更易引起或促使其他物质燃烧的任何气体",是指采用国际标准化组织 ISO 10156:2017 规定的方法,确定氧化能力大于 23.5% 的纯净气体或气体混合物。

2)分类

根据氧化能力,本类气体只包含 1 个类别,见表 2.36。

表 2.36　氧化性气体标准

类别	标准
1	一般通过提供氧气,比空气更易引起或促使其他物质燃烧的任何气体

含氧量高达 21%(体积分数)的人造空气视为非氧化性气体。

气体氧化力(OP)应按照 ISO 10156:2017 的方法计算,计算确定的氧化能力高于 0.235(23.5%)的气体混合物,属于氧化性气体。计算公式如式 2.4 所示。

$$OP = \frac{\sum_{i=1}^{n} x_i C_i}{\sum_{i=1}^{n} x_i + \sum_{k=1}^{p} K_k B_k} \times 100\% \tag{2.4}$$

式中　x_i——混合物中第 i 氧化性气体的摩尔分数;

　　　C_i——混合物中第 i 氧化性气体的氧等值系数;

　　　K_k——惰性气体 k 与氮相比的等值系数;

　　　B_k——混合物中第 k 惰性气体的摩尔分数;

　　　n——混合物中氧化性气体的总数;

　　　p——混合物中惰性气体的总数。

举例:

混合物的组成如下:9%(O_2)+16%(N_2O)+75%(He),试判断该混合气体是否属于氧化性气体。

计算步骤:

(1)找出混合物中氧化性气体的氧等值系数(C_i)和不易燃、非氧化性气体的氮等值系数(K_k)。

$$C_i(N_2O) = 0.6(N_2O)$$
$$C_i(O_2) = 1(O_2)$$
$$K_k(He) = 0.9(He)$$

(2)计算气体混合物的氧化能力。

$$OP = \frac{\sum_{i=1}^{n} x_i C_i}{\sum_{i=1}^{n} x_i + \sum_{k=1}^{p} K_k B_k} \times 100\% = \frac{0.09 \times 1 + 0.16 \times 0.6}{0.09 + 0.16 + 0.75 \times 0.9} \times 100\% = 20.1\%$$

$$OP = 20.1\% < 23.5\%$$

因此,认为该混合物不是一种氧化性气体。

3)危险公示

氧化性气体的标签要素见表 2.37。

表 2.37　氧化性气体的标签要素

	类别 1
符号	
信号词	危险
危险说明	可能引起或加剧燃烧;氧化剂

2.2.1.5　加压气体

1)定义

加压气体,是指在 20 ℃条件下,以 200 kPa(表压)或更大压强装入贮器的气体、液化气体或冷冻液化气体。

加压气体包括压缩气体、液化气体、溶解气体和冷冻液化气体等。

2)分类

根据包装时的物理状态,加压气体可分为 4 个组别,见表 2.38。

表 2.38　加压气体分类标准

组别	标准
压缩气体	在-50 ℃加压封装时完全是气态的气体;包括所有临界温度≤-50 ℃的气体
液化气体	在高于-50 ℃的温度下加压封装时部分是液体的气体。它又分为: (a)高压液化气体:临界温度在-50 ℃和+65 ℃之间的气体; (b)低压液化气体:临界温度高于+65 ℃的气体
冷冻液化气体	封装时由于其温度低而部分是液体的气体
溶解气体	加压封装时溶解于液相溶剂中的气体

注:①临界温度是在高于该温度时,无论压缩程度如何,纯气体都不能被液化的温度。

②气雾剂和加压化学品不应分类为加压气体。

3)危险公示

加压气体的标签要素见表 2.39。

表 2.39　加压气体的标签要素

	压缩气体	液化气体	冷冻液化气体	溶解气体
符号				
信号词	警告	警告	警告	警告
危险说明	内装加压气体;遇热可能爆炸	内装加压气体;遇热可能爆炸	内装冷冻气体;可能造成低温灼伤或损伤	内装加压气体;遇热可能爆炸

2.2.1.6 易燃液体

1）定义

易燃液体是指闪点不大于93 ℃的液体。

2）分类

根据闪点和初始沸点,易燃液体划分为4个类别,见表2.40。

表2.40 易燃液体分类标准

类别	标准
1	闪点<23 ℃,初始沸点≤35 ℃
2	闪点<23 ℃,初始沸点>35 ℃
3	闪点≥23 ℃但≤60 ℃
4	闪点>60 ℃但≤93 ℃

注:①在有些规章中,闪点范围在55 ℃到75 ℃之间的瓦斯油、柴油和取暖油可视为特殊组别。

②如果《试验和标准手册》第三部分第32节中的持续燃烧试验L.2得出否定结果,那么对一些管理目的(例如运输)而言,可将闪点高于35 ℃但不超过60 ℃的液体视为非易燃液体。

③在有些规章中(例如运输),某些黏性易燃液体,如油漆、搪瓷、喷漆、清漆、黏合剂和抛光剂等,可视为特殊组别。这类液体的分类或考虑将之划为非易燃液体的决定,可根据相关规定或由主管部门作出。

④气雾剂不得分类为易燃液体。

3）危险公示

易燃液体的标签要素见表2.41。

表2.41 易燃液体的标签要素

	类别1	类别2	类别3	类别4
符号				无符号
信号词	危险	危险	警告	警告
危险说明	极易燃液体和蒸气	高度易燃液体和蒸气	易燃液体和蒸气	可燃液体

2.2.1.7 易燃固体

1）定义

易燃固体是指易于燃烧或通过摩擦可能引起燃烧或助燃的固体。

易于燃烧的固体为粉末状、颗粒状或糊状物质,与点火源(如燃烧的火柴)短暂接触即可燃烧,如果火势迅速蔓延,可造成危险。

2）分类

(1)粉末状、颗粒状或糊状物质或混合物,如果在根据《试验和标准手册》第三部分第33.2小节所述试验方法进行的试验中,一次或一次以上的燃烧时间不到45 s或燃烧速率大于2.2 mm/s,应被划为易燃固体。

(2)金属或金属合金粉末如能点燃,并且反应可在10 min内蔓延到试样的全部长度(100 mm),应被划为易燃固体。

(3)在明确的标准制定之前,摩擦可能起火的固体应根据现有条目(如火柴)以类推法划为本类。

根据表 2.42,易燃固体用《试验和标准手册》第三部分第 33.2 小节所述方法 N.1划入本类中的两个类别之一。

表 2.42　易燃固体标准

类别	标准
1	燃烧速率试验: 除金属粉末之外的物质或混合物: (a)潮湿部分不能阻燃; (b)燃烧时间<45 s 或燃烧速率>2.2 mm/s。 金属粉末:燃烧时间≤5 min
2	燃烧速率试验: 除金属粉末之外的物质或混合物: (a)潮湿部分可以阻燃至少 4 min; (b)燃烧时间<45 s 或燃烧速率>2.2 mm/s。 金属粉末:燃烧时间>5 min 而且≤10 min

注:①对于固态物质或混合物的分类试验,试验应该使用所提供形状的物质或混合物。例如,如果为供货或运输
目的,所提供的同一化学品的物理形状将不同于试验时的物理形状,而且据认为这种形状很可能实质性改变
它在分类试验中的性能,那么对该物质也必须以新的形状进行试验。
②气雾剂不应被分类为易燃固体。

3)危险公示

易燃固体的标签要素见表 2.43。

表 2.43　易燃固体的标签要素

	类别 1	类别 2
符号		
信号词	危险	警告
危险说明	易燃固体	易燃固体

2.2.1.8　自反应物质和混合物

1)定义

自反应物质或混合物是指热不稳定液态或固态物质或者混合物,即使在没有氧(气)参与的条件下,也能进行强烈的放热分解。本定义不包括统一分类制度分类中被分类为爆炸物、有机过氧化物或氧化物性质的物质和混合物。

自反应物质或混合物,如果在实验室试验中容易起爆、迅速爆燃,或在封闭条件下

加热时显示剧烈效应,应视为具有爆炸性。

2)分类标准

所有自反应物质或混合物均应考虑划入本类,除非:

(1)根据第2.2.1.1的统一分类制度标准,它们是爆炸物;

(2)根据第2.2.1.13或第2.2.1.14的标准,它们是氧化性液体或固体,但氧化性物质的混合物如含有5%或更多的可燃有机物质,必须按照下文注中规定的程序划为自反应物质;

(3)根据第2.2.1.15章的全球统一分类制度标准,它们是有机过氧化物;

(4)其分解热小于300 J/g;

(5)其50 kg包装件的自加速分解温度(SADT)大于75 ℃。

注:符合划为氧化性物质标准的氧化性物质混合物,如含有5.0%或更多的可燃有机物质并且不符合上文(a)、(c)、(d)或(e)所述标准,应进行自反应物质分类程序。

这种混合物如显示B型至F型自反应物质特性,应划为自反应物质。

根据下列原则,自反应物质和混合物划入本类中的七个类别"A型到G型"之一:

(1)任何自反应物质或混合物,如在包装件中可能起爆或迅速爆燃,将定为A型自反应物质;

(2)具有爆炸性质的任何自反应物质或混合物,如在包装件中不会起爆或迅速爆燃,但在包装件中可能发生热爆炸,将定为B型自反应物质;

(3)具有爆炸性质的任何自反应物质或混合物,如在包装件中不可能起爆或迅速爆燃,或发生热爆炸,将定为C型自反应物质;

(4)任何自反应物质或混合物,在实验室试验中:

①部分起爆,不迅速爆燃,在封闭条件下加热时不呈现任何剧烈效应;或者

②根本不起爆,缓慢爆燃,在封闭条件下加热时不呈现任何剧烈效应;或

③根本不起爆和爆燃,在封闭条件下加热时呈现中等效应;

将定为D型自反应物质;

(5)任何自反应物质或混合物,在实验室试验中,根本不起爆也绝不爆燃,在封闭条件下加热时呈现微弱效应或无效应,将定为E型自反应物质;

(6)任何自反应物质或混合物,在实验室试验中,在空化状态下根本不起爆也绝不爆燃,在封闭条件下加热时只呈现微弱效应或无效应,而且爆炸力弱或无爆炸力,将定为F型自反应物质;

(7)任何自反应物质或混合物,在实验室试验中,在空化状态下根本不起爆也绝不爆燃,在封闭条件下加热时显示无效应,而且无任何爆炸力,将定为G型自反应物质,但该物质或混合物必须是热稳定的(50 kg包装件的自加速分解温度为60 ℃到75 ℃),对于液体混合物,所用脱敏稀释剂的沸点大于等于150 ℃。如果混合物不是热稳定的,或者所用脱敏稀释剂的沸点低于150 ℃,则该混合物应定为F型自反应物质。

3)危险公示

自反应物质和混合物的标签要素见表2.44。

表 2.44　自反应物质和混合物的标签要素

	A 型	B 型	C 和 D 型	E 和 F 型	G 型[a]
符号					本危险类别 无标签要素
信号词	危险	危险	危险	警告	
危险说明	加热可能爆炸	加热可能起火或爆炸	加热可能起火	加热可能起火	

注:a 表示 G 型不附带任何危险公示要素,但应考虑属于其他危险类别的性质。

2.2.1.9　发火液体

1)定义

发火液体,是即使数量小也能在与空气接触 5 min 之内引燃的液体。

2)分类

发火液体采用《试验和标准手册》第三部分第 33.4.5 小节中的试验 N.3,分为 1 个类别,见表 2.45。

表 2.45　发火液体标准

类别	标准
1	在加到惰性载体上并暴露在空气中 5 min 内便燃烧,或与空气接触 5 min 内便燃烧或使滤纸碳化的液体

3)危险公示

发火液体的标签要素见表 2.46。

表 2.46　发火液体的标签要素

	类别 1
符号	
信号词	危险
危险说明	曝露在空气中会自发燃烧

2.2.1.10　发火固体

1）定义

发火固体，是即使数量小也可能在与空气接触 5 min 内引燃的固体。

2）分类

发火固体采用《试验和标准手册》第三部分第 33.4.4 小节中的试验 N.2，根据表 2.47 分为 1 个类别。

表 2.47　发火固体标准

类别	标准
1	与空气接触 5 min 内便燃烧的固体

注:固态物质或混合物的分类试验，应使用所提供形状的物质或混合物。如果为了供应或运输等目的，所提供的同一化学品的物理形状不同于试验时的物理形状，而且认为这种形状很可能实质性改变它在分类试验中的性能，那么对该种物质或混合物也必须以新的形状进行试验。

3）危险公示

发火固体的标签要素见表 2.48。

表 2.48　发火固体的标签要素

	类别 1
符号	
信号词	危险
危险说明	曝露在空气中会自发燃烧

2.2.1.11　自热物质或混合物

1）定义

自热物质或混合物，是发火液体或固体以外通过与空气发生反应，无需外来能源即可自行发热的固态或液态物质或混合物；这类物质或混合物不同于发火液体或固体，只能在数量较大(以 kg 计)并经过较长时间(几小时或几天)后才会点火。

注:物质或混合物的自热是一个过程，其中物质或混合物与(空气中的)氧气逐渐发生反应，产生热量。如果热产生的速度超过热损耗的速度，该物质或混合物的温度便会上升。经过一段诱导时间，可能导致自发点火和燃烧。

2）分类

按照《试验和标准手册》第三部分第 33.4.6 小节试验方法 N.4 进行的试验，结果根据表 2.49 所示标准，本类划分为两个类别。

表 2.49　自热物质或混合物标准

类别	标准
1	用边长为 25 mm 的立方体试样在 140 ℃下做试验时取得肯定结果
2	（a）用边长为 100 mm 立方体试样在 140 ℃下做试验时取得肯定结果，用 25 mm 立方体试样在 140 ℃下做试验取得否定结果，并且该物质或混合物将被包装在体积大于 3 m³ 的包装件内； （b）用边长为 100 mm 的立方体试样在 140 ℃下做试验时取得肯定结果，用边长为 25 mm 的立方体试样在 140 ℃下做试验取得否定结果，用边长为 100 mm 的立方体试样在 120 ℃下做试验取得肯定结果，并且该物质或混合物将被包装在体积大于 450 L 的包装件内； （c）用边长为 100 mm 的立方体试样在 140 ℃下做试验时取得肯定结果，用边长为 25 mm 的立方体试样在 140 ℃下做试验取得否定结果，并且用边长为 100 mm 的立方体试样在 100 ℃下做试验取得肯定结果

注：①固态物质或混合物的分类试验，应使用所提供形状的物质或混合物。例如，如果为供应或运输目的，提供的同一化学品的物理形状不同于试验时的物理形状，而且认为这种形状很可能实质性改变它在分类试验中的性能，那么对该物质或混合物也必须以新的形状进行试验。

②这项标准基于木炭的自燃温度，即 27 m³ 的试样立方体，自燃温度 50 ℃。体积 27 m³、自燃温度高于 50 ℃ 的物质和混合物，不应划入本危险种类。体积 450 L、自燃温度高于 50 ℃ 的物质和混合物，不应划入本危险种类的类别 1。

3）危险公示

自热物质和混合物的标签要素见表 2.50。

表 2.50　自热物质或混合物的标签要素

	类别 1	类别 2
符号		
信号词	危险	警告
危险说明	自热；可能起火	数量大时自热；可能起火

2.2.1.12　遇水放出易燃气体的物质和混合物

1）定义

遇水放出易燃气体的物质或混合物是指与水相互作用后，可能自燃或释放危险数量的易燃气体的固态或液态物质或混合物。

2）分类

遇水放出易燃气体的物质或混合物采用《试验和标准手册》第三部分第 33.5.4 小节中的试验 N.5，划分为 3 个类别，见表 2.51。

表 2.51　遇水放出易燃气体的物质或混合物标准

类别	标准
1	任何物质或混合物,在环境温度下遇水起剧烈反应,并且所产生的气体通常显示自燃倾向,或在环境温度下遇水容易起反应,释放易燃气体的速度等于或大于每千克物质在任何一分钟内释放 10 L
2	任何物质或混合物,在环境温度下遇水容易起反应,释放易燃气体的最大速度等于或大于每千克物质每小时 20 L,并且不符合类别 1 的标准
3	任何物质或混合物,在环境温度下遇水容易起反应,释放易燃气体的最大速度大于每千克物质每小时 1 L,并且不符合类别 1 和类别 2 的标准

注:①如果自燃发生在试验程序的任何一个步骤,那么该物质或混合物即划为遇水放出易燃气体物质。

②固态物质或混合物的分类试验,应使用所提供形状的物质或混合物。例如,如果为供应或运输目的,所提供的同一化学品的物理形状不同于试验时的物理形状,而且认为这种形状很可能实质性改变它在分类试验中的性能,那么对该物质或混合物也必须以新的形状进行试验。

3)危险公示

遇水放出易燃气体或物质或混合物的标签要素见表 2.52。

表 2.52　遇水放出易燃气体的物质或混合物的标签要素

	类别 1	类别 2	类别 3
符号			
信号词	危险	危险	警告
危险说明	遇水放出可自燃的易燃气体	遇水放出易燃气体	遇水放出易燃气体

2.2.1.13　氧化性液体

1)定义

氧化性液体是指本身未必可燃,但通常会产生氧气,引起或有助于其他物质燃烧的液体。

2)分类

氧化性液体采用《试验和标准手册》第三部分第 34.4.2 小节中的试验 O.2,根据表 2.53 的标准划分为 3 个类别。

表 2.53　氧化性液体标准

类别	标准
1	任何物质或混合物,以物质(或混合物)与纤维素按质量 1∶1 的比例混合后进行试验,可自发着火;物质与纤维素按质量 1∶1 的比例混合后,平均压力上升时间小于 50% 的高氯酸与纤维素按质量 1∶1 的比例混合后的平均压力上升时间

类别	标准
2	任何物质或混合物,以物质(或混合物)与纤维素按质量1：1的比例混合后进行试验,显示的平均压力上升时间小于或等于40%氯酸钠水溶液与纤维素按质量1：1的比例混合后的平均压力上升时间,并且不符合类别1的标准
3	任何物质或混合物,以物质(或混合物)与纤维素按质量1：1的比例混合后进行试验,显示的平均压力上升时间小于或等于65%硝酸水溶液与纤维素按质量1：1的比例混合后的平均压力上升时间,并且不符合类别1和类别2的标准

3)危险公示

氧化性液体的标签要素见表2.54。

表2.54　氧化性液体的标签要素

	类别1	类别2	类别3
符号			
信号词	危险	危险	警告
危险说明	可能引起燃烧或爆炸;强氧化剂	可能加剧燃烧;氧化剂	可能加剧燃烧;氧化剂

2.2.1.14　氧化性固体

1)定义

氧化性固体是指本身未必可燃,但通常会释放氧气,引起或促使其他物质燃烧的固体。

2)分类

使用《试验和标准手册》第三部分第34.4.1小节中的试验O.1或第三部分34.4.3小节的试验O.3,根据表2.55将氧化性固体划分为3个类别。

表2.55　氧化性固体标准

类别	使用试验O.1的标准	使用试验O.3的标准
1	任何物质或混合物,以其样品与纤维素按(质量)4：1或1：1的比例混合进行试验,显示的平均燃烧时间小于溴酸钾与纤维素按(质量)3：2的比例混合后的平均燃烧时间	任何物质或混合物,以其样品与纤维素按(质量)4：1或1：1的比例混合进行试验,显示的平均燃烧速度大于过氧化钙与纤维素按(质量)3：1的比例混合后的平均燃烧速度
2	任何物质或混合物,以其样品与纤维素按(质量)4：1或1：1的比例混合进行试验,显示的平均燃烧时间等于或小于溴酸钾与纤维素按(质量)2：3的比例混合后的平均燃烧时间,并且不符合类别1的标准	任何物质或混合物,以其样品与纤维素按(质量)4：1或1：1的比例混合进行试验,显示的平均燃烧速度等于或大于过氧化钙与纤维素按(质量)1：1的比例混合后的平均燃烧速度,并且不符合类别1的标准

续表

类别	使用试验 O.1 的标准	使用试验 O.3 的标准
3	任何物质或混合物,以其样品与纤维素按(质量)4∶1 或 1∶1 的比例混合进行试验,显示的平均燃烧时间等于或小于溴酸钾与纤维素按(质量)3∶7 的比例混合后的平均燃烧时间,并且不符合类别 1 和类别 2 的标准	任何物质或混合物,以其样品与纤维素按(质量)4∶1 或 1∶1 的比例混合进行试验,显示的平均燃烧速度等于或大于过氧化钙与纤维素按(质量)1∶2 的比例混合后的平均燃烧速度,并且不符合类别 1 和类别 2 的标准

注:①一些氧化性固体在某些条件下(如大量储存时)也可能具有爆炸危害。例如,某些类型的硝酸铵在极端条件下可引起爆炸危害,可用"耐爆试验"(IMSBC 编码 1,附录 2 第 5 节)评估这种危害。应在安全数据单上适当注明。

②固态物质或混合物的分类试验,应使用所提供形状的物质或混合物。例如,如果为了供应或运输目的,所提供的同一化学品的物理形状不同于试验时的物理形状,而且认为这种形状很可能实质性改变它在分类试验中的性能,那么对该物质或混合物还必须以新的形状进行试验。

3)危险公示

氧化性固体的标签要素见表 2.56。

表 2.56　氧化性固体的标签要素

	类别 1	类别 2	类别 3
符号			
信号词	危险	危险	警告
危险说明	可能引起燃烧或爆炸;强氧化剂	可能加剧燃烧;氧化剂	可能加剧燃烧;氧化剂

2.2.1.15　有机过氧化物

1)定义

有机过氧化物是指含有二价—O—O—结构的液态或固态有机物质,可以看作是一个或两个氢原子被有机基替代的过氧化氢衍生物。本术语也包括有机过氧化物配制品(混合物)。有机过氧化物是热不稳定物质或混合物,容易放热自加速分解。另外,它们可能具有下列一种或多种性质:

①易于迅爆炸分解;

②迅速燃烧;

③对撞击或摩擦敏感;

④与其他物质发生危险反应。

如果其配制品在实验室试验中容易爆炸、迅速爆燃,或在封闭条件下加热显示剧烈效应,则有机过氧化物被视为具有爆炸性。

当有机过氧化物的有效氧含量不超过 1.0%,而过氧化氢含量不超过 1.0%;或者有机过氧化物的有效氧含量不超过 0.5%,而过氧化氢含量超过 1.0% 但不超过 7.0% 时,可不列入有机过氧化物分类中。

2)分类

(1)任何有机过氧化物,如在包装件中可起爆或迅速爆燃,定为 A 型有机过氧化物。

(2)任何具有爆炸性的有机过氧化物,如在包装件中既不起爆也不迅速爆燃,但在包装件中可能发生热爆炸,定为 B 型有机过氧化物。

(3)任何具有爆炸性的有机过氧化物,如在包装件中不可能起爆或迅速爆燃,也不会发生热爆炸,定为 C 型有机过氧化物。

(4)任何有机过氧化物,如果在实验室试验中:

①部分起爆,不迅速爆燃,在封闭条件下加热时不呈现任何剧烈效应;

②根本不起爆,缓慢爆燃,在封闭条件下加热时不呈现任何剧烈效应;

③根本不起爆或爆燃,在封闭条件下加热时呈现中等效应;

定为 D 型有机过化氧物。

(5)任何有机过氧化物,在实验室试验中,绝不会起爆或爆燃,在封闭条件下加热时只呈现微弱效应或无效应,定为 E 型有机过氧化物。

(6)任何有机过氧化物,在实验室试验中,在空化状态下根本不起爆也绝不爆燃,在封闭条件下加热时只呈现微弱效应或无效应,而且爆炸力弱或无爆炸力,定为 F 型有机过氧化物。

(7)任何有机过氧化物,在实验室试验中,在空化状态下根本不起爆也绝不爆燃,在封闭条件下加热时显示无效应,而且无任何爆炸力,定为 G 型有机过氧化物,但该物质或混合物必须是热稳定的(50 kg 包装件的自加速分解温度为 60 ℃ 或更高),对于液体混合物,所用脱敏稀释剂的沸点不低于 150 ℃。如果有机过氧化物不是热稳定的,或者所用脱敏稀释剂的沸点低于 150 ℃,定为 F 型有机过氧化物。

注:①G 型过氧化物不附带危险公示要素,但必须考虑属于其他危险类别的性质。

②并非所有制度都必须做 A 型到 G 型分类。

有机过氧化物混合物的有效氧含量(%)可由公式(2.5)得出:

$$16 \times \sum_{i}^{n} \frac{n_i c_i}{m_i} \tag{2.5}$$

式中　n_i——有机过氧化物 i 的每个分子的过氧化基数目;

　　　c_i——有机过氧化物 i 的浓度(质量百分比);

　　　m_i——有机过氧化物 i 的分子量。

3)危险公示

有机过氧化物中 A～G 型物质的标签要素见表 2.57。

表 2.57 有机过氧化物的标签要素

	A 型	B 型	C 和 D 型	E 和 F 型	G 型ᵃ
符号					本危险类别无标签要素
信号词	危险	危险	危险	警告	
危险说明	加热可能爆炸	加热可能起火或爆炸	加热可能起火	加热可能起火	

注:a 表示 G 型过氧化物不附带危险公示要素,但必须考虑属于其他危险类别的性质。

2.2.1.16 金属腐蚀物质或混合物

1)定义

金属腐蚀物质或混合物是通过化学反应会显著损伤甚至毁坏金属的物质或混合物。

2)分类

金属腐蚀性物质或混合物采用《试验和标准手册》第三部分第 37.4 小节中的试验,根据表 2.58 的标准划分为 1 个类别。

表 2.58 金属腐蚀物质或混合物标准

类别	标准
1	在 55 ℃ 试验温度下对钢和铝进行试验,对其中任何一种材料表面的腐蚀率超过每年 6.25 mm

注:如对钢或铝的初步试验表明,进行试验的物质或混合物具有腐蚀性,则无须对另一种金属继续做试验。

3)危险公示

金属腐蚀物质或混合物的标签要素见表 2.59。

表 2.59 金属腐蚀物质或混合物的标签要素

	类别 1
符号	
信号词	警告
危险说明	可能腐蚀金属

2.2.1.17 退敏爆炸物

1）定义

退敏爆炸物,指固态或液态爆炸性物质或混合物,经过退敏处理以抑制其爆炸性,使之不会整体爆炸,也不会迅速燃烧,因此可不划入"爆炸物"危险类别。

2）分类

退敏爆炸物的分类包括:

(1)固态退敏爆炸物:经水或酒精湿润或用其他物质稀释,形成匀质固态混合物,使爆炸性得到抑制的爆炸性物质或混合物。

注:包括使有关物质形成水合物实现的退敏处理。

(2)液态退敏爆炸物:溶解或悬浮于水或其他液态物质中,形成匀质液态混合物,使爆炸性得到抑制的爆炸性物质或混合物。

任何退敏状态的爆炸物都应考虑划入这一类别,除非在这种状态下:

(1)是为产生实际爆炸或烟火效果;

(2)根据《试验和标准手册》试验系列6(a)或6(b)具有整体爆炸危险,或根据燃烧速率试验,校正燃烧速率大于1 200 kg/min;

(3)放热分解能低于300 J/g。

注:符合上述标准(1)或(2)的退敏状态物质或混合物,应按爆炸物分类。符合标准(3)的物质或混合物,可划入其他物理危险种类。

可使用适当的量热方法估测放热分解能(见《试验和标准手册》第二部分第20节第20.3.3.3 小节)。

退敏爆炸物按供货和使用要求包装后,进行《试验和标准手册》第五部分第51.4 小节所述"燃烧速率试验(外部火焰)"的试验,求出校正燃烧速率(Ac),根据表2.60 的标准,划分为4 个类别。

表2.60　退敏爆炸物标准

类别	标准
1	校正燃烧速率(Ac)等于或大于300 kg/min 但不超过1 200 kg/min 的退敏爆炸物
2	校正燃烧速率(Ac)等于或大于140 kg/min 但小于300 kg/min 的退敏爆炸物
3	校正燃烧速率(Ac)等于或大于60 kg/min 但小于140 kg/min 的退敏爆炸物
4	校正燃烧速率(Ac)小于60 kg/min 的退敏爆炸物

3）危险公示

退敏爆炸物的标签要素见表2.61。

表2.61　退敏爆炸物的标签要素

	类别1	类别2	类别3	类别4
符号				

续表

	类别1	类别2	类别3	类别4
信号词	危险	危险	警告	警告
危险说明	起火、爆炸或迸射危险;退敏剂减少时爆炸风险增加	起火或迸射危险;退敏剂减少时爆炸风险加	起火或迸射危险;退敏剂减少时爆炸风险加	起火危险;退敏剂减少时爆炸风险增加

2.2.2 健康危害

2.2.2.1 急性毒性

1)定义

急性毒性是指一次或短时间口服、经皮或吸入接触一种物质或混合物后,出现严重损害健康的效应(即致死)。

2)分类

根据危险品经口、经皮或吸入途径的急性毒性划入以下5种急性毒性类别之一。急性毒性值用(近似)LD_{50}值(经口、经皮)或LC_{50}值(吸入)表示,或用急性毒性估计值(ATE)表示。

急性毒性估计值(ATE)和急性毒性危险类别标准见表2.62。

表2.62 急性毒性估计值(ATE)和急性毒性危险类别标准

接触途径	类别1	类别2	类别3	类别4	类别5
经口/(mg·kg⁻¹)(体重)	ATE≤5	5<ATE≤50	50<ATE≤300	300<ATE≤2 000	2 000<ATE≤5 000 见注②
经皮/(mg·kg⁻¹)(体重)	ATE≤50	50<ATE≤200	200<ATE≤1 000	1 000<ATE≤2 000	
气体/ppmV	ATE≤100	100<ATE≤500	500<ATE≤2 500	2 500<ATE≤20 000	
蒸气/(mg·L⁻¹)	ATE≤0.5	0.5<ATE≤2.0	2.0<ATE≤10.0	10.0<ATE≤20.0	见注②
粉尘和烟雾/(mg·L⁻¹)	ATE≤0.05	0.05<ATE≤0.5	0.5<ATE≤1.0	1.0<ATE≤5.0	

注:①气体浓度以体积百万分率表示(ppmV)。

②类别5的标准旨在识别急性毒性危害相对较低,但在某些环境下可能对易受害人群造成危险的物质。这些物质的经口或经皮LD_{50}的范围预计为2 000~5 000 mg/kg体重,吸入途径为当量剂量。类别5的具体标准为:

a.如果现有的可菲证据表明LD_{50}(或LC_{50})在类别5的数位范围内,或者其他动物研究或人类毒性效应表明对人类健康有急性影响,那么物质划入此类别。

b.通过外推、评估或测量数据,将物质划入此类别,但前提是没有充分理由将物质划入危险性更高的类别,并且:

- 现有的可靠信息表明对人类有显著的毒性效应;
- 当以经口、吸入或经皮途径进行试验,剂量达到类别 4 的值时,观察到任何致命性;
- 当进行试验剂量达到类别 4 的值时,专家判断证实有显著的毒性临床征象,腹泻、毛发竖立或外表污秽除外;
- 专家判断证实,在其他动物研究中,有可靠信息表明可能出现显著急性效应。

为保护动物,不应在类别 5 范围内对动物进行试验,只有在这样的试验结果极有可能与保护人类健康直接相关时,才应考虑进行这样的试验。

3)危险公示

急性毒性的标签要素见表 2.63。

表 2.63　急性毒性的标签要素

	类别 1	类别 2	类别 3	类别 4	类别 5
符号	☠	☠	☠	❗	无符号
信号词	危险	危险	危险	警告	警告
危险说明:					
经口	吞咽致命	吞咽致命	吞咽会中毒	吞咽有害	吞咽可能有害
经皮	皮肤接触致命	皮肤接触致命	皮肤接触会中毒	皮肤接触有害	皮肤接触可能有害
吸入(见注)	吸入致命	吸入致命	吸入会中毒	吸入有害	吸入可能有害

注:如果还确定物质/混合物具有腐蚀性(根据例如皮肤或眼睛数据),一些管理部门可要求以符号和/或危害说明公示腐蚀性危害。也就是说除适当的急毒性符号外,还可加上腐蚀性符号(用于皮肤和眼腐蚀性),连同腐蚀性危害说明,例如"腐蚀物"或"呼吸道腐蚀物"。

2.2.2.2　皮肤腐蚀/刺激

1)定义

皮肤腐蚀,指对皮肤造成不可逆损伤,即在接触一种物质或混合物后发生的可观察到的表皮和真皮坏死。

皮肤刺激,指在接触一种物质或混合物后发生的对皮肤造成可逆损伤的情况。

一种物质,在与皮肤接触最多 4 h 后,至少对一只试验动物造成皮肤损坏,即出现可见的表皮和真皮坏死现象,该物质即为对皮肤具有腐蚀性。

在施用最多 4 h 后对皮肤造成可逆损伤的物质,即为皮肤刺激性物质。

2)分类

在本危险种类中,物质可划分为以下 3 个类别。

(1)类别 1(皮肤腐蚀)。

这一类别又可进一步分为 3 个子类别(1A、1B 和 1C),可供要求对腐蚀性划分一个以上子类别的主管部门使用。

如果主管部门不要求划分子类别或数据不足以划分子类别,腐蚀性物质应划入类别 1。

如果数据充分并且主管部门有此要求,物质可划入 1A、1B 或 1C 三个子类别之一。

（2）类别2（皮肤刺激）。

（3）类别3（轻度皮肤刺激）。

这个类别供希望制定一种以上皮肤刺激物类别的主管部门使用（例如用于对农药进行分类）。

具体判别标准见表2.64和表2.65。

表2.64 皮肤腐蚀的类别和子类别

	标准
类别1	在接触≤4 h之后，至少一只试验动物的皮肤组织受到损坏，即出现可见的表皮和真皮坏死
子类别1A	在接触≤3 min之后，经过≤1 h的观察，至少一只动物出现腐蚀反应
子类别1B	在接触>3 min但≤1 h之后，经过≤14 d的观察，至少一只动物出现腐蚀反应
子类别1C	在接触>1 h但≤4 h之后，经过≤14 d的观察，至少一只动物出现腐蚀反应

表2.65 皮肤刺激的类别

类别	标准
刺激 （类别2） （适用于所有主管部门）	（1）三只试验动物中至少有两只试验动物在斑片除掉后24、48和72 h（如果反应延迟，则为皮肤反应开始后连续3 d）的红斑/焦痂或水肿评分的平均分≥2.3且4.0； （2）炎症在至少两只动物中持续到正常14 d观察期结束，特别考虑到脱发（有限区域）、过度角化、过度增生和脱皮的情况； （3）在一些情况下，不同动物的反应有明显的不同，单有一只动物有非常明确的与化学品接触有关的阳性效应，但低于上述标准
轻微刺激 （类别3） （只适用于部分主管部门）	三只试验动物中至少有两只试验动物在24、48和72 h之后（如果反应延迟，则为皮肤反应开始后连续3 d）的红斑/焦痂或水肿评分的平均分≥1.5且<2.3（若未列入上一栏的刺激类别）

3）危险公示

皮肤腐蚀/刺激的标签要素见表2.66。

表2.66 皮肤腐蚀/刺激的标签要素

	类别1			类别2	类别3
	1A	1B	1C		
符号					无符号
信号词	危险	危险	危险	警告	警告
危险说明	造成严重皮肤灼伤和眼损伤	造成严重皮肤灼伤和眼损伤	造成严重皮肤灼伤和眼损伤	造成皮肤刺激	造成轻微皮肤刺激

2.2.2.3　严重眼损伤/眼刺激

1）定义

严重眼损伤,指眼接触一种物质或混合物发生的对眼造成不完全可逆的组织损伤或严重生理视觉衰退的情况。

眼刺激,指眼接触一种物质或混合物后发生的对眼造成完全可逆变化的情况。

2）分类

在本危险种类中,物质按按表 2.67 划分为类别 1（严重眼损伤）或类别 2（眼刺激）,类别 2 又分为类别 2A 和 2B。

表 2.67　严重眼部损伤/眼睛刺激分类标准

类别	标准
类别 1： 严重眼损伤/ 对眼造成不可逆影响	物质： (1)至少对一只动物的角膜、虹膜或结膜产生效应,且该效应在通常的 21 d 观察期内不会逆转或不完全可逆;和/或 (2)根据试验物质滴入后 24 h、48 h 和 72 h 的分级计算得到的平均值,在三只试验动物中至少有两只出现阳性反应:角膜混浊≥3 和/或虹膜炎>1.5
类别 2/2A	根据试验物质滴入后 24 h、48 h 和 72 h 的分级计算出的平均分值,三只试验动物中至少有两只出现阳性反应:角膜混浊≥1;虹膜炎 ≥1;结膜充血≥2;结膜水肿(结膜水肿)≥2,而且在通常的 21 d 观察期内完全逆转
类别 2B	在类别 2A 中,如以上所列效应在 7 d 观察期内完全可逆,则眼刺激物被认为是轻微眼刺激物（类别 2B）

3）危险公示

严重眼损伤/眼刺激的标签要素见表 2.68。

表 2.68　严重眼损伤/眼刺激物标签要素[a]

	类别 1	类别 2A	类别 2B
符号			无符号
信号词	危险	警告	警告
危险说明	造成严重眼损伤	造成严重眼刺激	造成眼刺激

注:a 化学品在划为皮肤类别 1 的情况下,可省略严重眼损伤/眼刺激标签,因为这一信息已经包括在皮肤类别 1 的危险公示中(可造成严重皮肤灼烧和眼损伤)。

2.2.2.4　呼吸道或皮肤致敏

1）定义

呼吸道致敏是指吸入一种物质或混合物后发生的呼吸道过敏。

皮肤致敏是指皮肤接触一种物质或混合物后发生的过敏反应。

对本类而言,过敏包含两个阶段:第一个阶段是人因接触某种过敏原而引起特定免疫记忆;第二阶段是引发,即过敏的个人因接触某种过敏原而产生细胞介导或抗体介导的过敏反应。

就呼吸过敏而言,诱发之后是引发阶段,这一方式与皮肤过敏相同。对于皮肤过敏,需有一个让免疫系统学会作出反应的诱发阶段;如随后的接触足以引发可见的皮肤反应(引发阶段)就可能出现临床症状。因此,预测性的试验通常取这种形态,其中有一个诱发阶段,对该阶段的反应则通过标准的引发阶段加以计量,典型做法是使用斑贴试验。直接计量诱发反应的局部淋巴结试验则是例外做法。造成人皮肤过敏的证据,通常采用诊断性斑贴试验作出评估。

就皮肤和呼吸道致敏而言,引发所需的量一般低于诱发所需的量。混合物中含有某种致敏物须向可能出现过敏的人发出警告。

"呼吸道或皮肤致敏"危险分类又再分为:呼吸道致敏和皮肤致敏。

2)呼吸道致敏物分类

呼吸道致敏物可分为类别1,若掌握充分数据且主管部门有此要求,可再分为子类别1A——强致敏物,或子类别1B——其他呼吸道致敏物。具体分类标准见表2.69。

表2.69　呼吸道致敏物质的危害类别和子类别标准

类别1	呼吸道致敏物
	物质按呼吸道致敏物分类: (a)如果有人类证据,该物质可导致特定的严重呼吸(超)过敏; (b)如果适当的动物试验结果为阳性
子类别1A	物质显示在人群中具有高发生率;或根据动物或其他试验,可能在人群中有高致敏率。反应的严重程度也可考虑在内
子类别1B	物质显示在人群中具有低度到中度的发生率;或根据动物或其他试验,可能在人群中有低度到中度的致敏率。反应的严重程度也可考虑在内

注:目前还没有公认且有效的用来进行呼吸超敏反应试验的动物模型。在有些情况下,对动物的研究数据在作证据权衡评估中可提供重要信息。

3)皮肤致敏物分类

在主管部门未要求作次级分类或作次级分类数据不充分的情况下,皮肤致敏物应划为类别1。

若掌握充分数据且主管部门有此要求,可根据表2.70的标准作出更准确的评估,将皮肤致敏物再分为子类别1A——强致敏物,或子类别1B——其他皮肤致敏物。

表2.70　皮肤致敏物的危害类别和子类别标准

类别1	皮肤致敏物
	物质划为皮肤致敏物: (a)如果有人类证据显示,有较大数量的人在皮肤接触后可造成过敏; (b)如果适当的动物试验结果为阳性

类别 1	皮肤致敏物
子类别 1A	物质显示在人类中的发生率较高,和/或在动物身上有较大的可能性,可以假定有可能在人类上产生严重过敏。反应的严重程度也可考虑在内
子类别 1B	物质显示在人类身上低度到中度的发生率;和/或在动物身上低度到中度的可能性,可以假定有可能造成人的过敏。反应的严重程度也可考虑在内。

4)危险公示

呼吸道或皮肤致敏物的标签要素见表 2.71。

表 2.71　呼吸道或皮肤致敏物的标签要素

	呼吸道致敏物 类别 1 及子类别 1A 和 1B	皮肤致敏物 类别 1 及子类别 1A 和 1B
符号		
信号词	危险	警告
危险说明	吸入可导致过敏或哮喘症状或 引起呼吸困难	可能导致皮肤过敏反应

2.2.2.5　生殖细胞突变性

1)定义

生殖细胞致突变性,指接触一种物质或混合物后发生的遗传基因突变,包括生殖细胞的遗传结构畸变和染色体数量异常。

本危险类别主要是有可能导致人类生殖细胞发生突变的化学品,而这种突变可传给后代。但在本危险类别内对物质和混合物进行分类时,也要考虑体外致突变性/生殖毒性试验和哺乳动物体内体细胞的致突变性/生殖毒性试验。

本类中使用了一些常见的术语定义:"致突变""致突变物""突变"和"遗传毒性"等。"突变"的定义是,细胞中遗传物质的数量或结构发生永久性改变。

"突变"一词,适用于可能表现在显性的可遗传基因改变和已知的基本 DNA 改性(例如,包括特定的碱基对改变和染色体易位)。"致突变"和"致突变物"两词,适用于在细胞和/或有机体群落内引起突变发生率增加的物剂。

"遗传毒性的"和"遗传毒性"这两个较一般性的词汇,适用于改变 DNA 的结构、信息量、分离的物剂或过程,包括那些通过干扰正常复制过程造成 DNA 损伤或以非生理方式(暂时)改变 DNA 复制的物剂或过程。遗传毒性试验结果通常用作致突变效应的指标。

2)分类

分类制度规定了两种不同的生殖细胞致突变物类别,为进行分类,需要考虑确定对接触动物生殖细胞和/或体细胞的致突变效应和/或遗传毒性效应的实验所获得的试验结果。也可以考虑体外试验确定的致突变效应和/或遗传毒性效应。

这套制度以危险性为依据,根据物质引起生殖细胞突变的内在能力对物质进行分类。因此,这套方案不用于对物质进行(定量的)风险评估。

人类生殖细胞可遗传效应的分类以正确操作、证明充分有效的试验为基础,最好按照经合组织试验准则进行试验。应利用专家判断对试验结果进行评估,而且分类时应考虑所有现有证据。具体标准见表2.72。

表2.72 生殖细胞致变物危险类别

类别1	已知引起人类生殖细胞可遗传突变或被认为可能引起人类生殖细胞可遗传突变的物质
类别1A	已知引起人类生殖细胞可遗传突变的物质,人类流行病学研究得到阳性证据
类别1B	应认为可能引起人类生殖细胞可遗传突变的物质 (1)哺乳动物体内可遗传生殖细胞致突变性试验得到阳性结果; (2)哺乳动物体内体细胞致突变性试验得到阳性结果,加上一些证据表明物质有引起生殖细胞突变的可能。举例来说,这种支持性证据可得自体内生殖细胞致突变性/遗传毒性试验,或者证明物质或其代谢物有能力与生殖细胞的遗传物质互相作用; (3)试验的阳性结果显示在人类生殖细胞中产生了致突变效应,而无须证明是否遗传给后代;例如,接触人群精子细胞的非整倍性频率增加
类别2	由于可能导致人类生殖细胞可遗传突变而引起人们关注的物质,哺乳动物试验获得阳性证据,和/或有时从一些体外试验中得到阳性证据,这些证据来自: (1)哺乳动物体内体细胞致突变性试验;或者 (2)得到体内体细胞遗传毒性试验的阳性结果支持的其他体外致突变性试验。 注:应考虑将体外哺乳动物致突变性试验得到阳性结果,并且也显示与已知生殖细胞致变物有化学结构活性关系的物质划为类别2致变物

3)危险公示

生殖细胞致突变性的标签要素见表2.73。

表2.73 生殖细胞致突变性的标签要素

	类别1 (类别1A、1B)	类别2
符号		
信号词	危险	警告
危险说明	可能导致遗传性缺陷(说明接触途径,如果确证没有其他接触途径会造成这一危害)	怀疑会导致遗传性缺陷(说明接触途径,如果确证没有其他接触途径会造成这一危害)

2.2.2.6　致癌性

1）定义

致癌性,指接触一种物质或混合物后导致癌症或增加癌症发病率的情况。在正确实施的动物试验性研究中诱发良性和恶性肿瘤的物质和混合物,也被认为是假定或可疑的人类致癌物,除非有确凿证据显示肿瘤形成机制与人类无关。

物质或混合物按致癌危害分类,是根据其本身的性质,并不提供使用该物质或混合物可能产生的人类致癌风险高低的信息。化学品进行致癌危险分类是根据该物质的内在固有性质,而不是提供使用该化学品可能存在的对人类的致癌危险性。

致突变性:现已认识到,基因活动在整个癌症的发展过程中发挥着中心作用。因此,体内致突变活性证据可表明一种物质可能有致癌效应。

2）分类

对物质作致癌性分类,须根据证据的充分程度和附加考虑事项(证据权重),将物质划为两个类别之一。在某些情况下,可能需要针对具体途径分类。具体标准见表2.74。

表2.74　致癌物危害类别

类别1	已知或假定的人类致癌物,根据流行病学和/或动物数据将物质划为类别1
类别1A	已知对人类有致癌可能;对物质的分类主要根据人类证据
类别1B	假定对人类有致癌可能;对物质的分类主要根据动物证据。 根据证据的充分程度和附加考虑因素,这方面的证据可来自人类研究,确定人类接触该物质与癌症形成之间存在因果关系(已知的人类致癌物)。或者,证据也可来自动物试验,有充分证据显示对动物具有致癌性(假定的人类致癌物)。此外,在具体情况下,如研究显示有限的人类致癌迹象,并在试验动物身上显示有限的致癌迹象,也可根据科学判断作出决定,假定对人类具有致癌性。分类:类别1(子类别A和B)致癌物
类别2	可疑的人类致癌物。 将物质划为类别2须根据人类和/或动物研究取得的证据,但证据不足以确定将物质划为类别1。根据证据的充分程度和附加考虑因素,这方面的证据可来自人类研究,显示有限的致癌迹象,或来自动物研究,显示有限的致癌证据。 分类:类别2致癌物

3）危险公示

致癌物的标签要素见表2.75。

表2.75　致癌物的标签要素

	类别1 (类别1A、1B)	类别2
符号	⬦	⬦
信号词	危险	警告
危险说明	可能致癌(说明接触途径——如已确证没有其他接触途径造成这一危害)	怀疑可致癌(说明接触途径——如已确证没有其他接触途径造成这一危害)

2.2.2.7 生殖毒性

1）定义

生殖毒性,指接触一种物质或混合物后发生的对成年男性和成年女性性功能和生育能力的有害影响,以及对后代的发育毒性。下面的定义是根据国际化学品安全方案/环境卫生标准第225号文件"评估接触化学品引起的生殖健康风险所用的原则"中议定的工作定义改写的。对分类而言,已知在后代身上诱发的基因可遗传效应,已在生殖细胞致突变性中作了论述,因为在本分类制度中,这种效应更适合在单独的生殖细胞致突变性危害类别中讨论。

在本分类制度中,生殖毒性细分为两大类:

（1）对性功能和生育能力的有害影响;

（2）对后代发育的有害影响。

有些生殖毒性效应不能明确地划为损害性功能和生育能力,或划为发育毒性。尽管如此,具有这些效应的物质或混合物应划为生殖毒物,并附加一般危害说明。

2）分类

为对生殖毒性进行分类,物质划为两个类别之一,考虑到对性功能和生育能力的影响,以及对发育的影响。另外,对哺乳期的影响划为单独的危险类别。具体标准见表2.76和表2.77。

表2.76　生殖毒物的危险类别

类别1	已知或假定的人类生殖毒物
	这一类中所包含的物质,为已知对人类性功能和生育能力产生有害影响,或对发育产生有害影响的物质,或有动物研究证据——可能的话并有其他信息佐证,可相当肯定地推断该物质可对人类的生殖造成干扰。出于监管目的,可根据分类证据主要来自人类数据(类别1A),还是主要来自动物数据(类别1B),对物质做进一步的划分
类别1A	已知的人类生殖毒物
	物质划为本类别主要是以人类证据为基础
类别1B	假定的人类生殖毒物
	将物质划为本类别主要是以试验动物证据为基础。动物研究数据应提供明确的证据,表明在没有其他毒性效应的情况下,可对性功能和生育能力,或对发育产生有害影响,或者如果与其他毒性效应一起发生,对生殖的有害影响被认为不是其他毒性效应的非特异继发性结果。但是,如果机械论信息使该效应与人类的相关性存在怀疑问,划为类别2可能更合适
类别2	可疑的人类生殖毒物
	本类别所包含的物质是,一些人类或试验动物证据(可能还有其他信息佐证),表明在没有其他毒性效应的情况下,可能对性功能和生育能力或发育产生有害影响,或者如果与其他毒性效应一起发生,对生殖的有害影响被认为不是其他毒性效应的非特异继发性结果,而证据又不足以充分确定可将物质划为类别1。例如,研究可能存在缺陷,致使证据质量不是很令人信服,因此将之划为类别2可能更合适

表 2.77　影响哺乳或通过哺乳产生影响的危险类别

影响哺乳或通过哺乳产生影响
影响哺乳或通过哺乳产生影响,作为一个单独类别分列。我们知道,对于许多物质,并没有信息显示它们是否有可能通过哺乳对后代产生有害影响。但是,被女性吸收并被发现干扰哺乳的物质,或者在母乳中的数量(包括代谢物)足以使人们关注以母乳喂养的儿童健康的物质,应划为此类,表明这种对母乳喂养的婴儿有危害的性质。做本类别的分类可根据: (1)吸收、新陈代谢、分布和排泄研究表明,物质可能存在于母乳之中,含量达到具有潜在毒性的水平; (2)一代或两代动物研究的结果提供明确的证据表明,由于物质进入母乳中或对母乳质量产生有害影响,而对后代造成有害影响; (3)人类证据表明物质在哺乳期内对婴儿有危害

3)危险公示

生殖毒性的标签要素见表 2.78。

表 2.78　生殖毒性的标签要素

	类别 1 (类别 1A、1B)	类别 2	影响哺乳或通过哺乳造成影响的附加类别
符号	◈	◈	无符号
信号词	危险	警告	无信号词
危险说明	可能对生育能力或胎儿造成伤害(说明已知的具体影响)(说明接触途径——如果确证没有其他接触途径造成这一危害)	怀疑对生育能力或对胎儿造成伤害(说明已知的具体影响)(说明接触途径——如果确证没有其他接触途径造成这一危害)	可能对母乳喂养的儿童造成伤害

2.2.2.8　特异性靶器官毒性——一次接触

1)定义

特异性靶器官毒性——一次接触,指一次接触一种物质或混合物后对靶器官产生的特定、非致死毒性效应。所有可能损害机能的、可逆和不可逆的、即时和/或延迟的显著健康影响,且不属于第 2.2.2.1 至第 2.2.2.7 和第 2.2.2.10 小节未具体论述着,都属于此类。

将物质或混合物按特异性靶器官毒物分类,这些物质或混合物可能对接触者的健康产生潜在有害影响。

2)分类

在所有可用证据的权重基础上,依靠专家判断,包括使用建议的指导值,分别根据即时或延迟效应对物质进行分类。然后,根据观察到的效应,按其性质和严重性,将物质划为类别 1 和类别 2。

类别1：

对人类产生显著毒性的物质，或者根据试验动物研究得到的证据，可假定在一次接触后有可能对人类产生显著毒性的物质。

根据以下各项将物质划入类别1：

（a）人类病例或流行病学研究得到的可靠和质量良好的证据；

（b）适当试验动物研究的观察结果。在试验中，在一般较低的接触浓度下产生了与人类健康有相关性的显著和/或严重毒性效应。

类别2：

根据试验动物研究的证据，可假定在一次接触后有可能危害人类健康的物质将物质划入类别2，可根据适当试验动物研究的观察结果。在试验中，在普通中度的接触浓度下产生了与人类健康相关的显著和/或严重毒性效应。

类别3：

暂时性靶器官效应

有些靶器官效应可能不符合把物质/混合物划入上述类别1或类别2的标准。这些效应在接触后的短时间内引起人类功能改变，造成损害，但人类可在一段合理的时间内恢复而不对组织或功能产生显著影响。这一类别仅包括麻醉效应和呼吸道刺激。

表2.79列出了为一次剂量接触产生显著非致命毒性效应建议的指导值范围，适用于急性毒性试验。

表2.79　一次剂量接触指导值范围

接触途径	单位	指导值范围		
		类别1	类别2	类别3
经口（大鼠）	mg/kg 体重	C≤300	2 000≥C>300	指导值不适用
经皮（大鼠或兔子）	mg/kg 体重	C≤1 000	2000≥C>1 000	
吸入气体（大鼠）	ppmV/4 h	C≤2 500	20000≥C>2 500	
吸入蒸气（大鼠）	mg/l/4 h	C≤10	20≥C>10	
吸入粉尘/气雾/烟尘（大鼠）	mg/l/4 h	C≤1.0	5.0≥C>1.0	

3）危险公示

一次接触后特异性靶器官毒性的标签要素等见表2.80。

表2.80　一次接触后特异性靶器官毒性的标签要素

	类别1	类别2	类别3
符号			

	类别 1	类别 2	类别 3
信号词	危险	警告	警告
危险说明	会损害器官（或者说明已知的所有受影响器官）（说明接触途径，如已确证没有其他接触途径造成这一危害）	可能损害器官（或者说明已知的所有受影响器官）（说明接触途径，如已确证无其他接触途径造成这一危害）	可能引起呼吸道刺激；或者可能引起昏昏欲睡或眩晕

2.2.2.9　特异性靶器官毒性——反复接触

1）定义

特异性靶器官毒性——反复接触，指反复接触一种物质或混合物后对靶器官产生的特定毒性效应。这包括所有能够损害机能的显著健康影响，包括可逆和不可逆的、即时和/或延迟的以及第 2.2.2.1 至第 2.2.2.7 小节和第 2.2.2.10 小节未具体述及的显著健康影响。

所作的分类可确定物质或混合物是特异性靶器官毒物，这类物质或混合物可能对接触者的健康产生潜在的有害影响。

2）分类

在所有已知证据的权重基础上，依靠专家判断，包括使用考虑到接触持续时间和产生效应的剂量/浓度的建议指导值，将物质划为特异性靶器官毒物，并根据观察到的效应的性质和严重性，将物质划为两个类别之一。

类别 1：

对人类产生显著毒性的物质，或者根据试验动物研究得到的证据，可假定在反复接触后有可能对人类产生显著毒性的物质将物质。

划入类别 1 的依据：

（a）人类病例或流行病学研究得到的可靠和质量良好的证据；

（b）适当试验动物研究的观察结果。在试验中，在一般较低的接触浓度下产生了与人类健康有相关性的显著和/或严重毒性效应。下面提供的指导剂量/浓度值（表 2.81），可作为证据权重评估的一部分使用。

类别 2：

根据试验动物研究的证据，可假定在反复接触后有可能危害人类健康的物质将物质划为类别 2，应根据适当试验动物研究的观察结果。在试验中，普通中度的接触浓度产生了与人类健康有相关性的明显毒性效应。以下列出的指导剂量/浓度值（表 2.82），是为了帮助进行分类。

在特殊情况下，也可使用人类证据将物质划为类别 2。

对类别 1 分类而言，在 90 d 反复剂量试验动物研究中观察到显著毒性效应，观察到的效应等于或低于表 2.81 所示的（建议）指导值，表明应划为此类。

表2.81　帮助按类别1分类的指导值

接触途径	单位	指导值(剂量/浓度)
经口(大鼠)	mg/kg bw/d	≤10
经皮(大鼠或兔子)	mg/kg bw/d	≤20
吸入气体(大鼠)	ppmV/6h/d	≤50
吸入蒸气(大鼠)	mg/l/6h/d	≤0.2
吸入粉尘/气雾/烟尘(大鼠)	mg/l/6h/d	≤0.02

注:"bw"为"体重","h"为"小时","d"为"天"。

对类别2分类而言,在90 d反复剂量试验动物研究中观察到显著毒性效应,观察到的效应在表2.82所示的(建议)指导值范围内,表明应划为此类。

表2.82　帮助按类别2分类的指导值

接触途径	单位	指导值(剂量/浓度)
经口(大鼠)	mg/kg bw/d	10<C≤100
经皮(大鼠或兔子)	mg/kg bw/d	20<C≤200
吸入气体(大鼠)	ppmV/6h/d	50<C≤250
吸入蒸气(大鼠)	mg/l/6h/d	0.2<C≤1.0
吸入粉尘/气雾/烟尘(大鼠)	mg/l/6h/d	0.02<C≤0.2

注:"bw"为"体重","h"为"小时","d"为"天"。

3)危险公示

反复接触特异性靶器官毒性的标签要素见表2.83。

表2.83　反复接触后特异性靶器官毒性的标签要素

	类别1	类别2
符号		
信号词	危险	警告
危险说明	长期或反复接触会对器官造成损害(说明所有已知的受影响器官。说明接触途径,如已确证无其他接触途径造成这一危害)	长期或反复接触可能对器官造成伤害(说明已知的所有受影响器官。说明接触途径,如已确证没有其他接触途径造成这一危害)

2.2.2.10　吸入危害

本危险性我国还未转化成为国家标准。

1)定义

吸入指液体或固体化学品通过口腔或鼻腔直接进入,或者因呕吐间接进入气管和下呼吸道系统。吸入危害,指吸入一种物质或混合物后发生的严重急性效应,如化学性肺炎、肺损伤,乃至死亡。吸入始于吸气的瞬间,在吸一口气所需的时间内,引起效应的物质停留在咽喉部位的上呼吸道和上消化道交界处时。吸入物质或混合物可能在吞咽后呕吐时发生。

2)分类

(1)类别 1:吞咽并进入呼吸道可能致死。

已知引起人类吸入毒性危险的化学品或者认为会引起人类吸入毒性危险的化学品。物质划入类别 1 的依据是具有可靠人类证据的烃类、松脂油和松木油,或 40 ℃ 运动黏度 ≤20.5 mm^2/s 的烃类。

(2)类别 2:吞咽或进入呼吸道可能有害。

假定会引起人类吸入毒性危险而令人担心的化学品,可根据现有的动物研究以及表面张力、水溶性、沸点和挥发性等做出判断,物质在 40 ℃ 时测得的运动黏度 ≤14 mm^2/s,除至少有 3 个但不超过 13 个碳原子的正伯醇、异丁醇和有不超过 13 个碳原子的酮类划入类别 1 以外。

3)危险公示

吸入毒性的标签要素见表 2.84。

表 2.84　吸入毒性的标签要素

	类别 1	类别 2
符号		
信号词	危险	警告
危险说明	吞咽并进入呼吸道可能致命	吞咽并进入呼吸道可能有害

2.2.3　环境危害

2.2.3.1　危害水生环境

对水环境的危害由 3 个急性类别和 4 个慢性类别组成。急性和慢性类别有不同的适用。物质的急性类别 1 至类别 3 的分类仅根据急性毒性数据来确定。物质的慢性类别的分类准则是由两类信息相结合,即急性毒性数据和环境灾难数据(可降解性和生物富积数据)来确定。对于某混合物划分为慢性类别,可从它各组分的试验得到降解性和生物富积性。

1)急性水生毒性

(1)定义。

急性水生毒性是指物质对短期暴露于其中的生物体伤害的内在性质。急性水生毒性一般的判定方法是用鱼类 96 h LC_{50} 试验、甲壳类 48 h EC_{50} 试验、藻类 72 h 或 96 h ErC_{50} 试验进行测定。这些种类的生物被认为可以代表所有水生生物,如果试验方法是合适的也可考虑其他种类生物如浮萍之类的数据。

（2）分类。

①类别:急性Ⅰ　对水中生物有剧毒;

②类别:急性Ⅱ　对水中生物有毒性;

③类别:急性Ⅲ　对水中生物有害。

急性水生毒性类别分类标准见表2.85。

表2.85　急性水生毒性类别分类标准

类别:急性Ⅰ 96 h LC_{50}(对鱼类) 48 h EC_{50}(对甲壳纲动物) 72 h 或 96 h ErC_{50}(对藻类或其他水生植物)	$\leqslant 1$ mg/L 和/或 $\leqslant 1$ mg/L 和/或 $\leqslant 1$ mg/L
类别:急性Ⅱ 96 h LC_{50}(对鱼类) 48 h EC_{50}(对甲壳纲动物) 72 h 或 96 h ErC_{50}(对藻类或其他水生植物)	>1 mg/L 但 $\leqslant 10$ mg/L 和/或 >1 mg/L 但 $\leqslant 10$ mg/L 和/或 >1 mg/L 但 $\leqslant 10$ mg/L
类别:急性Ⅲ 96 h LC_{50}(对鱼类) 48 h EC_{50}(对甲壳纲动物) 72 h 或 96 h ErC_{50}(对藻类或其他水生植物)	>10 mg/L 但 $\leqslant 100$ mg/L 和/或 >10 mg/L 但 $\leqslant 100$ mg/L 和/或 >10 mg/L 但 $\leqslant 100$ mg/L

（3）危险公示。

急性水生毒性物质的标签要素见表2.86。

表2.86　急性水生毒性物质的标签要素

	类别1	类别2	类别3
符号		无符号	无符号
信号词	警告	无信号词	无信号词
危险说明	对水生生物毒性非常大	对水生生物有毒	对水生生物有害

2）慢性水生毒性

（1）定义。

慢性水生毒性是指物质对水生有机体暴露过程中引起的相对于该有机体生命周期测定的有害影响的潜力或实际性质。慢性毒性的数据比急性毒性的数据更难得到,由急性毒性数据和环境灾难数据(可降解性和生物富积数据)来确定。

（2）分类。

①类别:慢性Ⅰ　对水中生物具有剧烈毒性,有害影响长时间持续;

②类别:慢性Ⅱ 对水中生物具有毒性,有害影响长时间持续;

③类别:慢性Ⅲ 对水中生物有害,且影响长时间持续;

④类别:慢性Ⅳ 可能对水中生物具有长时间持续性危害。

慢性水生毒性类别分类标准见表 2.87。

表 2.87 慢性水生毒性类别分类标准

类别:慢性Ⅰ 96 h LC_{50}(对鱼类) 48 h EC_{50}(对甲壳纲动物) 72 h 或 96 h ErC_{50}(对藻类或其他水生植物)	$\leqslant 1$ mg/L 和/或 $\leqslant 1$ mg/L 和/或 $\leqslant 1$ mg/L,和/或该物质不易降解,和/或 log K_{ow} $\geqslant 4$(除非实验测定的 BCF<500),除非慢性毒性 $NOEC_s$ >1 mg/L
类别:慢性Ⅱ 96 h LC_{50}(对鱼类) 48 h EC_{50}(对甲壳纲动物) 72 h 或 96 h ErC_{50}(对藻类或其他水生植物)	>1 mg/L 但$\leqslant 10$ mg/L 和/或 >1 mg/L 但$\leqslant 10$ mg/L 和/或 >1 mg/L 但$\leqslant 10$ mg/L,和/或该物质不易降解,和/或 log K_{ow} $\geqslant 4$(除非实验测定的 BCF<500),除非慢性毒性 $NOEC_s$ >1 mg/L
类别:慢性Ⅲ 96 h LC_{50}(对鱼类) 48 h EC_{50}(对甲壳纲动物) 72 h 或 96 h ErC_{50}(对藻类或其他水生植物)	>10 mg/L 但$\leqslant 100$ mg/L 和/或 >10 mg/L 但$\leqslant 100$ mg/L 和/或 >10 mg/L 但$\leqslant 100$ mg/L,和该物质不易降解,和/或 log K_{ow} $\geqslant 4$(除非实验测定的 BCF<500),除非慢性毒性 $NOEC_s$ >1 mg/L
类别:慢性Ⅳ 在水溶解性水平之下没有显示急性毒性,而且不能快速降解,log k_{ow} $\geqslant 4$,表现出具有生物富积潜能的不易溶物质,将划分在这一类别,除非有其他科学证据表明不必分类。这些证据应包括实验测定的 BCF<500、慢性毒性 $NOEC_s$ >1 mg/L 或在环境中快速降解的证据	

(3)危险公示。

慢性水生毒性物质的标签要素见表 2.88。

表 2.88 慢性水生毒性物质的标签要素

	类别 1	类别 2	类别 3	类别 4
符号			无符号	无符号
信号词	警告	无信号词	无信号词	无信号词
危险说明	对水生生物毒性非常大并具有长期持续影响	对水生生物有毒并具有长期持续影响	对水生生物有害并具有长期持续影响	可能对水生生物产生长期持续的有害影响

2.2.3.2　危害臭氧层

1）定义

臭氧消耗潜能值（ODP），是指一个有别于单一种类卤化碳排放源的综合总量，反映与同等质量的三氯氟甲烷（CFC-11）相比，卤化碳可能对平流层造成的臭氧层消耗程度。正式的臭氧层消耗潜能值定义，是某种化合物的差量排放相当于同等质量的三氯氟甲烷而言，对整个臭氧层的综合扰动的比值。

《蒙特利尔议定书》指议定书缔约方修改和/或修正的《关于消耗臭氧层物质的蒙特利尔议定书》。

2）分类

该危险物质分为 1 个类别，分类标准为：

《蒙特利尔议定书》附件中列出的任何受管制物质；或至少含有一种列入《蒙特利尔议定书》附件的成分、浓度≥0.1% 的任何混合物。

3）危险公示

危害臭氧层物质和混合物的标签要素见表 2.89 所示。

表 2.89　危害臭氧层物质和混合物的标签要素

	类别 1
符号	
信号词	警告
危险说明	破坏高层大气中的臭氧，危害公共健康和环境

4）臭氧层及其重要性

臭氧层包含 90% 地球的臭氧。大气层的第一层是对流层，对流层是一层包围着我们的大气层。第二层是平流层，平流层是更高一层，在地球表面延伸 10～50 km 以上。第三层是臭氧层，臭氧是一种天然出现的气体，可以过滤太阳紫外线（UV）辐射。根据美国环保局带来的消息，如果臭氧层减少，更多的辐射将到达地球的表面，过度暴露于紫外线，会造成皮肤癌、白内障和削弱免疫系统。增加紫外线辐射还会减少作物产量和破坏海洋食物链。紫外线还可能引起其他不良影响。

2.3　《化学品分类和危险性公示通则》（GB 13690—2009）

为了与联合国《全球化学品统一分类和标签制度》（GHS）相协调，我国于 2009 年修订了《常用危险化学品的分类及标志》（GB 13690—1992），改为《化学品分类和危险性公示通则》（GB 13690—2009）。该标准适用于化学品分类及其危险公示，以及适用于化学品生产场所和消费品的标志。

2.3.1 术语

1）化学名称

唯一标识一种化学品的名称。这一名称可以是符合国际纯粹与应用化学联合会（IUPAC）或化学文摘社（CAS）的命名制度的名称，也可以是一种技术名称。

2）压缩气体

加压包装时在-50 ℃时完全是气态的一种气体；包括临界温度为≤-50 ℃的所有气体。

3）闪点

规定试验条件下施用某种点火源造成液体汽化而着火的最低温度（校正至标准大气压101.3 kPa）。

4）危险类别

每个危险种类中的标准划分，如口服急性毒性包括五种危险类别而易燃液体包括四种危险类别。这些危险类别在一个危险种类内比较危险的严重程度，不可将它们视为较为一般的危险类别比较。

5）危险种类

危险种类指物理、健康或环境危险的性质，例如易燃固体、致癌性、口服急性毒性。

6）危险性说明

对某个危险种类或类别的说明，它们说明一种危险产品的危险性质，在情况适合时还说明其危险程度。

7）初始沸点

一种液体的蒸气压力等于标准压力（101.3 kPa），第一个气泡出现时的温度。

8）标签

关于一种危险产品的一组适当的书面、印刷或图形信息要素，因为与目标部门相关而被选定，它们附于或印刷在一种危险产品的直接容器上或它的外部包装上。

9）标签要素

统一用于标签上的一类信息，例如象形图、信号词。

10）《联合国关于危险货物运输的建议书·规章范本》

经联合国经济贸易理事会认可，以联合国关于危险货物运输建议书附件"关于运输危险货物的规章范本"为题，正式出版的文字材料。

11）象形图

一种图形结构，它可能包括一个符号加上其他图形要素，例如边界、背景图案或颜色，意在传达具体的信息。

12）防范说明

一个短语/和（或）象形图，说明建议采取的措施，以最大限度地减少或防止因接触某种危险物质或因对它存储或搬运不当而产生的不利效应。

13）产品标识符

标签或安全数据单上用于危险产品的名称或编号。它提供一种唯一的手段使产品使用者能够在特定的使用背景下识别该物质或混合物,例如在运输、消费时或在工作场所。

14）信号词

标签上用来表明危险的相对严重程度和提醒读者注意潜在危险的单词。GHS 使用"危险"和"警告"作为信号词。

15）图形符号

旨在简明地传达信息的图形要素。

2.3.2 分类

2.3.2.1 理化危险

1）爆炸物

爆炸物分类、警示标签和警示性说明见 GB 30000.2。

爆炸物质(或混合物)是这样一种固态或液态物质(或物质的混合物),其本身能够通过化学反应产生气体,而产生气体的温度、压力和速度能对周围环境造成破坏。其中也包括发火物质,即使它们不放出气体。

发火物质(或发火混合物)是这样一种物质或物质的混合物,它旨在通过非爆炸自放热化学反应产生的热、光、声、气体、烟或所有这些的组合来产生效应。

爆炸性物品是含有一种或多种爆炸性物质或混合物的物品。

烟火物品是包含一种或多种发火物质或混合物的物品。

爆炸物种类包括:

(1)爆炸性物质和混合物。

(2)爆炸性物品,但不包括下述装置:其中所含爆炸性物质或混合物由于其数量或特性,在意外或偶然点燃或引爆后,不会由于迸射、发火、冒烟、发热或巨响而在装置之外产生任何效应。

(3)在(1)和(2)中未提及的为产生实际爆炸或烟火效应而制造的物质、混合物和物品。

2）易燃气体

易燃气体分类、警示标签和警示性说明见 GB 30000.3。

易燃气体是在 20 ℃和 101.3 kPa 标准压力下,与空气有易燃范围的气体。

3）易燃气溶胶

易燃气溶胶分类、警示标签和警示性说明见 GB 30000.4。

气溶胶是指气溶胶喷雾罐,系任何不可重新罐装的容器,该容器由金属、玻璃或塑料制成,内装强制压缩、液化或溶解的气体,包含或不包含液体、膏剂或粉末,配有释放装置,可使所装物质喷射出来,形成在气体中悬浮的固态或液态微粒或形成泡沫、膏剂或粉末或处于液态或气态。

4）氧化性气体

氧化性气体分类、警示标签和警示性说明见 GB 30000.5。

氧化性气体是一般通过提供氧气，比空气更能导致或促使其他物质燃烧的任何气体。

5）压力下气体

压力下气体分类、警示标签和警示性说明见 GB 30000.5。

压力下气体是指高压气体在压力等于或大于 200 kPa（表压）下装入贮器的气体，或是液化气体或冷冻液化气体。

压力下气体包括压缩气体、液化气体、溶解液体、冷冻液化气体。

6）易燃液体

易燃液体分类、警示标签和警示性说明见 GB 30000.7。

易燃液体是指闪点不高于 93 ℃的液体。

7）易燃固体

易燃固体分类、警示标签和警示性说明见 GB 30000.8。

易燃固体是容易燃烧或通过摩擦可能引燃或助燃的固体。

易于燃烧的固体为粉状、颗粒状或糊状物质，它们在与燃烧着的火柴等火源短暂接触即可点燃和火焰迅速蔓延的情况下，都非常危险。

8）自反应物质或混合物

自反应物质分类、警示标签和警示性说明见 GB 30000.9。

（1）自反应物质或混合物是即使没有氧（空气）也容易发生激烈放热分解的热不稳定液态或固态物质或者混合物。本定义不包括根据统一分类制度分类为爆炸物、有机过氧化物或氧化物质的物质和混合物。

（2）自反应物质或混合物如果在实验室试验中其组分容易起爆、迅速爆燃或在封闭条件下加热时显示剧烈效应，应视为具有爆炸性质。

9）自燃液体

自燃液体分类、警示标签和警示性说明见 GB 30000.10。

自燃液体是即使数量小也能在与空气接触后 5 min 之内引燃的液体。

10）自燃固体

自燃固体分类、警示标签和警示性说明见 GB 30000.11。

自燃固体是即使数量小也能在与空气接触后 5 min 之内引燃的固体。

11）自热物质和混合物

自热物质分类、警示标签和警示性说明见 GB 30000.12。

自热物质是发火液体或固体以外，与空气反应不需要能源供应就能够自己发热的固体或液体物质或混合物；这类物质或混合物与发火液体或固体不同，因为这类物质只有数量很大（公斤级）并经过长时间（几小时或几天）才会燃烧。

物质或混合物的自热导致自发燃烧是由于物质或混合物与氧气（空气中的氧气）发生反应并且所产生的热没有足够迅速地传导到外界而引起的。当热产生的速度超过热损耗的速度而达到自燃温度时,自燃便会发生。

12)遇水放出易燃气体的物质或混合物

遇水放出易燃气体的物质分类、警示标签和警示性说明见 GB 30000.13。

遇水放出易燃气体的物质或混合物是通过与水作用,容易具有自燃性或放出危险数量的易燃气体的固态或液态物质或混合物。

13)氧化性液体

氧化性液体分类、警示标签和警示性说明见 GB 30000.14。

氧化性液体是本身未必燃烧,但通常因放出氧气可能引起或促使其他物质燃烧的液体。

14)氧化性固体

氧化性固体分类、警示标签和警示性说明见 GB 30000.15。

氧化性固体是本身未必燃烧,但通常因放出氧气可能引起或促使其他物质燃烧的固体。

15)有机过氧化物

有机过氧化物分类、警示标签和警示性说明见 GB 30000.16。

(1)有机过氧化物是含有二价—O—O—结构的液态或固态有机物质,可以看作是一个或两个氢原子被有机基替代的过氧化氢衍生物。该术语也包括有机过氧化物配方(混合物)。有机过氧化物是热不稳定物质或混合物,容易放热自加速分解。另外,它们可能具有下列一种或几种性质:

①易于爆炸分解;

②迅速燃烧;

③对撞击或摩擦敏感;

④与其他物质发生危险反应。

(2)如果有机过氧化物在实验室试验中,在封闭条件下加热时组分容易爆炸、迅速爆燃或表现出剧烈效应,则可认为它具有爆炸性质。

16)金属腐蚀剂

金属腐蚀物分类、警示标签和警示性说明见 GB 30000.17。

腐蚀金属的物质或混合物是通过化学作用显著损坏或毁坏金属的物质或混合物。

2.3.2.2 健康危险

1)急性毒性

急性毒性分类、警示标签和警示性说明见 GB 30000.18。

急性毒性是指在单剂量或在 24 h 内多剂量口服或皮肤接触一种物质,或吸入接触 4 h 之后出现的有害效应。

2)皮肤腐蚀/刺激

皮肤腐蚀/刺激分类、警示标签和警示性说明见 GB 30000.19。

皮肤腐蚀是对皮肤造成不可逆损伤;即施用试验物质达到 4 h 后,可观察到表皮和真皮坏死。

腐蚀反应的特征是溃疡、出血、有血的结痂,而且在观察期 14 d 结束时,皮肤、完全脱发区域和结痂处由于漂白而褪色。应考虑通过组织病理学来评估可疑的病变。

皮肤刺激是施用试验物质达到 4 h 后对皮肤造成可逆损伤。

3)严重眼损伤/眼刺激

严重眼睛损伤/眼睛刺激分类、警示标签和警示性说明见 GB 30000.20。

严重眼损伤是在眼前部表面施加试验物质之后,对眼部造成在施用 21 d 内并不完全可逆的组织损伤,或严重的视觉物理衰退。

眼刺激是在眼前部表面施加试验物质之后,在眼部产生在施用 21 d 内完全可逆的变化。

4)呼吸或皮肤过敏

呼吸或皮肤过敏分类、警示标签和警示性说明见 GB 30000.21。

(1)呼吸过敏物是吸入后会导致气管超过敏反应的物质。皮肤过敏物是皮肤接触后会导致过敏反应的物质。

(2)过敏包含两个阶段:第一个阶段是某人因接触某种变应原而引起特定免疫记忆。第二阶段是引发,即某一致敏个人因接触某种变应原而产生细胞介导或抗体介导的过敏反应。

(3)就呼吸过敏而言,随后为引发阶段的诱发,其形态与皮肤过敏相同。对于皮肤过敏,需有一个让免疫系统能学会作出反应的诱发阶段;此后,可出现临床症状,这时的接触就足以引发可见的皮肤反应(引发阶段)。因此,预测性的试验通常取这种形态,其中有一个诱发阶段,对该阶段的反应则通过标准的引发阶段加以计量,典型做法是使用斑贴试验。直接计量诱发反应的局部淋巴结试验则是例外做法。人体皮肤过敏的证据通常通过诊断性斑贴试验加以评估。

(4)就皮肤过敏和呼吸过敏而言,对于诱发所需的数值一般低于引发所需数值。

5)生殖细胞致突变性

生殖细胞致突变性分类、警示标签和警示性说明见 GB 30000.22。

本危险类别涉及的主要是可能导致人类生殖细胞发生可传播给后代的突变的化学品。但是,在本危险类别内对物质和混合物进行分类时,也要考虑活体外致突变性/生殖毒性试验和哺乳动物活体内体细胞中的致突变性/生殖毒性试验。

本标准中使用的引起突变、致变物、突变和生殖毒性等词的定义为常见定义。突变定义为细胞中遗传物质的数量或结构发生永久性改变。

"突变"一词用于可能表现于表型水平的可遗传的基因改变和已知的基本 DNA 改性(例如,包括特定的碱基对改变和染色体易位)。引起突变和致变物两词用于在细胞和/或有机体群落内产生不断增加的突变的试剂。

生殖毒性的和生殖毒性这两个较具一般性的词汇用于改变 DNA 的结构、信息量、分离试剂或过程,包括那些通过干扰正常复制过程造成 DNA 损伤或以非生理方式(暂时)改变 DNA 复制的试剂或过程。生殖毒性试验结果通常作为致突变效应的指标。

6）致癌性

致癌性分类、警示标签和警示性说明见 GB 30000.23。

致癌物一词是指可导致癌症或增加癌症发生率的化学物质或化学物质混合物。在实施良好的动物实验性研究中诱发良性和恶性肿瘤的物质也被认为是假定的或可疑的人类致癌物，除非有确凿证据显示该肿瘤形成机制与人类无关。

产生致癌危险的化学品的分类基于该物质的固有性质，并不提供关于该化学品的使用可能产生的人类致癌风险水平的信息。

7）生殖毒性

生殖毒性分类、警示标签和警示性说明见 GB 30000.24。

（1）生殖毒性。

生殖毒性包括对成年雄性和雌性性功能和生育能力的有害影响，以及在后代中的发育毒性。下面的定义是国际化学品安全方案/环境卫生标准第 225 号文件中给出的。在本标准中，生殖毒性细分为两个主要标题：

①对性功能和生育能力的有害影响；

②对后代发育的有害影响。

有些生殖毒性效应不能明确地归因于性功能和生育能力受损害或者发育毒性。尽管如此，具有这些效应的化学品将划为生殖有毒物并附加一般危险说明。

（2）对性功能和生育能力的有害影响。

化学品干扰生殖能力的任何效应。这可能包括（但不限于）对雌性和雄性生殖系统的改变，对青春期的开始、配子产生和输送、生殖周期正常状态、性行为、生育能力、分娩怀孕结果的有害影响，过早生殖衰老，或者对依赖生殖系统完整性的其他功能的改变。

对哺乳期的有害影响或通过哺乳期产生的有害影响也属于生殖毒性的范围，但为了分类目的，对这样的效应进行了单独处理。这是因为对化学品对哺乳期的有害影响最好进行专门分类，这样就可以为处于哺乳期的母亲提供有关这种效应的具体危险警告。

（3）对后代发育的有害影响。

从其最广泛的意义上来说，发育毒性包括在出生前或出生后干扰孕体正常发育的任何效应，这种效应的产生是由于受孕前父母一方的接触，或者正在发育之中的后代在出生前或出生后性成熟之前这一期间的接触。但是，发育毒性标题下的分类主要是为怀孕女性和有生殖能力的男性和女性提出危险警告。因此，为了务实的分类目的，发育毒性实质上是指怀孕期间引起的有害影响，或父母接触造成的有害影响。这些效应可在生物体生命周期的任何时间显现出来。

发育毒性的主要表现包括：

①发育中的生物体死亡；

②结构异常畸形；

③生长改变；

④功能缺陷。

8）特异性靶器官系统毒性——一次接触

特异性靶器官系统毒性一次接触分类、警示标签和警示性说明见 GB 30000.25。

分类可将化学物质划为特定靶器官有毒物,这些化学物质可能对接触者的健康产生潜在有害影响。

分类取决于是否拥有可靠证据,表明在该物质中的单次接触对人类或试验动物产生了一致的、可识别的毒性效应,影响组织/器官的机能或形态的毒理学显著变化,或者使生物体的生物化学或血液学发生严重变化,而且这些变化与人类健康有关。人类数据是这种危险分类的主要证据来源。

评估不仅要考虑单一器官或生物系统中的显著变化,而且还要考虑涉及多个器官的严重性较低的普遍变化。

特异性靶器官毒性可能以与人类有关的任何途径发生,即主要以口服、皮肤接触或吸入途径发生。

9）特异性靶器官系统毒性——反复接触

特异性靶器官系统毒性反复接触分类、警示标签和警示性说明见 GB 30000.26。

本条款的目的是对由于反复接触而产生特定靶器官/毒性的物质进行分类。所有可能损害机能的,可逆和不可逆的,即时和/或延迟的显著健康影响都包括在内。

分类可将化学物质划为特定靶器官/有毒物,这些化学物质可能对接触者的健康产生潜在有害影响。

分类取决于是否拥有可靠证据,表明在该物质中的单次接触对人类或试验动物产生了一致的、可识别的毒性效应,影响组织/器官的机能或形态的毒理学显著变化,或者使生物体的生物化学或血液学发生严重变化,而且这些变化与人类健康有关。人类数据是这种危险分类的主要证据来源。

评估不仅要考虑单一器官或生物系统中的显著变化,而且还要考虑涉及多个器官的严重性较低的普遍变化。

特异性靶器官毒性可能以与人类有关的任何途径发生,即主要以口服、皮肤接触或吸入途径发生。

10）吸入危险

吸入,特指液态或固态化学品通过口腔或鼻腔直接进入或者因呕吐间接进入气管和下呼吸系统。吸入毒性包括化学性肺炎、不同程度的肺损伤或吸入后死亡等严重急性效应。

吸入危害分类、警示标签和警示性说明见 GB 30000.27。

2.3.2.3　环境危险

对水环境的危害分类、警示标签和警示性说明见 GB 30000.28。

急性水生毒性是指物质对短期接触它的生物体造成伤害的固有性质。

物质的可用性是指该物质成为可溶解或分解的范围。对金属可用性来说,则指金属（Mo）化合物的金属离子部分可以从化合物（分子）的其他部分分解出来的范围。

生物利用率是指一种物质被有机体吸收以及在有机体内一个区域分布的范围。它依赖于物质的物理化学性质、生物体的解剖学和生理学、药物动力学和接触途径。可用性并不是生物利用率的前提条件。

生物积累是指物质以所有接触途径（即空气、水、沉积物/土壤和食物）在生物体内吸收、转化和排出的净结果。

生物浓缩是指一种物质以水传播接触途径在生物体内吸收、转化和排出的净结果。

慢性水生毒性是指物质在与生物体生命周期相关的接触期间对水生生物产生有害影响的潜在性质或实际性质。

复杂混合物或多组分物质或复杂物质是指由不同溶解度和物理化学性质的单个物质复杂混合而成的混合物。在大部分情况下，它们可以描述为具有特定碳链长度/置换度数目范围的同源物质系列。

降解是指有机分子分解为更小的分子，并最后分解为二氧化碳、水和盐。

2.4 《职业性接触毒物危害程度分级》(GBZ 230—2010)

根据《中华人民共和国职业病防治法》的要求,《职业性接触毒物危害程度的分级》(GBZ 230—2010)对职业性接触毒物危害程度的分级依据、分级原则、危害程度等级划分和毒物危害指数计算等进行了相关规定,适用于职业性接触毒物危害程度的分级,也是工作场所职业病危害分级以及建设项目职业病危害评价的依据之一。

2.4.1 术语

1)职业性接触毒物

劳动者在职业活动中接触的以原料、成品、半成品、中间体、反应副产物和杂质等形式存在,并可经呼吸道、经皮肤或经口进入人体而对劳动者健康产生危害的物质。

2)危害

职业性接触毒物可能导致的劳动者的健康损害和不良健康影响。

3)毒物危害指数

毒物危害指数又称 THI,即 toxicant hazardous index,是综合反映职业性接触毒物对劳动者健康危害程度的量值。

2.4.2 分级原则

职业性接触毒物程度分级,是以毒物的急性毒性、扩散性、蓄积性、致癌性、生殖毒性、致敏性、刺激与腐蚀性、实际危害后果与预后等 9 项指标为基础的定级标准。

分级原则是依据急性毒性、影响毒性作用的因素、毒性效应、实际危害后果等 4 大类 9 项分级指标综合分析、计算毒物危害指数确定。每项指标均按照危害程度分 5 个等级并赋予相应分值(轻微危害:0 分;轻度危害:1 分;中度危害:2 分;高度危害:3 分;极度危害:4 分);同时根据各项指标对职业危害影响作用的大小赋予相应的权重系数。

依据各项指标加权分值的总和,即毒物危害指数确定职业性接触毒物危害程度的级别。

我国的产业政策明令禁止的物质或限制使用(含贸易限制)的物质,依据产业政策,结合毒物危害指数划分危害程度。

2.4.3　分级依据

2.4.3.1　**毒性效应指标**

1)急性毒性

包括急性吸入半数致死浓度 LC50,急性经皮半数致死量 LD50。

2)刺激与腐蚀性

根据毒物对眼睛、皮肤或黏膜刺激作用的强弱划分评分等级。

3)致敏性

根据对人致敏报告及动物实验数据划分评分等级。

4)生殖毒性

根据对人生殖毒性的报告及动物实验数据划分评分等级。

5)致癌性

根据 IARC 致癌性分类划分评分等级,属于明确人类致癌物的,直接列为极度危害。

2.4.3.2　**影响毒物作用的因素指标**

1)扩散性

以毒物常温下或工业使用时状态及其挥发性(固体扩散性)作为评分指标。

2)蓄积性

以毒物的蓄积性强度或在体内的代谢速度作为评分指标,根据蓄积系数或生物半减期划分评分等级。

2.4.3.3　**实际危害后果指标**

根据中毒病死率和危害预后情况划分评分等级。

2.4.3.4　**产业政策指标**

将我国政府已经列入禁止使用名单的物质直接列为极度危害。列入限制使用(含贸易限制)名单的物质,毒物危害指数低于高度危害分级的,直接列为高度危害;毒物危害指数在极度或高度危害范围内的,依据毒物危害指数进行分级。

2.4.4　危害程度等级划分和毒物危害指数计算

1)职业程度分级

职业接触毒物危害程度分为轻度危害(Ⅳ级)、中度危害(Ⅲ级)、高度危害(Ⅱ级)和极度危害(Ⅰ级)4 个等级。

2)分级与评分依据

职业性接触毒物分项指标危害程度分级和评分按表 2.90 的规定,毒物危害指数计算见公式(2.6):

$$THI = \sum_{i=1}^{n} (k_i \cdot F_i) \qquad (2.6)$$

式中　THI——毒物危害指数；

　　　k_i——分项指标权重系数；

　　　F_i——分项指标积分值。

3）危害程度的分级范围

（1）轻度危害（Ⅳ级）：THI<35；

（2）中度危害（Ⅲ级）：THI≥35～<50；

（3）高度危害（Ⅱ级）：THI≥50～<65；

（4）极度危害（Ⅰ级）：THI≥65。

表2.90　职业性接触毒物危害程度分级和评分依据

分项指标		极度危害	高度危害	中度危害	轻度危害	轻微危害	权重系数
积分值		4	3	2	1	0	
急性吸入LC₅₀	气体[a]/（cm³·m⁻³）	<100	≥100～<500	≥500～<2 500	≥2 500～<20 000	≥20 000	5
	蒸气/（mg·m⁻³）	<500	≥500～<2 000	≥2 000～<10 000	≥10 000～<20 000	≥20 000	
	粉尘与烟雾/（mg·m⁻³）	<50	≥50～<500	≥500～<1 000	≥1 000～<5 000	≥5 000	
急性经口 LD₅₀/（mg·kg⁻¹）		<5	≥5～<50	≥50～<300	≥300～<2 000	≥2 000	
急性经皮 LD₅₀/（mg·kg⁻¹）		<50	≥50～<200	≥200～<1 000	≥1 000～<2 000	≥2 000	1
刺激与腐蚀性		pH≤2 或 pH≥11.5；腐蚀作用或不可逆损伤作用	强刺激作用	中等刺激作用	轻刺激作用	无刺激作用	2
致敏性		有证据表明该物质能引起人类特定的呼吸系统致敏或重要脏器的变态反应性的损伤	有证据表明该物质能导致人类皮肤过敏	动物试验证据充分，但无人类相关证据	现有动物试验证据不能对该物质的致敏性作出结论	无致敏性	2

分项指标	极度危害	高度危害	中度危害	轻度危害	轻微危害	权重系数
生殖毒性	明确的人类生殖毒性；已确定对人类的生殖能力、生育或发育造成有害效应的毒物，人类母体接触后可引起子代先天性缺陷	推定的人类生殖毒性；动物试验生殖毒性明确，但对人类生殖毒性作用尚未确定因果关系，推定对人的生殖能力或以育产生有害影响	可疑的人类生殖毒性；动物试验生殖毒性明确，但无人类生殖毒性资料	人类生殖毒性未定论；现有证据或资料不足以对毒物的生殖毒性作出结论	无人类生殖毒性；动物试验阴性，人群调查结果未发现生殖毒性	3
致癌性	Ⅰ组，人类致癌物	ⅡA组，近似人类致癌物	ⅡB组，可能人类致癌物	Ⅲ组，未归入人类致癌物	Ⅳ组，非人类致癌物	4
实际危害后果与预后	职业中毒病死率≥10%	职业中毒病死率<10%；或致残（不可逆损害）	器质性损害（可逆性重要脏器损害），脱离接触可治愈	仅有接触反应	无危害后果	5
扩散性（常温或工业使用时状态）	气态	液态，挥发性高（沸点<50 ℃）；固态，扩散性极高（使用时形成烟或烟尘）	液态，挥发性中（沸点≥50 ~ <150 ℃）；固态，扩散性高（细微而轻的粉末，使用时可见尘雾形成，并在空气中停留数分钟以上）	液态，挥发性低（沸点≥150 ℃）；固态，晶体、粒状固体、扩散性中，使用时能见到粉尘但很快落下，使用后粉尘留在表面	固态，扩散性低〔不会破碎的固体小球（块），使用时几乎不产生粉尘〕	3
蓄积性（或生物半减期）	蓄积系数（动物实验，下同）<1,生物半减期≥4 000 h	蓄积系数（动物实验，下同）≥1 ~ <3,生物半减期≥400 h ~ <4 000 h	蓄积系数（动物实验，下同）≥3 ~ <5,生物半减期≥40 h ~ <400 h	蓄积系数（动物实验，下同）>5,生物半减期≥4 h ~ <40 h	生物半减期<4 h	1

续表

分项指标	极度危害	高度危害	中度危害	轻度危害	轻微危害	权重系数

注:①急性毒性分级指标以急性吸入毒性和急性经皮毒性为分级依据。无急性吸放毒性数据的物质,参照急性经口毒性分级。无急性经皮毒性数据、且不经皮吸收的物质,按轻微危害分级;无急性经皮毒性数据,但可以皮肤吸收的物质,参照急性吸入毒性分级。
②强、中、轻和无刺激作用的分级依据 GB/T 21604 和 GB/T 21609。
③缺乏蓄积性、致癌性、致敏性、生殖毒性分级有关数据的物质的分项指标暂按极度危害赋分。
④工业使用在 5 年内的新化学品,无实际危害后果资料的,该分项指标暂按极度危害赋分;工业使用在 5 年以上的物质,无实际危害后果资料的,该分项指标按轻微危害赋分。
⑤一般液态物质的吸入毒性按蒸气类划分。

a:$1\ cm^3/m^3 = 1\ ppm$,ppm 与 mg/m^3 在气温为 20 ℃,大气压为 101.3 kPa(760 mmHg)的条件下的换算公式为:$1\ ppm = 24.04/M_r\ mg/m^3$,其中 M_r 为该气体的分子量

4)毒物危害指数计算举例

职业性接触危害指数计算举例见表 2.91、表 2.92。

表 2.91　职业性接触丙酮危害指数计算举例

积分指标		文献资料数据	危害分值(F)	权重系数(k)
急性吸入 LC_{50}	气体/($cmg \cdot m^{-3}$)			5
	蒸气/($mg \cdot m^{-3}$)	50 100(8 h,大鼠吸入)	0	
	粉尘和烟雾/($mg \cdot m^{-1}$)			
急性经口 LD_{50}/($mg \cdot kg^{-1}$)		5 800(大鼠)	0	
急性经皮 LD_{50}/($mg \cdot kg^{-1}$)		>15 700(兔)	0	1
刺激与腐蚀性		强刺激性	3	2
致敏性		无致敏性	0	2
生殖毒性		生殖毒性资料不足	1	3
致癌性		非人类致癌物	0	4
实际危害后果与预后		可引起不可逆损害	3	5
扩散性(常温或工业使用时状态)		无色易挥发液体	2	3
蓄积性(或生物半减期)		生物半减期 19~31 h	1	1
毒物危害指数		$THI = \sum_{i=1}^{n}(k_i \cdot F_i) = 31$		
职业危害程度分级		轻度危害(Ⅳ级)		

表 2.92 职业性接触三氯乙烯危害指数计算举例

积分指标		文献资料数据	危害分值(F)	权重系数(k)
急性吸入 LC_{50}	气体/(cmg·m^{-3})			5
	蒸气/(mg·m^{-3})	137 752,1 h(大鼠吸入)；（换算为 4 h 大鼠吸入值为 68 876）	0	
	粉尘和烟雾/(mg·m^{-3})			
急性经口 LD_{50}/(mg·kg^{-1})		4 920(大鼠)	0	
急性经皮 LD_{50}/(mg·kg^{-1})		无资料	0	1
刺激与腐蚀性		强刺激作用	3	2
致敏性		强致敏性	4	2
生殖毒性		动物生殖毒性明确但无人类生殖毒性资料	2	3
致癌性		ⅡA(IARC)	3	4
实际危害后果与预后		职业中毒病死率为33%（1999.1 至今）	4	5
扩散性(常温或工业使用时状态)		无色、透明、易挥发,具有芳香味液体;沸点87 ℃	2	3
蓄积性(或生物半减期)		尿中三氯乙酸(TCA)排出较慢,一次接触后大部分2~3 d后排除,每日接触则持续上升,可达第一天的 7～12 倍,至周末达最高浓度	2	1
毒物危害指数		$THI = \sum_{i=1}^{n}(k_i \cdot F_i) = 60$		
职业危害程度分级		高度危害(Ⅱ级)(注:三氯乙烯为贸易严格限制物质)		

2.5 《建筑设计防火规范》中对物质火灾危险性分类

《建筑设计防火规范》(GB 50016—2014)根据物品本身事故危险性的大小不一,将各种物品分为5 个类别。各类的特征如下所述。

2.5.1 生产的火灾危险性分类

生产的火灾危险性应根据生产中使用或产生的物质性质及其数量等因素,分为甲、乙、丙、丁、戊类,并应符合表2.93 的规定。

表2.93 生产的火灾危险性分类

生产的火灾危险性类别	使用或产生下列物质的生产的火灾危险性特征
甲	(1)闪点小于28 ℃的液体； (2)爆炸下限小于10%的气体； (3)常温下能自行分解或在空气中氧化即能导致迅速自然或爆炸的物质； (4)常温下受到水或空气中水蒸气的作用,能产生可燃气体并引起燃烧或爆炸的物质； (5)遇酸、受热、撞击、摩擦以及遇有机物或硫黄等易燃的无机物,极易引起燃烧或爆炸的强氧化剂； (6)受撞击、摩擦或与氧化剂、有机物接触时能引起燃烧或爆炸的物质； (7)在密闭设备内操作湿度不小于物质本身自燃点的生产
乙	(1)闪点28~60 ℃的易燃、可燃液体； (2)爆炸下限≥10%的可燃气体； (3)助燃气体和不属于甲类的氧化剂； (4)不属于甲类的化学易燃危险固体； (5)生产中排出的浮游状态的纤维、粉尘、闪点≥60 ℃的液体雾滴
丙	(1)闪点≥60 ℃的可燃液体； (2)可燃固体
丁	(1)对非燃烧物质进行加工,并在高热或熔化状态下经常产生辐射热、火花或火焰的生产； (2)利用气体、液体、固体作为燃料或将气体、液体进行爆炸作其他用的各种生产； (3)常温下使用或加工难燃烧物质的生产
戊	常温下使用或加工非燃烧物质的生产

2.5.2 储存的火灾危险性分类

储存物品的火灾危险性应根据储存物品的性质和储存物品中的可燃物数量等因素,分为甲、乙、丙、丁、戊类,并应符合表2.94的规定。

表2.94 储存物品的火灾危险性分类

储存物品类别	火灾与爆炸危险性的特征	举例
甲	(1)常温下能自行分解或在空气中氧化即能导致迅速自燃或爆炸的物质； (2)常温下受到水或空气中水蒸气的作用,能产生可燃气体并引起燃烧或爆炸的物质； (3)撞击、摩擦与氧化剂、有机物接触时能引起燃烧或爆炸的物质； (4)闪点<28 ℃的易燃液体； (5)爆炸下限<10%的可燃气体,以及受到水或空气中水蒸气的作用,能产生爆炸下限<10%的可燃气体的固体物质； (6)遇酸、受热、撞击、摩擦以及遇有机物或硫黄等易燃的无机物,以及极易引起燃烧或爆炸的强氧化剂	(1)硝化棉、硝化纤维胶片、渍漆棉、火胶棉、赛璐珞棉、黄磷； (2)钾、钠、锂、钙、氢化锂、四氢化锂铝、氢化钠； (3)赤磷、五硫化磷； (4)己烷、戊烷、石脑油、环戊烷、二硫化碳、二甲苯、甲醇、乙醇、乙醚、蚁酸甲酯、醋酸甲酯、硝酸乙酯、汽油、丙酮、丙烯、乙醛； (5)乙炔、氢、甲烷、乙烯、丙烯、丁二烯、环氧乙烷、煤气、硫化氢、氯乙烯、液化石油气、电石； (6)氯酸钾、氯酸钠、过氧化钠、过氧化钾

续表

储存物品类别	火灾与爆炸危险性的特征	举例
乙	(1)不属于甲类的化学易燃危险固体; (2)闪点28～60 ℃的易爆、可燃液体; (3)不属于甲类的氧化剂; (4)助燃气体; (5)爆炸下限≥10%的可燃气体; (6)常温下与空气接触能缓慢氧化、积热不散易引起燃烧的危险物品	(1)硫黄、镁粉、铝粉、赛璐珞板(片)、樟脑、萘、生松香、硝化纤维漆布、硝化纤维色片; (2)煤油、松节油、丁烯醇、异戊醇、丁醚、醋酸、丁酯、硝酸戊酯、乙酰丙酮、环己胺、溶剂油、樟脑油、蚁酸、糠醛; (3)硝酸铜、铬酸、亚硝酸钾、重铬酸钠、铬酸钾、硝酸、硝酸汞、硝酸钴、发烟硝酸、漂白粉; (4)氧气、氟气; (5)氨气; (6)桐油漆布及其制品,漆布及其制品,油纸及其制品,油绸及其制品,浸油金属屑
丙	(1)闪点≥60 ℃的可燃液体; (2)可燃固体	(1)动物油、植物油、沥青、蜡、润滑油、机油、重油、闪点≥60 ℃的柴油; (2)化学、人造纤维及其织物,纸张,棉、毛、丝、麻及其织物,谷物及面粉,天然橡胶及其制品,竹、木及其制品
丁	难燃烧物品	酚醛塑料及其制品,水泥刨花板
戊	非燃烧物品	钢材、玻璃及其制品,搪瓷制品,不燃气体

复习思考题

1.《危险货物分类和品名编号》(GB 6944—2012)中对危险货物的定义是什么? 将危险货物分为哪几类?

2.《职业性接触毒物危害程度分级》(GBZ 230—2010)中将毒物分几级? 分级依据是什么?

3.《建筑设计防火规范》(GB 50016—2014)中对物质火灾危险性的分类结果是什么?

4.《化学品分类和危险性公示 通则》(GB 13690—2009)中对危险化学品是如何分类的?

5.《全球化学品统一分类和标签制度》(GHS)中对危险化学品是如何分类的?

第3章
危险化学品安全技术说明书和安全标签

3.1 危险化学品安全技术说明书

化学品安全技术说明书,国际上称作化学品安全信息卡,简称 MS-DS 或 CSDS (Material Safety Data Sheet),是一份关于危险化学品燃爆、毒性和环境危害以及安全使用、泄漏应急处置、主要理化参数、法律法规等方面信息的综合性文件。作为对用户的一种服务,生产企业应随化学商品向用户提供安全技术说明书,向用户提供基本危害信息(包括运输、操作处置、储存和应急行动等)。使用户明了化学品的有关危害,使用时能主动进行防护,起到减少职业危害和预防化学事故的作用。

国际标准化组织于 1994 年就化学品的安全技术说明书的内容和编写要求做出了规定,颁布了 ISO 11014 标准。我国于 1996 年制订了国家标准《危险化学品安全技术说明书编写规定》(GB 16483—1996),以后分别于 2000 年和 2008 年两次修订了改标准。现行《化学品安全技术说明书内容和项目顺序》(GB 16483—2008)中对危险性概述已与《全球化学品统一分类和标签制度》(GHS)中的规定相一致。

化学品安全技术说明书为化学物质及其制品提供了有关安全、健康和环境保护方面的各种信息,并能提供有关化学品的基本知识、防护措施和应急行动等方面的资料。作为最基础的技术文件,其主要用途是传递安全信息。其具体作用主要体现在:是作业人员安全使用化学品的指导性文件;为化学品生产、处置、贮存和使用各环节制订安全操作规程提供技术信息;为危害控制和预防措施设计提供技术依据;是企业安全教育的主要内容。

安全技术说明书不可能将所有可能发生的危险及安全使用的注意事项全部表示出来,加之作业场所情形各异,所以安全技术说明书仅是用以提供化学商品基本安全信息,并非产品质量的担保。

3.1.1 化学品安全技术说明书编写内容

《化学品安全技术说明书内容和项目顺序》(GB 16483—2008)规定的安全技术说明书应包括安全卫生信息 16 大项近 70 个小项的内容,具体项目如下。

1）第 1 部分——化学品及企业标识

主要标明化学品名称（与安全标签上的名称一致），建议同时标注供应商的产品代码；

标明生产企业（供应商）名称、地址、电话、应急电话、传真和电子邮件地址；

说明化学品的推荐用途和限制用途。

2）第 2 部分——危险性概述

标明该化学品主要的物理和化学危险性信息，及对人体健康和环境影响的信息；如果该化学品存在某些特殊的危险性质，也在此说明。

标明 GHS 危险性类别（标签要素也要注明）。

注明人员接触后的主要症状及应急综述。

3）第 3 部分——成分/组成信息

注明是该化学品是物质还是混合物。

如果是物质，应提供化学名或通用名，美国化学文摘登记号 CAS 号及其他标识符。

如果属危险化学品的，则应列出包括对该物质的危险性分类产生影响的杂质和稳定剂在内的所有危险组分的化学名或通用名，以及浓度或浓度范围。

如果是混合物，不必列明所有组分。

含危险的组分的，并且其含量超过了浓度限值，应列出该组分的名称信息、浓度或浓度范围。对已经识别出的危险组分，也应提供被识别为危险组分的那些组分的化学名或通用名、浓度或浓度范围。

4）第 4 部分——急救措施

说明人员在必要时应采取的急救措施及应避免的行动。（文字描述要求易于被受害人和施救者理解）

根据不同的方式将信息分为：吸入、皮肤接触、眼睛接触和食入，简述描述接触化学品后的急性和迟发效应、主要症状和对健康的主要影响，详细的在第 11 部分列出。

必要时，可列出对保护施救者的忠告和对医生的特别提示、及时的医疗护理和特殊的治疗。

5）第 5 部分——消防措施

说明合适的灭火方法和灭火剂，如有不合适的灭火剂也应在此注明；

标明化学品的特别危险性；

标明特殊灭火方法及保护消防人员特殊的防护装备。

6）第 6 部分——泄漏应急处理

指化学品泄漏后现场可采用的简单有效的应急处理措施、注意事项等。包括：

（1）作业人员防护措施、防护装备和应急处置程序；

（2）环境保护措施；

（3）泄漏化学品的收容、清除方法及所使用的处置材料（如果与第 13 部分不同，列明恢复、中和和清除方法）。

提供防止发生次生危害的预防措施。

7）第 7 部分——操作处置和储存

（1）操作处置

应描述安全处置注意事项，包括防止化学品人员接触、防止发生火灾和爆炸的技术措施和提供局部或全面通风、防止形成气溶胶和粉尘的技术措施等。

防止直接接触不相容物质或混合物的特殊处置注意事项。

（2）储存

描述安全储存条件（适合的和不适合的）、安全技术措施、同禁配物隔离储存的措施、包装材料信息（建议的和不建议的材料）。

8）第 8 部分——接触控制和个体防护

指在生产、操作处置、搬运和使用化学品的作业过程中，为保护作业人员免受化学品危害而采取的防护方法和手段。

该部分应列明容许浓度，如职业接触限值或者生物限值。

列明减少接触的工程控制方法。

列明推荐使用的个体防护设备：呼吸系统防护、手防护、眼睛防护、皮肤和身体防护。

标明防护设备的类型和材质。

若在某些特殊条件（高温、高压、高浓度等）下才具有危险性的化学品，标明这些情况下的特殊防护措施。

9）第 9 部分——理化特性

主要是指化学品外观及理化特性等方面的信息。

该部分应提供：化学品的外观与性状（如物态、形状和颜色）、气味、pH 值（指明浓度）、熔点/凝固点、沸点（初沸点、沸程）、闪点、燃烧上下极限或爆炸极限、蒸气压、蒸气密度、密度/相对密度、溶解性、n-辛醇/水分配系数、自燃温度、分解温度。

如必要时提供：气味阈值、蒸发速率、易燃性（固体和液体）、数据测定方法等。

10）第 10 部分——稳定性和反应活性

叙述化学品的稳定性和在特定条件下可能发生的危险反应。应包括：应避免的条件（如静电、撞击等）；不相容物质；危险的分解产物（CO、CO_2、H_2O 除外）。

注意考虑提供化学品的预期用途和可预见的错误用途。

11）第 11 部分毒理学资料

主要提供化学品详细完整的毒理学资料，包括：急性毒性、皮肤刺激或腐蚀、眼睛刺激或腐蚀、呼吸或皮肤过敏、生殖细胞突变性、致癌性、生殖毒性、特殊性靶器官系统毒性——一次性接触、特殊性靶器官系统毒性——反复性接触、吸入危害、毒代动力学、代谢和分布信息。

12）第 12 部分——生态学资料

提供可能造成环境影响、环境行为、归宿方面的信息，包括：化学品在环境中的预期行为，可能对环境造成的影响/生态毒性；持久性和降解性；潜在的生物累积性；土壤中的迁移性。

13）第 13 部分——废弃处置

为安全和有利于环境保护而推荐的废弃处置方法信息。这些处置依法适用于：化学品（残余废弃物）和任何受污染的容器和包装。

提醒下游用户注意当地废弃处置法规。

14）第 14 部分——运输信息

包括国际运输法规规定的编号与分类信息。

该部分包括国际运输法规规定和编号与分类信息：联合国危险货物编号（UN 号）；联合国运输名称；联合国危险性分类；包装组（如果可能）；海洋污染物（是/否）；提供使用者需要了解或遵守的其他与运输或运输工具有关的特殊防范措施。

15）第 15 部分——法规信息

应标明使用本 SDS 的国家或地区中，管理该化学品的法规名称；

提供与法律相关的法规信息和化学品标签信息；

提醒下游用户注意当地废弃处置法规。

16）第 16 部分——其他信息

进一步提供上述各项未包括的其他重要信息。如：可提供需要进行的专业培训、建议的用途和限制用途、参考文献等。

3.1.2 化学品安全技术说明书编写和使用要求

1）编写要求

（1）安全技术说明书规定的 16 部分在编写时，每部分的标题、编号和前后顺序不应随意变更。在 16 部分下面填写相关的信息，该项如果无数据，应写明无数据原因。除第 16 部分"其他信息"外，其余部分不能留下空项。

（2）这 16 部分成为大项，各大项下面带下划线的主要条目为小项，要清楚地分开 16 大项，大项标题和小项标题的排版要醒目。小项不编号，但要按指定顺序排列。

（3）安全技术说明书的每一页都要注明该化学品的名称、日期（最后修订的日期）、SDS 编号。

（4）安全技术说明书的正文应采用简明、扼要、通俗易懂，推荐采用常用词语，应该使用用户可接受的语言书写。

（5）危险化学品生产企业发现其生产的危险化学品有新的危险特性的，应当立即公告，并及时修订其化学品安全技术说明书和化学品安全标签。

2）种类

安全技术说明书采用"一个品种一卡"的方式编写，同类物、同系物的技术说明书不能互相替代；混合物要填写有害性组分及其含量范围。所填数据应是可靠和有依据的。一种化学品具有一种以上的危害性时，要综合表述其主、次危害性以及急救、防护措施。

3）使用

安全技术说明书由化学品的生产供应企业编印，在交付商品时提供给用户，作为为用户的一种服务随商品在市场上流通。化学品的用户在接收使用化学品时，要认真阅读技术说明书,了解和掌握化学品的危险性,并根据使用的情形制订安全操作规程,选用合适的防护器具,培训作业人员。

4)资料的可靠性

安全技术说明书的数值和资料要准确可靠,选用的参考资料要有权威性,必要时可咨询省级以上职业安全卫生专门机构。

5)安全技术说明书编制的责任

(1)生产企业既是化学品的生产商,又是化学品使用的主要用户,对安全技术说明书的编写和供给负有最基本的责任。生产企业必须按照国家法规填写符合规定要求的安全技术说明书,全面详实地向用户提供本企业有关化学品的安全技术说明书、安全卫生信息。并确保接触化学品的作业人员能方便地查阅,还应负责更新本企业产品的安全技术说明书。

(2)使用单位作为化学品使用的用户,应向供应商索取全套的最新的化学品的安全技术说明书,并评审从供应商处索取的安全技术说明书,针对本企业的应用情况和掌握的信息,补充新的内容,确保接触化学品的作业人员能方便地查阅。

(3)经营、销售企业所经销的化学品必须附带安全技术说明书;经营进口化学品的企业,应负责向供应商、进口商索取最新的中文安全技术说明书,随商品提供给用户。

(4)运输部门对无安全技术说明书的化学品一律不予承运。

3.1.3　化学品安全技术说明书编写样例

化学品安全数据单

一、标识

物品名称:硒酸钠/Sodium selenate。

其他名称:/

使用建议及使用限制:用于除壁虱、蚜虫、红虫,用作玻璃脱色剂、增光剂、抗腐蚀剂和化学试剂等。

制造商或供货商名称、地址及电话:/

紧急联络电话/传真电话:/

二、危险标识

物质或混合物的分类:

急性毒性(口服)第 2 类,急性毒性(吸入)第 2 类,严重眼刺激第 2A 类,生殖细胞致突变性第 2 类,特定目标器官毒性——重复接触第 2 类(经口),危害水生环境(长期)第 1 类。

全球统一制度标签要素,包括防范说明:

信号词:危险。

危险说明:吞咽致命。吸入致命。造成严重眼刺激。怀疑会导致遗传性缺陷。长期或重复接触(经口)可能损害器官。对水生生物毒性极大并具有长期持续影响。

防范说明:

预防:在使用前获取特别指示。在读懂所有安全防范措施之前切勿搬动。戴防护手套/穿防护服/戴防护眼罩/戴防护面具。作业后彻底清洗。使用本产品时不要进食、饮水或吸烟。不要吸入粉尘/烟/气体/烟雾/蒸气/喷雾。只能在室外或通风良好之处使用。戴呼吸防护装置。避免释放到环境中。

反应:如误吞咽:立即呼叫解毒中心或医生。漱口。如误吸入:将受害人转移到空气新鲜处,保持呼吸舒适的休息姿势。立即呼叫解毒中心或医生。如进入眼睛:用水小心冲洗几分钟。如戴隐形眼镜并可方便地取出,取出隐形眼镜。继续冲洗。如仍觉眼刺激:求医/就诊。如接触到或有疑虑:求医/就诊。收集溢出物。

贮存:存放在通风良好的地方。保持容器密闭。存放处须加锁。

处置:按照相关规章处置内装物和容器。

不导致分类的其他危险(例如尘爆危险)或不为全球统一制度覆盖的其他危险。

三、组成/成分信息

化学名称	化学文摘社登记号码(CAS No.)	含量%
硒酸钠	10102-23-5	99

四、急救措施

必要的急救措施

吸入:迅速脱离现场至空气新鲜处。保持呼吸道通畅。如果呼吸困难,给输氧。如果停止了呼吸,给予人工呼吸。求医。

皮肤接触:立即脱去污染的衣着,用肥皂和大量的水冲洗。求医。

眼睛接触:立即提起眼睑,用大量流动清水或生理盐水彻底冲洗至少 15 min。就医。

食入:如果食入,请勿延误;立即就医。若需建议帮助,请联系毒物信息中心或医生。

最重要的急性和延迟症状//效应:硒的粉尘能刺激呼吸道;表现为鼻流涕、丧失嗅觉、鼻出血和咳嗽。食入亚硒酸盐或硒酸盐(后者作用较小)会引起恶心、呕吐、腹痛和震颤;这些症状在 24 h 内缓解。亚硒酸盐中毒可表现肌肉触痛和震颤、头晕和脸红。硒酸和硒元素都易经肺和胃肠道吸收进入体内。它们主要由尿液排出体外;生物半衰期约为 1.2 d。

必要时注明立即就医及所需的特殊治疗:慢性硒中毒与砷中毒的症状相似。治疗慢性中毒以支持性护理为主,并应重视清除硒源。二巯基丙醇(BAL)和 CaNa 2 EDTA 能增加硒的毒性。处理慢性硒中毒的方法以支持性护理为主,并且应注意消除硒源。二巯基丙醇(BAL)和 CaNa 2 EDTA 能增加硒的毒性。

五、消防措施

适用和不适用的灭火剂:用雾状水、抗醇泡沫、干粉或二氧化碳灭火。

化学品产生的具体危险:不易燃。并不认为能引起明显的火灾危害,但容器仍可燃烧。分解有可能产生有毒烟气。金属氧化物。可能产生有毒烟雾。

消防人员的特殊防护行为:如必要,戴自给式呼吸器去救火。用雾状水冷却未打开的容器。

六、意外释放措施

人身防范、保护设备和应急程序:避免吸入粉尘,避免皮肤和眼睛接触本物质。要穿戴防护服、手套、安全护目镜和防尘口罩。佩戴呼吸器械和防护手套。

环境防范措施:在确保安全的条件下,采取措施防止进一步的泄漏或溢出。不要让产物进入下水道。

抑制和清理的方法和材料:吸尘或清扫。注意:吸尘器必须安装微型排气过滤器(HEPA 型)。清扫前要加水弄湿,避免产生粉尘。放入合适的容器,以便废弃处置。

七、操作与储存

安全操作的防范措施:防止所有个体接触,包括吸入。当有接触危险时,穿戴防护服。在通风良好的区域使用本物质。防止本品在坑凹处汇集。在未作空气检测之前,不得进入封闭空间内。要严格防止物质接触人体、接触的食品或食品器具。防止接触禁忌物。

安全存储的条件,包括任何不相容性:储存于原装容器中。保持容器密封。在凉爽、干燥、通风良好的场所储存。远离禁忌物质和食品容器储存。防止容器受到物理损伤,并定期检查泄漏情况。遵从制造商提出的储存和操作处置建议。

八、接触控制/人身保护

控制参数:

来源	物质	TWA/ppm	TWA/(mg·m^{-3})	STEL/ppm	STEL/(mg·m^{-3})
职业卫生标准(中国香港)	硒酸钠		0.2		

工程控制:一般需要采取局部通风。如果有过度接触本物质的危险,佩戴认可的呼吸器。呼吸器的大小必须适中才能取得充足保护。

个人防护设备

眼睛防护:带侧边的安全护目镜。化学护目镜。隐形眼镜可能会造成一种特殊危害;软的隐形眼镜可能会吸收和富集刺激物。

皮肤防护:戴化学防护手套(如聚氯乙烯 PVC)。穿安全鞋或安全靴(如橡胶材料)。防渗透的衣服,阻燃防静电防护服,防护设备的类型必须根据特定工作场所中的危险物的浓度和含量来选择。

呼吸防护:呼吸器种类和型号的选择取决于呼吸区域污染物的等级以及污染物的化学性质。

九、物理及化学性质

外观(物理状态、颜色等)	白色粉末
气味	无味
气味阈值	/
pH 值	/
熔点/凝固点	35 ℃（DEC.）
初始沸点和沸腾范围	/
闪点	/
蒸发速率	/
易燃性(固态、气态)	
上下易燃极限或爆炸极限	
蒸气压力	/
蒸气密度	/
相对密度	3.213(水＝1)
可溶性	溶于水
分配系数:n-辛醇/水	/
自动点火温度	/
分解温度	/
黏度	/

十、稳定及反应性

反应性:/

化学稳定性:空气中稳定。

危险反应的可能性:/

应避免的条件:有不兼容的物质存在。

不相容的物质和材料:酸,三氟化氯。

危险的分解产物:分解有可能产生有毒烟气,金属氧化物。

十一、毒理学信息

急性毒性效应:

吸入:吸入本物质在正常生产过程中生成的粉尘可对身体产生毒害作用。

食入:意外食入该物质可导致严重的毒性反应。

皮肤:接触本物质后能使某些人引起皮炎。本物质能够加重任何原有的皮炎病症。皮肤接触本品可损害健康,吸收后可导致全身发生反应。

眼睛:本物质能刺激并损害人的眼睛。

慢性毒性或长期毒性效应:反复或长期职业接触很可能会产生涉及器官或生化系统累积性的健康影响。物质能引起癌症或基因突变,因而受到一定的关注,但是没有充足资料来进行评价。长期接触硒及其化合物会引起胃肠异常、刺激支气管和鼻咽,并引起持续性大蒜样口臭。接触数年后经常仍出现口腔金属味、苍白、易怒和极度劳累。

毒性的数值度量(如急性毒性估计值):LD_{50}:2.3 mg/kg(兔经口)。

十二、生态信息

生态毒性:对水生物有剧毒——在水生环境可能会引起长期有害作用。

持久性及降解性:水/土壤:高。

生物蓄积性:轻微。

在土壤中的流动性:高。

其他不利效应:/

十三、处置考虑

处置方法:容器清空后仍可能有化学品危害或危险存在。建议用控制焚烧法或安全掩埋法处置。破容器禁止重新使用,要在规定场所掩埋。

十四、运输信息

联合国编号:2630。

联合国运输名称:硒酸盐。

运输危险种类:6.1。

包装类别:Ⅰ。

海洋污染物(是/否):是。

使用者的特殊防范措施:/

十五、法规信息

国内化学品安全管理法规:

硒酸钠(CAS:10102-23-5)出现在以下法规中:中国现有化学物质名录,危险化学品名录,国家危险废物名录,工作场所有害因素职业接触限值,职业卫生标准(中国香港)。本安全数据单遵照了以下相关国家标准:GB 16483—2008,GB 13690—2009,GB 6944—2012,GB/T15098—2008,GB 18218—2018,GB 15258—2009,GB 190—2009,GB 191—2008,GB 12268—2012,GB/T 15098—2008,GBZ 2.1—2019 以及相关法规:《危险货物运输管理规则》、《危险化学品安全管理条例》、联合国《关于危险货物运输的建议书》(简称 UN RTDG)。

十六、其他信息

参考文献　　　　联合国《关于危险货物运输的建议书　规章范本》

联合国《全球化学品统一分类和标签制度》

制表日期

注 1:当产品为含有两种以上危险物质的混合物时,应依据其混合后的危险性,制作安全数据单。

注 2:制造商/供应商应根据实际情况确保安全数据单所含信息的正确性,并适时更新。

注 3:如由于产品特性而不存在或不可得某些信息时(如固体不存在沸点),应在表格中以"/"标识。

3.2 危险化学品安全标签

危险化学品安全标签是指危险化学品在市场上流通时应由供应者提供的附在化学品包装上的标签,是向作业人员传递安全信息的一种载体,用于提示接触危险化学品的人员的一种标识。它用简单、明了、易于理解的文字、象形图和编码表述有关化学品的危险特性及其安全处置的注意事项,以警示作业人员进行安全操作和处置。《化学品安全标签编写规定》(GB 15258—2009)规定化学品安全标签应包括化学品标识、象形图、信号词、危险性说明、防范说明、应急咨询电话、供应商标识、资料参阅提示语等内容。

3.2.1 安全标签的内容、设计

1)标签要素

包括化学品标识、象形图、信号词、危险性说明、防范说明、应急咨询电话、供应商标识、资料参阅提示语等。

2)安全标签的内容

《化学品安全标签编写规定》(GB 15258—2009)规定了化学品安全标签的内容、格式和制作等事项,具体内容如下。

(1)化学品标识。

用中文和英文分别标明化学品的化学名称或通用名称。名称要求醒目清晰,位于标签的上方。名称应与化学品安全技术说明书中的名称一致。

对混合物应标出对其危险性分类有贡献的主要组分的化学名称或通用名、浓度或浓度范围。当需要标出的组分较多时,组分个数以不超过 5 个为宜。对于属于商业机密的成分可以不表明,但应列出其危险性。

(2)象形图。

采用 GB 30000.2 ~ GB 30000.29 规定的象形图。

(3)信号词。

根据化学品的危险程度,分别用"危险""警告"两个词分别进行危害程度的警示。信号词一般位于化学品名称的下方,要求醒目、清晰。根据 GB 30000.2 ~ GB 30000.29,选择不同类别危险化学品的信号词。当某种化学品具有两种及两种以上的危险性时,用危险性最大的信号词。

(4)危险性说明。

简要概述化学品的危险特性。居信号词下方。根据 GB 30000.2 ~ GB 30000.29 选择不同类别危险化学品的危险性说明。

(5)防范说明。

表述化学品在处置、搬运、储存和使用作业中所必须注意的事项和发生意外时简单有效的救护措施等,要求内容简明扼要、重点突出。该部分应包括安全预防措施、意外情况(如泄漏、人员接触或火灾等)的处理、安全储存措施及废弃处置等内容。

(6)供应商标识。

供应商名称、地址、邮编和电话等。

（7）应急咨询电话。

填写化学品生产商或生产商委托的 24 h 化学事故咨询电话。

国外进口化学品安全标签上应至少有一家中国境内的 24 h 化学事故应急咨询电话。

（8）资料参阅提示语。

提示化学品用户应参阅化学品安全技术说明书。

（9）危险信息先后排序。

当某种化学品具有两种及两种以上的危险性时,安全标签的象形图、信号词、危险性说明的先后顺序规定如下:

①象形图先后顺序。

物理危险象形图的先后顺序,根据 GB 12268 中的主次危险性确定,未列入 GB 12268 的化学品,以下危险性类别的危险性总是主危险:爆炸物、易燃气体、易燃气溶胶、氧化性气体、高压气体、自反应物质和混合物、发火物质、有机过氧化物。其他主危险性的确定按照联合国《关于危险货物运输的建议书　规章范本》危险性先后顺序确定方法确定。

对于健康危害,按照以下先后顺序:如果使用了骷髅和交叉骨图形符号,则不应出现感叹号图形符号;如果使用了腐蚀图形符号,则不应出现感叹号来表示皮肤或眼睛刺激;如果使用了呼吸致敏物的健康危害图形符号,则不应出现感叹号来表示皮肤致敏物或者皮肤/眼睛刺激。

②信号词先后顺序。

存在多种危险时,如果在安全标签上选用了信号词"危险",则不应出现信号词"警告"。

③危险性说明先后顺序。

所有危险性说明都应当出现在安全标签上,按物理危险、健康危害、环境危害顺序排列。

3）简化标签

对于小于或等于 100 mL 的化学品小包装,为方便标签使用,安全标签要素可以简化,包括化学品标识、象形图、信号词、危险性说明、应急咨询电话、供应商名称及联系电话、资料参阅提示语即可。

3.2.2　危险化学品安全标签的制作

1）编写

标签正文应简捷、明了、易于理解,要采用规范的汉字表述,也可以同时使用少数民族文字或外文,但意义必须与汉字相对应,字形应小于汉字。相同的含义应用相同的文字和图形表示。

当某种化学品有新的信息发现时,标签应及时修订。

2）颜色

标签内象形图的颜色根据 GB 30000.2 ~ GB 30000.29 的规定执行,一般使用黑色图形符号加白色背景,方块边框为红色。正文应使用与底色反差明细的颜色,一般采用黑白色。若在国内使用,方块边框可以为黑色。

3）标签尺寸

对不同容量的容器或包装,标签最低尺寸见表3.1。

表3.1 标签最低尺寸

容器或包装容积/L	标签尺寸/(mm×mm)
≤0.1	使用简化标签
>0.1 ~ ≤3	50×75
>3 ~ ≤50	75×100
>50 ~ ≤500	100×150
>500 ~ ≤1 000	150×200
>1 000	200×300

4）印刷

标签的边缘要加一个黑色边框,边框外应留≥3 mm 的空白,边框宽度≥1 mm。象形图必须从较远的距离,以及在烟雾条件下或容器部分模糊不清的条件下也能看到。标签的印刷应清晰,所使用的印刷材料和胶粘材料应具有耐用性和防水性。图 3.1 为安全标签的样例,图 3.2 为简化标签样例。

化学品名称 A组分:40%;B组分:60%

危 险

极易燃液体和蒸气,食入致死,对水生生物毒性非常大

【预防措施】
·远离热源、火花、明火、热表面。使用不产生火花的工具作业。
·保持容器密闭。
·采取防止静电措施,容器和接收设备接地、连接。
·使用防爆电器、通风、照明及其他设备。
·戴防护手套、防护眼镜、防护面罩。
·操作后彻底清洗身体接触部位。
·作业场所不得进食、饮水或吸烟。
·禁止排入环境。
【事故响应】
·如皮肤(或头发)接触:立即脱掉所有被污染的衣服。用水冲洗皮肤、淋浴。
·食入:催吐,立即就医。
·收集泄漏物。
·火灾时,使用干粉、泡沫、二氧化碳灭火。
【安全储存】
·在阴凉、通风良好处储存。
·上锁保管。
【废弃处置】
·本品或其容器采用焚烧法处置。

请参阅化学品安全技术说明书
供应前:××××××××× 电话:××××××
地 址:×××××××××× 邮编:××××××
化学事故应急咨询电话:××××××

图 3.1 安全标签样例

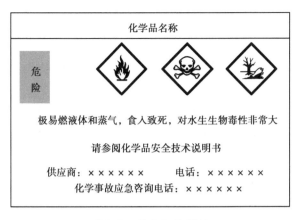

图 3.2　简化标签样例

3.2.3　危险化学品安全标签的应用

1）使用方法

安全标签应粘贴、挂拴或喷印在化学品包装或容器的明显位置。

当与运输标志组合使用时，运输标志可以放在安全标签的另一面版，将之与其他信息分开，也可以放在包装上靠近安全标签的位置，后一种情况下，若安全标签中的象形图与运输标志重复，安全标签中的象形图应删掉。

对组合容器，要求内包装加贴（挂）安全标签，外包装上加贴运输象形图，如果不需要运输标志可以加贴安全标签。

化学品安全标签与运输标识粘贴样例如图 3.3、图 3.4 所示。

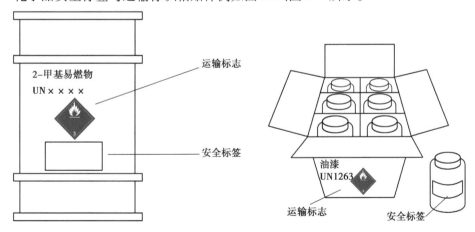

图 3.3　单一容器安全标签粘贴样例　　　图 3.4　组合容器安全标签粘贴样例

2）位置

安全标签的粘贴、喷印位置规定如下：

（1）桶、瓶形包装：位于桶、瓶侧身。

（2）箱状包装：位于包装端面或侧面明显处。

（3）袋、捆包装：位于包装明显处。

3)使用注意事项

(1)安全标签的粘贴、挂栓或喷印应牢固,保证在运输、储存期间不脱落,不损坏。

(2)安全标签应由生产企业在货物出厂前粘贴、挂拴或喷印。若要改换包装,则由改换包装单位重新粘贴、挂拴或喷印标签。

(3)盛装危险化学品的容器或包装,在经过处理并确认其危险性完全消除之后,方可撕下安全标签,否则不能撕下相应的标签。

4)安全标签的责任

(1)生产企业必须确保本企业生产的危险化学品在出厂时加贴符合国家标准的安全标签到危险化学品每个容器或每层包装上,使化学品供应和使用的每一阶段,均能在容器或包装上看到化学品的识别标志。

(2)使用单位使用的危险化学品应有安全标签,并应对包装上的安全标签进行核对。若安全标签脱落或损坏时,经检查确认后应立即补贴。

(3)经销单位经销的危险化学品必须具有安全标签,进口的危险化学品必须具有符合我国标签标准的中文安全标签。

(4)运输单位对无安全标签的危险化学品一律不能承运。

复习思考题

1.化学品安全技术说明书包括哪 16 大项?

2.化学品安全技术说明书的编写要求有哪些?

3.化学品安全标签有哪些要素?

4.化学品安全标签上的信号词有哪些?

5.化学品安全标签的使用要求有哪些?

第4章
危险化学品生产建设项目的安全管理

　　危险化学品在生产环节由于可能要经历物料输送、蒸发、蒸馏、加热、熔融、干燥、冷却、过滤、粉碎等化工单元操作过程，或要经历硝化、磺化、氯化、氧化、还原、聚合、裂化、催化等危险化工工艺过程，致使其危险特性更容易爆发，引发生产安全事故。近年来的危险化学品安全事故也表明，生产环节是事故发生频率最高的环节。如：2022年5月31日14时许，芮城县圣奥化工有限公司发生爆炸事故，造成3人死亡、3人受伤。据初步了解，该公司在维修冰机过程中，因切割过程中火星溅落，引爆下方地沟中的爆炸性混合气体，造成部分厂房坍塌。2022年5月18日晚10时02分许，交城县炫釜肥业有限公司发生导热油锅炉爆炸事故，造成3人死亡、2人受伤。据初步了解，交城县应急管理局在2020年4月对企业排查过程中，发现该企业未经正规设计，责令其停产停业整顿并予以查封。2022年5月13日，企业非法组织人员开工生产。2022年5月18日下午导热油锅炉（以焦炉煤气为热源）运行故障，该企业组织人员停炉进行检修后，在点火过程中引起爆炸，继而引发导热油着火，过火面积约200 m^2。2022年5月11日11时许，位于阜阳市颍东区的安徽昊源化工集团有限公司合成氨装置气化工段，在检修渣锁斗时发生一起中毒窒息事故，造成2名作业人员、1名施救人员共3人死亡。据初步了解，相关人员在进行有关危险作业时，未采取有效强制通风，未落实实时监测措施。该事故暴露出企业检维修及特殊作业风险研判不到位、安全措施落实不实、盲目施救等突出问题。因此，危险化学品在生产环节的安全管理非常重要。

　　从大部分危险化学品事故原因分析来看，危险化学品建设项目审批是确保项目合法合规的重要程序，是安全风险源头管控的关键环节。随着我国经济快速发展，近年来新建危险化学品生产建设项目因行政审批把关不严，直接或间接导致事故发生的案例屡见不鲜。同时，随着我国进入产业升级、高质量发展的关键期，部分化工产业由东部沿海地区向中西部地区转移，一些承接地在安全基础薄弱、安全风险管控能力不足的情况下，盲目承接高风险转移项目，违规审批、降低门槛、准入把关不严等现象严重，由此产生的问题开始集中暴露，事故多发，已成为危险化学品领域的突出风险。为深入贯彻落实习近平总书记关于防范风险挑战的重要指示精神和党中央、国务院决策部署，认真落实《全国危险化学品安全风险集中治理方案》（安委〔2021〕12号）和《危险化学品产业转移项目和化工园区安全风险防控专项整治工作方案》（安委办〔2021〕7号），坚持人民至上、生命至上,推动各地统筹好发展和安全两件大事,强化源头准入和本质安全设计,明确危险化学品生产建设项目决策咨询服务、安全审查、安全设施建设、试生产、安全设施竣工验收等环节的安全风险和管控措施,提高危险化学品生产建设项目安全风险防控水平,防止无序违规发展,实现危险化学品生产建设项目"优生",实现在安全发展中承接转移、在产业转移中实现升级。2022年6月10日,应急管理部会同国家发展改革委、工业和信息化部、市场监管总局四部委联合发布了《危险化学品生产建设项目安全风险防控指南(试行)》(以下简称《指南》)。本章将结合该《指南》的要求,对危险化学品生产建设项目的安全管理及风险控制要求进行逐一介绍。

4.1 危险化学品生产建设项目的安全审查(审批)基本要求

4.1.1 项目分级分类审查

1)分级分类要求

建设项目安全条件审查、安全设施设计审查,应由同一应急管理部门负责。鼓励地方政府对工业化试验装置进行安全条件审查、安全设施设计审查。

建设项目安全审查分级分类进行,按照《中华人民共和国安全生产法》《危险化学品安全管理条例》《危险化学品建设项目安全监督管理办法》《建设项目安全设施"三同时"监督管理办法》有关规定执行。

2)严格审查

要严格落实《中共中央办公厅 国务院办公厅印发〈关于全面加强危险化学品安全生产工作的意见〉的通知》中"涉及'两重点一重大'(重点监管的危险化工工艺、重点监管的危险化学品和危险化学品重大危险源)的危险化学品建设项目由设区的市级以上政府相关部门联合建立安全风险防控机制"的要求,健全监管制度,加强重点监督,严格危险化学品生产建设项目审查,特别是以下建设项目:

(1)涉及光气、氯气等一二类急性毒性气体的建设项目。

(2)涉及硝化、氯化、氟化、重氮化、过氧化危险化工工艺的建设项目。

(3)生产硝酸铵、硝基胍、氯酸铵、氯酸钾、氯酸钠等的危险化学品建设项目。

(4)反应工艺危险度被确定为4级或5级的精细化工建设项目。

4.1.2 项目审批环节

依据建设项目在决策咨询服务、项目核准或备案、安全条件审查、安全设施设计审查、建设、试生产、竣工验收等不同环节的要求,项目审批的基本流程如下:

(1)在决策咨询服务环节,建设单位提出立项申请后,各地应急管理部门落实联合安全风险防控机制,协同把关项目落地的各项安全条件。

(2)在项目核准或备案环节,建设单位应依法依规办理建设项目核准或备案相关手续。

（3）在安全条件审查环节，建设单位委托具有相应资质条件的安全评价机构进行安全评价，出具安全评价报告；建设单位向应急管理部门申请项目审查；应急管理部门出具安全条件审查意见书。

（4）在安全设施设计审查环节，建设单位委托具有相应资质条件的设计单位对建设项目安全设施进行设计，并编制安全设施设计专篇；项目建设单位向应急管理部门申请建设项目安全设施设计审查；应急管理部门出具建设项目安全设施设计的审查意见书。

（5）在建设环节，建设单位应确保安全设施与主体工程同时建设，确保施工、检测、监理、建设等单位按行业或合同要求完成项目工程质量预验收。

（6）在试生产环节，建设单位应组织专家对试生产方案进行论证，对试生产条件进行确认，确保试生产安全。建设单位应当在试生产前，将试生产方案报送所在地设区的市级和县级应急管理部门。

试生产期间，建设单位应当委托有相应资质条件的安全评价机构对建设项目及其安全设施试生产（使用）情况进行安全验收评价。

（7）在竣工验收环节，建设单位负责组织对安全设施进行验收，验收合格后，方可投入生产使用。应急管理部门应当加强对建设单位验收活动和验收结果的监督核查。

项目审批流程如图4.1所示。

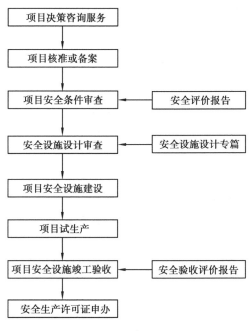

图 4.1 项目审批流程图

4.1.3 主要原则

各地要高度重视危险化学品生产建设项目的安全风险防控，特别是跨地区转移危险化学品生产建设项目；属于危险化学品生产、使用危险化学品从事生产的精细化工项目；涉及爆炸性、剧毒气体或液体重点监管的危险化学品，或涉及重点监管的危险化工工艺，或涉及重大危险源的危险化学品生产建设项目。

（1）依法依规监管。各地要依法对危险化学品生产建设项目进行监督检查,指导督促危险化学品生产建设项目落实各项防范措施,依法加大行政执法力度。

（2）严格项目准入。各地要根据法律法规、标准规范、产业政策和本地区行业领域实际,明确项目安全准入条件,对不符合产业政策的项目一律不予核准,严格本质安全水平不高的建设项目异地转移落户,坚决淘汰落后产能,实现关口前移、源头管控。

（3）严格安全审查。各地要严格新建危险化学品生产建设项目各环节的安全审查,建立规范化、标准化、科学化审查机制,加强高危项目审查,确保项目合法合规。不得通过拆分项目、变通企业性质等手段规避法规标准适用范围。

（4）强化本质安全设计。积极采用国内外先进的安全技术和风险管理方法,遵循减量、替代、缓和、简化的原则,努力提高本质安全水平。鼓励采用连续化、自动化生产技术,不断提高生产过程的安全可靠性,降低安全风险。

（5）落实企业主体责任。建设单位要建立健全项目安全风险防控体系,实现全过程安全风险防控,严格落实建设单位主要负责人安全生产第一责任人的法定责任,建立全员安全生产责任体系,推动企业加大安全投入,确保人员资源配备充足。建设单位的生产技术、设备、电气仪表、安全工程等主要专业的技术骨干,应全程参与项目前期论证和工程设计。

建设单位应按照《建设项目安全设施"三同时"监督管理暂行办法》有关要求,组织具有相应资质的设计、施工、监理等单位,严格按照安全设施设计要求进行建设,确保工程质量符合国家法律法规、工程建设强制性标准要求。

4.2 危险化学品生产建设项目的安全准入

4.2.1 主要风险

（1）产业政策风险。国家和地方各级人民政府制定的化工产业发展政策,是在充分考虑化工产业结构特点、市场和资源优势、技术装备先进性、产业链关联性等基础上确定的项目安全准入的基本要求。项目不符合产业结构调整指导目录,不符合各地及化工园区产业政策、发展规划和安全准入条件等要求,将面临不合法、不合规的风险。

（2）工艺技术风险。在安全准入环节,对主要的工艺技术和关键设备选择和准入不严,使用淘汰落后或引入不成熟可靠、自动化和连续化水平不高的工艺技术和关键设备,将影响建设项目可持续安全运行和本质安全化提升。

（3）周边影响风险。项目选址核准过程中,若对自然条件、周边敏感目标、与周边企业之间相互影响准入不严,易形成重大事故隐患。

（4）人员储备风险。若项目所在地产业技术人员储备和专业人才来源无法满足项目要求,项目建成后将面临专业人才短缺的问题,甚至无法正常运转。

（5）应急救援风险。危险化学品种类多,性质差异大,对应急处置设施、装备、人员有较高要求,若项目所在地应急救援能力不足,一旦发生事故,易导致事故态势扩大。

4.2.2　政策要求

按照《中共中央办公厅 国务院办公厅印发〈关于全面加强危险化学品安全生产工作的意见〉的通知》要求,各省要建立相关部门共同参与的化工产业发展规划编制协调沟通机制,确定化工产业发展定位,结合实际制定修订并严格落实危险化学品"禁限控"目录,完善和推动落实化工产业转型升级的政策措施。化工园区应制定总体规划、化工产业发展规划和安全准入条件,设区的市和化工园区应建立严格的项目管理制度,加强危险化学品生产建设项目安全准入风险防控。

4.2.3　安全准入条件

各化工园区制定的新建危险化学品生产建设项目安全准入条件,应包括但不限于:

(1)新建危险化学品生产建设项目应符合所在市产业发展定位和"禁限控"目录,符合本化工园区产业发展规划,优先引入围绕本化工园区主导产业延链、强链、补链项目。

(2)应明确本化工园区项目建设负面清单。

(3)对《产业结构调整指导目录》淘汰类的化工项目,禁止投资,并按规定期限淘汰;对属于限制类的新建项目,禁止投资,对属于限制类的现有生产能力,允许企业在一定期限内采取措施改造升级。

(4)新建危险化学品生产建设项目严禁采用列入《淘汰落后危险化学品安全生产工艺技术设备目录》(应急厅〔2020〕38 号)的工艺技术设备。

(5)独立供地新建项目应设定固定资产最低投资额度。

(6)新建危险化学品生产建设项目采用的生产工艺技术应当来源合法、安全可靠;属于国内首次使用的化工工艺,应经过省级人民政府有关部门组织的安全可靠性论证;建设项目需有符合相应资质要求的设计单位承担设计。

(7)精细化工项目应按规定进行反应安全风险评估,并确定反应工艺危险度等级。涉及硝化、氯化、氟化、重氮化、过氧化工艺的精细化工生产建设项目应进行有关产品生产工艺全流程的反应安全风险评估,并对相关原料、中间产品、产品及副产物进行热稳定性测试和蒸馏、干燥、储存等单元操作的风险评估。

(8)建设项目应满足法律法规、规章及标准规范关于自动化系统装备建设的要求,自动化水平应居于国内同行业先进水平,实现现场无人操作或最大程度减少现场作业人员数量。涉及硝化、氯化、氟化、重氮化、过氧化等高危工艺装置的上下游配套装置应实现原料处理、反应工序、精馏精制和产品储存(包装)等全流程自动化。

各省制定新建危险化学品生产建设项目安全准入条件时,除应考虑国家政策、本地产业规划、项目投资强度、工艺技术、反应风险评估、自动化控制程度等因素外,还应考虑本地产业技术人员储备或大中专院校专业人才来源情况。

4.2.4　项目决策咨询服务要求

项目决策咨询服务是指对拟建建设项目在立项过程中,政府各有关部门对建设项目可行性、先进性、安全性等进行联合审查和指导服务的项目前期工作机制,一般包括园区预审、市级审核和省级专家评审等环节。

化工园区应组织招商、规划、应急管理等部门,按照园区项目安全准入条件对拟引进建设项目进行决策咨询服务,提出是否准入意见。对涉及"两重点一重大"的建设项目,由设区的市级以上政府投资主管部门牵头,组织工业和信息化、生态环境、自然资源、应急管理等有关部门,对建设项目进行决策咨询服务,形成决策意见。

4.3 危险化学品生产建设项目的安全条件审查

项目安全审查是指依法对建设项目的安全条件和安全设施进行的行政许可,包括建设项目安全条件审查和安全设施的设计审查。安全审查由建设单位申请,应急管理部门依法分级负责实施。建设项目未经安全审查,不得开工建设。

危险化学品生产建设单位应当对建设项目进行安全条件审查,委托具备国家规定的资质条件的机构对建设项目进行安全预评价(也称设立安全评价),并将安全条件审查和安全预评价的情况报告报建设项目所在地设区的市级以上人民政府安全生产监督管理部门;安全生产监督管理部门应当自收到报告之日起 45 日内作出审查决定,并书面通知建设单位。具体办法由国务院应急管理部门制定。

4.3.1 主要风险

1)新建危险化学品生产建设项目风险

(1)建设项目的固有危险。固有危险来自建设项目采用的危险化学品和工艺过程操作。

危险化学品因其物理化学特性,可能具有毒害、腐蚀、爆炸、燃烧、助燃等危险性。工艺过程操作的危险性是指物料在工艺加工或生产过程中因温度、压力、液位等操作条件失去有效控制,或设备保护失效,有可能导致过程失控、物料泄漏、设备故障等意外事件,进而引发火灾、爆炸或中毒事故。

(2)工艺技术的选用风险。在新建项目前期设计阶段的立项论证、可行性研究、工艺概念设计及工艺包设计中,应当初步确定选用的工艺技术,这决定了建设项目的本质安全水平。如果选用的首次开发工艺技术没有完备的小试、中试、工业化试验基础支撑,不能证明其技术的安全可靠性,就可能存在潜在的事故风险。

(3)厂址选择与周边设施的相互影响风险。建设项目如果发生火灾、爆炸或有毒物泄漏可能会对周边公共设施和人员产生安全影响。同时,如果周围设施发生事故也会对建设项目安全造成影响。另外,当地自然条件存在的不利影响和外部安全防护距离是否满足要求,这些都是新建项目非常重要的安全条件。

(4)建设项目总图布置不合理的风险。建设项目的平面和竖向布置不合理将导致项目先天不足,不仅影响装置稳定运行,也可能成为重大安全事故隐患。

(5)项目外部依托条件不足的风险。建设项目依托外部提供的公用工程条件,如电源、水源、压缩空气、仪表风、蒸汽、燃料气等,如果没有稳定可靠的保障将直接影响到项目建成后的安全平稳运行。如果周边交通运输不便利,消防站、医院等应急救援条件不完善或距离太远,不利于防止事故升级和避免灾难性事故。

(6)合法合规性风险。如果不了解或没有严格执行国家及当地政府对新建项目的法律、法规、标准及相关程序和审批要求,有可能出现违法、违规问题,使建设项目不能顺利开展。

(7)选择合作单位的风险。如果项目建设前期选择的合作单位,如编制可研报告的咨询单位、安全评价单位以及反应安全风险评估单位等,不具备国家或行业的资质条件,或者完全没有类似的工程业绩,则提交的文件可能存在不符合法规、标准或严重设计缺陷问题,甚至无法获得审批通过。

2)改建、扩建危险化学品生产建设项目风险

(1)与新建项目存在相同的风险。在改扩建项目中同样存在上述新建项目的主要风险,应进行全面分析评估。

(2)与现有装置相互影响的风险。改扩建项目可能涉及多套现有装置或毗邻现有装置。改扩建的工艺系统与现有装置上下游之间的设计压力、设计温度、设计能力是否匹配,改扩建装置的施工安装、投料开车与现有装置的生产运行及设备、管道连通时的相互影响,若设计或处置不当,都有可能导致安全事故。另外,改扩建项目可能对现有装置或设施及人员集中的控制室、办公楼等增加安全风险。

(3)依托现有装置的风险。改扩建项目如果依托现有储存设施,当现有储存设施难以满足新增危险化学品储量和品种要求时,可能导致储量不足、禁忌物混存、超量储存等风险。

如果依托现有装置的公用工程条件,如电源、水源、压缩空气、仪表风、蒸汽、燃料气等,当现有装置余量不足或不能完全满足改扩建项目开、停车等各种工况条件时,有可能因为公用工程条件故障引发事故。如果依托现有装置的安全与应急系统,如安全泄放的火炬系统、消防系统、消防救援设施等,当现有系统或设施的能力不能同时满足改扩建项目的需要时,有可能存在事故升级危险。

(4)利旧设备或利旧系统的风险。利用旧设备、旧系统及旧建筑物存在能否满足重新使用要求的问题。如果已经使用过的设备或系统存在由于腐蚀或各种原因造成的缺陷而没有被发现或被修复,可能成为改扩建项目投产运行后的潜在事故隐患。如果改变原有建筑物使用功能,可能产生新的火灾、爆炸以及人员安全疏散等风险。利旧建筑物承载能力如不能满足新增荷载要求,可能导致建筑物结构受损或坍塌。

(5)合法合规性风险。现有装置一般都是按照当时的标准规范设计的,在此基础上进行改扩建的建设项目,由于受到现有场地和设备设施条件的限制,可能会出现不符合现行标准规范的问题。

(6)电气元器件兼容性风险。电子元器件更新迭代周期短,改建和扩建过程中新使用的电气元器件,如仪表卡件、接口等与原系列不兼容,将导致工艺控制风险。

4.3.2 项目安全条件审查要求

1）审查流程

（1）项目建设单位在开始初步设计前，向应急管理部门申请建设项目安全条件审查。提交下列文件、资料，并对其真实性负责：

①建设项目安全条件审查申请书及文件；

②建设项目安全评价报告；

③建设项目批准、核准或者备案文件和规划相关文件（复制件）；

④企业营业执照或者企业名称申报告知书（复制件）。

（2）应急管理部门应组织总图、工艺、设备、电气仪表、安全等方面不少于5人的专家进行审查，工艺较为简单的建设项目，例如工业气体、油漆、涂料等建设项目，专家不少于3人，并出具建设项目安全条件审查意见书。

（3）建设项目安全条件审查意见书的有效期为2年。

2）审查要点

（1）安全评价机构是否具备相应的资质条件，是否超资质范围进行评价；安全评价报告编制人员的资质、专业背景、专业配备及经验是否与被评价项目相关。

（2）安全评价报告是否符合《危险化学品建设项目安全评价细则（试行）》的要求，是否存在重大缺陷、漏项。

（3）项目建设内容和规模是否与投资主管部门核准、备案相一致。

（4）建设项目选址符合性情况。

（5）危险有害因素和"两重点一重大"辨识及重大危险源分级情况。

（6）主要工艺技术和关键设备安全可靠性分析情况，涉及反应安全风险评估和国内首次使用的化工工艺论证的，应提供相关文件。

（7）外部安全防护距离、多米诺效应、周边环境相互影响、个人风险、社会风险可接受分析情况。

（8）平面布局符合性情况。

（9）自动化控制和安全仪表系统情况。

（10）公用及辅助工程满足安全生产需求情况。

（11）针对本项目的安全措施建议。

对于审查不予通过和重新审查的情形，按照《危险化学品建设项目安全监督管理办法》有关要求执行。

4.3.3 安全风险防控要点

1）安全评价报告编制

（1）安全评价报告编制应当符合现行《危险化学品建设项目安全评价细则（试行）》的要求。

（2）安全评价报告编制内容应当包括并不限于以下方面：

①原辅材料、产品、中间产品、副产品或者储存的危险化学品的理化性能指标；

②建设项目的危险有害因素分析；

③定性定量分析建设项目的固有危险程度；

④对项目"两重点一重大"的辨识及重大危险源分级；

⑤建设项目的安全条件；

⑥主要技术、工艺或者方式和装置、设备、设施及其安全可靠性；

⑦外部安全防护距离和个人及社会风险值计算；

⑧多米诺效应分析；

⑨安全对策与建议。

2）工艺技术选用

（1）工艺技术提供方应提供设计基础、工艺说明、主要工艺设备、工艺控制方式及参数等设计文件以及工艺危险性分析报告。工艺危险性分析报告应包括工艺物料（主要原辅材料、产品、中间产品、副产品等）危险特性数据表、工艺过程危险性分析、建议采用的安全措施、该工艺技术在国内外应用情况以及相关事故案例等内容。

（2）在可研阶段，建设单位应对项目拟采用的工艺包和专利技术的安全性进行分析。分析内容包括但不限于以下方面：

①物料的危险特性。如能否选用低毒或无毒的化学品，能否选用危险性更低的化学品，在无法避免使用危险性较高的化学品时是否采取了足够有效的安全措施等。

②物料加工或储存量。如能否将生产过程中危险化学品的在线量或储存量控制在尽可能低的安全合理的水平，能否设置有效控制隔离系统内的危险物料持有量。

③工艺过程和控制系统水平。如工艺操作条件是否可以更加温和，设计温度和设计压力的设置是否合理，自动控制、紧急停车系统、安全仪表系统设置情况等。

（3）建设项目应采用成熟可靠的化工工艺，严禁使用国家明令淘汰的落后工艺。

（4）实验室技术首次工业化生产的，应在小试、中试、工业化试验基础上，经过工艺危险性分析方能开展工程设计。不得在已建成投用的生产装置上进行新工艺的中试和工业化试验。严禁未经许可以工业化试验装置代替工业化生产装置运行。

（5）引进国外成熟生产工艺在国内首次使用的建设项目，需技术转让方或开发方提供在国外已建装置的生产情况说明（包括原料路线、工艺路线、关键设备、安全运行状况等）。

（6）禁止只引进生产设备及其工艺包，未配套引进与其相关的安全控制技术，拼凑式设置安全设施以及安全防控系统。

（7）引进国外技术和国内转让技术，应进行国内外同类项目技术比选，说明技术来源、技术先进性和差距、技术转让、以往的安全业绩等情况，选择安全、先进、成熟可靠的工艺技术；禁止选用本质安全水平低、自动化程度低、工艺装备落后的工艺技术。

（8）优先选用自动化水平高的化工工艺技术。新建涉及危险化工工艺的精细化工生产建设项目，经评估工艺条件满足微反应、管式、环流等连续化技术要求的，优先采用连续化生产工艺。

（9）涉及硝化、氯化、氟化、重氮化、过氧化工艺装置的上下游配套装置，必须实现全流程自动化控制及机械化生产,最大限度地减少现场人员。

3)首次使用的工艺技术论证

(1)国内首次使用的化工工艺技术是指:

①产品为国内首次生产且涉及化学反应过程的;

②拟采用工艺技术是国内首次中试放大或产业化应用的实验室技术;

③产品在国内有其他化工企业生产,但是工艺路线、原料路线或者操作控制路线为国内首次使用;

④引进国外成熟生产工艺在国内首次使用的生产工艺技术;

⑤国内有其他化工企业采用相同工艺路线生产相同产品,但生产能力、关键生产装置(增加设备台套数除外)有重大变化的。

(2)对属于国内首次使用的化工工艺项目,建设单位应在安全条件审查前编制安全可靠性论证报告,提请有关部门进行论证。安全可靠性论证报告应包括但不限于以下内容:

①工艺技术来源及与国内外同类工艺技术对比分析;

②明确属于国内首次使用的化工工艺的范围;

③工艺技术小试、中试及工业化试验有关结果及佐证材料;

④生产规模、产品方案和质量指标;

⑤涉及的主要原辅材料、中间产品、最终产品及其危险化学品理化性能指标;

⑥建设项目危险、有害因素分析;

⑦工艺流程说明及流程图、物料平衡图;

⑧工艺倍数放大热力学分析;

⑨工艺安全可靠性分析及对策措施;

⑩主要设备选择原则、依据及选择方案;

⑪主要设备安全可靠性分析及对策措施;

⑫自控联锁方案安全可靠性分析及对策措施;

⑬采取的安全、消防、应急对策措施。

(3)国内首次使用的化工工艺应经过省级人民政府有关部门组织的安全可靠性论证。有关部门应组织反应评估、工艺、设备、电气仪表、安全等方面的专家对该工艺技术的安全可靠性论证报告进行论证,并根据专家组论证结果出具论证意见。

4)反应安全风险评估

(1)涉及重点监管的危险化工工艺和金属有机物合成反应(包括格氏反应)的间歇和半间歇的精细化工反应,有下列情形之一的,应开展反应安全风险评估:

①首次使用新工艺、新配方投入工业化生产的;

②国外首次引进的新工艺且未进行反应安全风险评估的;

③现有工艺路线、工艺参数或装置能力(不包括增加设备台套数)发生变更的;

④因反应工艺问题,发生过生产安全事故的。

(2)反应安全风险评估应在可行性研究报告编制前开展。

（3）应按照《关于加强精细化工反应安全风险评估工作的指导意见》的要求,对反应中涉及的原料、中间物料、产品等化学品进行热稳定测试,对化学反应过程开展热力学和动力学分析,确定反应工艺危险度等级,明确安全操作条件。对涉及主反应相变或有不凝气生成的反应,应充分考虑最大产气速率可能导致体系超压的风险,并明确安全操作条件。

（4）反应安全风险评估应当按照《关于加强精细化工反应安全风险评估工作的指导意见》等相关规定要求的评估方法、评估流程、评估标准开展,给出严重度和可能性矩阵、失控风险可接受程度、反应工艺危险度等级,并按照工艺危险度等级设置风险控制措施。

（5）涉及硝化、氯化、氟化、重氮化、过氧化工艺的精细化工生产建设项目应进行有关产品生产工艺全流程的反应安全风险评估,并对相关原料、中间产品、产品及副产物进行热稳定性测试和蒸馏、干燥、储存等单元操作的风险评估。

（6）对于反应工艺危险度 3 级及以上的工艺,应对工艺进行优化或者采取有效的控制措施。当常规控制措施不能奏效时,应重新进行工艺研究或工艺优化,改变工艺路线或优化反应条件,减少反应的热累积程度,实现化工过程本质安全。

（7）精细化工生产工艺应当在反应安全风险评估和工艺危险性分析基础上开展设计。

（8）存在涉及工艺参数、工艺路线、物料种类配比等发生重大变更情况的精细化工建设项目,应重新按照规定开展反应安全风险评估。

（9）反应安全风险评估情况及结果,应当留档备查;属于国内首次使用的化工工艺的,应纳入安全可靠性论证报告。

（10）开展反应安全风险评估的单位应具备中国合格评定国家认可实验室(CNAS认可实验室)资质条件和中国计量认证(CMA 认可实验室)资质条件。

5）项目选址与周边设施相互影响

（1）在项目可研阶段应重点做好项目选址与规划。项目选址符合当地国土空间规划、城市规划,新建项目选址应在经认定且评定等级为 C 级及以上的化工园区内。

（2）项目选址应符合《化工企业总图运输设计规范》(GB 50489)、《工业企业总平面设计规范》(GB 50187)等以及相关防火标准要求。

（3）宜在有上下游产业链关系的企业附近选址。原料、燃料或产品运输量大的企业,选址宜靠近原料、燃料基地或产品主要销售地及协作条件好的地区。

（4）新建、扩建项目严禁在长江干支流岸线一公里范围内选址。

（5）建设项目与下列周边重要设施的距离,应符合国家有关法律法规和标准规范的要求:

①居住区及商业中心、公园等人员密集场所;

②学校、医院、影剧院、体育场(馆)等公共设施;

③车站、码头、机场以及通信干线、通信枢纽、铁路线路、道路交通干线、水路交通干线、地铁风亭及地铁站出入口;

④军事禁区、军事管理区；

⑤法律、行政法规规定的其他场所、设施、区域。

（6）建设项目应按照《危险化学品生产装置和储存设施外部安全防护距离确定方法》（GB/T 37243）要求，选择适用的方法确定外部安全防护距离。当定量风险评价法确定的外部安全防护距离不符合要求时，建设单位应修改设计方案或采取相应的降低风险措施，确保个人风险满足《危险化学品生产装置和储存设施风险基准》（GB 36894）要求，社会风险降低到可接受区域。不符合要求的建设项目一律不得建设。

（7）应针对建设项目对周边危险源的影响、周边危险源对建设项目的影响进行多米诺效应分析。多米诺效应分析应计算分析危险源火灾、爆炸影响范围，确定多米诺效应影响半径，给出可能受多米诺效应影响的危险源清单，提出消除、降低、管控安全风险的措施建议，并在工程设计阶段有效落实。如重大变更引起多米诺效应发生变化，应重新进行分析并提出消除、降低、管控安全风险的措施。

（8）在外部安全防护距离范围内禁止布置劳动密集型企业及人员密集场所，并尤其关注其他非危险化学品工业企业第二类、第三类防护目标。

6）项目依托条件及自然条件影响

（1）布置在化工园区的危险化学品生产建设项目应以利于安全生产为原则，完善水、电、汽、气、风、三废处理、公用管廊、道路交通、应急救援设施、消防设施、消防车道、停车场等公用工程及辅助配套和安全保障设施。

（2）项目可根据化工园区的规划和要求，依托危险化学品停车场、危险化学品仓储以及应急事故水池等公共设施。

（3）应对项目所依托的外部公用工程条件，包括电源、水源、蒸汽、仪表风以及消防站、气防站、医疗救护机构等进行分析，分析外部依托条件的可靠性。当某项依托条件不能满足项目需要时，应制定相应的对策措施。

（4）对周边企业上下游生产关系及其相互影响进行分析，并提出对策措施。

（5）对项目所在地自然条件包括地质、水文、气象、地震等对建设项目的影响进行分析，并提出对策措施。

7）项目规划布局

（1）建设项目的规划布局应根据生产工艺流程及各组成部分的生产特点、火灾危险性、地形、风向、交通运输等条件，按生产、辅助、公用、仓储、生产管理及生活服务设施的功能分区集中布置。

（2）平面布置间距、竖向布置及防火间距，应满足《化工企业总图运输设计规范》（GB 50489）、《工业企业总平面设计规范》（GB 50187）等以及其他相关防火标准要求。

8）关键设备设施选型

（1）前期设计方案中应明确关键工艺设备的选型和质量控制的要求。

（2）严禁使用国家明令淘汰的落后设备，严禁将实验设备作为生产设备使用。

（3）利旧化工设备应当按照国家相关法规和标准检验合格后方可使用。

4.4　危险化学品生产建设项目的安全设施设计审查

4.4.1　主要风险

危险化学品生产建设项目在安全设施设计阶段的主要风险有：

（1）与项目前期阶段存在同样的风险。在新建、改建、扩建项目的安全设施设计过程中，存在着与安全条件审查阶段相同的主要风险。

（2）选择设计单位的风险。如果项目分包设计，或设计单位与安全设施设计专篇编制单位为不同单位，各单位之间相互交接不畅，将导致相关工艺设计、安全设计不匹配。建设单位选择的基础工程设计（或称为初步设计）和施工图设计（或称为详细工程设计）的设计单位，不符合国家或行业资质条件，或者完全没有类似的工程设计业绩，提供的设计文件可能会存在合法合规问题。如果参加项目设计的人员资质不符合要求，也会直接影响到设计文件的安全质量。

（3）前期安全审查意见落实不到位的风险。对安全条件审查阶段开展的安全评价、工艺技术可靠性论证和反应安全风险评估等报告和审查意见落实不到位，在初步设计中对未采纳的建议措施也没有进行论证说明，会导致安全设施设计不完整或者存在缺陷。

（4）安全设施设计与详细工程设计脱节的风险。如果安全设施设计与详细工程设计单位为不同单位，可能存在详细工程设计单位对安全设施专篇及审查意见不理解或落实不到位的风险，导致安全设施设计与详细工程设计脱节。

（5）设计质量存在重大缺陷的风险。如果设计单位没有建立和实施安全设计管理体系和程序，在人员资质管理、设计文件校审、设计安全审查和严格执行强制性标准条款等方面存在问题，有可能使设计文件存在安全设计质量缺陷，甚至是重大失误。

（6）缺乏设计变更控制的风险。通过了政府部门审查备案的设计文件，如安全条件审查、安全设施设计专篇审查，以及经过 HAZOP 分析等安全审查的文件，在后期的设计过程中或在采购施工过程中，如果发生了设计变更，但没有对变更进行必要的危险分析评估，对变更可能带来的新风险缺乏认识和控制管理，可能造成潜在的事故隐患。

4.4.2　项目安全设施设计审查要求

1）审查流程

（1）项目建设单位在初步设计完成后、详细设计开始前，应向应急管理部门申请建设项目安全设施设计审查。提交下列文件、资料，并对其真实性负责：

①建设项目安全设施设计审查申请书及文件；

②设计单位的设计资质证明文件（复制件）；

③建设项目安全设施设计专篇。

（2）应急管理部门组织总图、工艺、设备、电气仪表、安全等方面不少于 5 人的专家组进行审查,工艺较为简单的建设项目,如工业气体、油漆、涂料等建设项目,专家不少于3人,并出具建设项目安全设施设计的审查意见书。

(3)已经通过安全设施设计审查,若安全设施设计发生改变且可能降低安全性能,或在施工期间重新进行安全设施设计等重大设计变更事项,应当进行安全设施变更设计审查。

(4)建设项目通过安全设施设计审查后,出现不属于《危险化学品建设项目安全监督管理办法》规定重新审查情形的局部变更,且变更不影响项目整体工艺技术方案和风险水平,设计单位应出具设计变更文件,并说明变更原因及变更后的合规性分析。

2)审查要点

(1)安全设施设计专篇是否符合《危险化学品建设项目安全设施设计专篇编制导则》的要求。

(2)化工建设项目是否由具备化工石化医药、石油天然气(海洋石油)等相关工程设计资质的设计单位进行设计,并编制安全设施设计专篇。

(3)涉及"两重点一重大"的大型建设项目,是否由工程设计综合甲级资质或相应工程设计化工石化医药、石油天然气(海洋石油)行业、专业甲级资质的单位进行设计,并编制安全设施设计专篇。

(4)安全评价报告中提出的安全对策和措施的落实情况。

(5)安全设施设计专篇与安全条件审查环节的变化情况,以及安全条件审查意见书的落实情况。

(6)涉及"两重点一重大"和首次工业化设计的建设项目开展 HAZOP 分析及结果落实情况。

(7)法规标准依据选择符合性情况。

(8)危险有害因素和"两重点一重大"辨识和分级符合性情况。

(9)工艺技术安全可靠性分析情况,关键设备选型安全可靠性分析情况,生产设备产能与设计产能的匹配性情况,储存设施(仓库、储罐等)设计储量与所需周转储量的匹配性情况。

(10)外部安全防护距离及个人风险和社会风险符合性情况。

(11)平面布局及装置设备布置符合性情况。

(12)爆炸危险区域划分符合性情况。

(13)多米诺效应安全防范措施落实情况。

(14)自动化控制配置符合性情况、安全仪表的评估和配置情况。

(15)公用及辅助工程满足安全生产需求符合性情况。

(16)可燃及有毒物料泄漏检测系统配置符合性情况。

(17)建(构)筑物抗震、结构和防火、防爆、防雷、防静电符合性情况。

(18)火炬和安全泄放系统配置符合性情况。

(19)应急系统和设施配置符合性情况。

(20)安全管理机构和人员配置符合性情况。

对于审查不予通过和重新审查的情形,按照《危险化学品建设项目安全监督管理办法》有关要求执行。

4.4.3　安全风险防控设计要点

1)安全设施设计及专篇编制一般要求

(1)建设项目应当按照《化工建设项目安全设计管理导则》(AQ/T 3033),开展各阶段的安全设计管理,满足危险性分析和风险评估、安全设计与审查以及安全设计变更控制等方面的要求。

(2)设计单位应根据建设项目的特点,确定工程设计应当执行的国家及地方的法律、法规,国家强制性规范及相关标准和规定,并在工程设计中严格执行落实,确保安全设施设计合法合规。

(3)在项目初步设计阶段,设计单位应根据《危险化学品建设项目安全设施设计专篇编制导则》要求,编制建设项目安全设施设计专篇。对建设项目的过程危险源及危险有害因素进行辨识及分析,说明其存在的主要场所和采取的有针对性安全风险防控设计措施。

(4)设计单位应落实安全评价报告、安全条件审查意见、安全设施设计审查意见、HAZOP 审查通过的设计对策措施和建议,对未采纳的应作论证说明。

(5)详细工程设计应以审查通过的安全设施设计专篇文件为依据,落实审查部门的审查意见。根据设计变更或供货厂商提供的详细资料,补充开展必要的 HAZOP 分析及安全审查。

2)"两重点一重大"建设项目防控措施

(1)设计单位应对安全评价报告提出的重大危险源辨识和分级结果进行复核,并按照危险化学品重大危险源监督管理相关规定,落实监测监控系统、应急救援器材和设备配备的有关设计要求。

(2)依据《关于公布首批重点监管的危险化工工艺目录的通知》和《关于公布第二批重点监管危险化工工艺目录和调整首批重点监管危险化工工艺中部分典型工艺的通知》,设计应进行建设项目的重点监管危险化工工艺辨识结果复核,给出辨识结果清单,落实工艺安全控制、重点监控参数及控制方案的有关设计要求。

(3)依据《首批重点监管的危险化学品名录》和《第二批重点监管危险化学品名录》进行重点监管危险化学品辨识结果复核,设计应给出辨识结果清单,落实应急处置、防范措施、应急器材和个体防护装备配备的有关设计要求。

3)工艺及设备设计

(1)经过反应安全风险评估的精细化工建设项目,应当根据评估提出的反应危险度等级和评估建议,设置相应的安全设施,补充完善安全管控措施,确保设备设施满足工艺安全要求。

(2)对于反应工艺危险度较高的反应,应对工艺进行优化或者采取有效的控制措施;当常规控制措施不能有效防控风险时,应重新进行工艺研究或工艺优化,改变工艺路线或优化反应条件,减少反应失控后物料的累积程度,实现化工过程安全。

(3)反应工艺危险度等级与控制措施详见表4.1。

表4.1　反应工艺危险度等级与控制措施表

反应工艺危险度等级	后果	控制措施
1	反应危险性较低	配置常规的自动控制系统,对主要反应参数进行集中监控及自动调节(集散控制系统或可编程序控制器)
2	潜在分解风险	在危险等级1措施的基础上,设置偏离正常值的报警和联锁控制。在非正常条件下有可能超压的反应系统,应设置爆破片和安全阀等泄放设施。根据评估建议设置相应的安全仪表系统
3	存在冲料和分解风险	在危险等级2措施的基础上,设置紧急切断、紧急终止反应、紧急冷却降温等控制设施。根据评估建议设置相应的安全仪表系统
4	冲料和分解风险较高,潜在爆炸风险	在危险等级3措施的基础上,开展保护层分析,配置独立的安全仪表系统。对风险高但必须实施产业化的项目,要优先开展工艺优化或改变工艺方法降低风险,如通过微反应、连续流完成反应
5	爆炸风险较高	对必须实施产业化的项目,在危险等级4措施的基础上,应设置防爆墙隔离的独立空间,并设置完善的超压泄爆设施,实现全面自控,除装置安全技术规程和岗位操作规程中对于进入隔离区有明确规定的,反应过程中操作人员不得进入所限制的空间内

(4)工艺设计应考虑正常工况和非正常工况下危险物料的安全控制,采取联锁保护、安全泄压、紧急切断、事故排放、反应失控等工艺控制措施。

(5)压力容器、设备及管道等特种设备设计应满足国家法律法规和标准规范要求。

4)总平面布置

(1)新建项目应根据项目类型,依法依规、科学合理进行平面布局,防火间距应满足以下要求:

①平面布局设计均应满足《工业企业总平面设计规范》(GB 50187)、《化工企业总图运输设计规范》(GB 50489)和《建筑设计防火规范》(GB 50016)的相关要求;

②石油化工建设项目的平面布局设计还应满足《石油化工工厂布置设计规范》(GB 50984)和《石油化工企业设计防火标准》(GB 50160)的相关要求;

③煤化工建设项目的平面布局设计还应满足《煤化工工程设计防火标准》(GB 51428)的相关要求;

④精细化工建设项目的平面布局设计还应满足《精细化工企业工程设计防火标准》(GB 51283)的相关要求,但储罐总容积和单罐容积超过规模限制的精细化工企业,应按照《石油化工企业设计防火标准》(GB 50160)进行平面布局设计;

⑤医药工业建设项目的平面布局设计还应满足《医药工业总图运输设计规范》(GB 51047)的相关要求。

(2)消防车道的路面宽度、转弯半径、净空高度、环形车道和回车场等的设计应符合相关标准规范要求。

(3)安全疏散通道及出入口设计应符合相关标准规范要求。

5)自动化控制及安全仪表系统

(1)依据"两重点一重大"辨识及分级结果,采取相应的自动化控制、紧急切断、紧急停车、安全联锁、检测报警等控制方案和安全管控措施。

(2)涉及"两重点一重大"的生产装置和储存设施应设置紧急切断装置和自动化控制系统;构成一级或者二级重大危险源的化工生产装置,应装备紧急停车系统;构成一级或者二级重大危险源的储存设施,实现紧急切断功能。有毒物料储罐、低温储罐及压力球罐进出物料管道应设置紧急切断装置。

(3)涉及硝化、氯化、氟化、重氮化、过氧化等高危工艺装置的上下游配套装置应实现原料处理、反应工序、精馏精制和产品储存(包装)等全流程自动化。

(4)对存在易燃、易爆、易爆聚或分解物料的精馏(蒸馏)系统应采取自动化控制,对进料量、热媒流量、塔釜液位、回流量、塔釜温度等主要工艺参数进行自动检测、远传、报警,具备自动控制功能。

(5)间歇、半间歇式精细化工建设项目的物料处理(包括原料、介质、催化剂等),尤其是固体物料的投加、采样分析、产品后处理和包装等环节,国内外有自动化应用案例的应进行自动化设计,尽量减少人工操作。

(6)新建项目应依据《关于加强化工安全仪表系统管理的指导意见》,执行功能安全相关标准要求,设计符合要求的安全仪表系统。

(7)涉及毒性气体、剧毒液体、液化气体和易燃气体的一级或者二级重大危险源的建设项目,应根据过程危险分析、功能安全评估确定必要的安全仪表功能和安全完整性等级,据此配备独立的安全仪表系统。

(8)危险化学品重大危险源应按照危险化学品重大危险源监督管理有关规定的要求,设计安全监测监控系统。

6)可燃和有毒气体检测报警

(1)生产或使用可燃气体及有毒气体的工艺装置和储运设施的区域内,应按照《石油化工可燃气体和有毒气体检测报警设计标准》(GB/T 50493)的规定,设置可燃和有毒气体探测器和检测点。

(2)可燃和有毒气体检测报警系统应独立于其他系统单独设置。

(3)有毒气体密闭空间的事故排风系统,应当与设置在密闭空间内的有毒气体检测系统联锁启动,同时也能够在室外或远程启动。

7)危险与可操作性分析和安全完整性等级

(1)涉及"两重点一重大"和首次工业化设计的建设项目,应在初步设计阶段开展危险与可操作性分析(HAZOP 分析),建设单位应派遣有生产操作经验的人员参加审查。

（2）HAZOP 分析的过程控制和技术要求,应符合《危险与可操作性分析(HAZOP 分析)应用指南》(AQ/T 3049)等有关规定,包括定义、准备工作、分析会议和结果报告以及跟踪落实。

（3）HAZOP 分析应形成改进意见汇总表,并明确每项改进意见的负责单位和负责人。与设计相关的改进事项均应在工程设计阶段关闭。

（4）应在初步设计阶段,根据过程危险分析提出的风险降低要求,确定安全仪表功能(SIF)的功能性要求及需要的安全完整性等级(SIL),并编制安全完整性等级(SIL)定级评估报告和安全仪表系统(SIS)安全要求技术文件。

（5）建设项目投运前,应对各安全仪表功能(SIF)回路完整性开展安全完整性等级(SIL)验证,以证明所设计的安全仪表功能(SIF)回路达到了安全完整性等级(SIL)定级报告提出的要求,符合相关规范所要求的结构约束(冗余容错)和系统约束(产品认证)要求,并应根据设计要求,合理确定检验测试周期和测试方法。

8）爆炸危险区域划分及防雷防静电

（1）爆炸危险区域划分应符合《爆炸危险环境电力装置设计规范》(GB 50058)、《爆炸性环境 第 14 部分:场所分类 爆炸性气体环境》(GB 3836.14)等标准要求。

（2）爆炸危险区域内电力装置设计及选型应符合《爆炸危险环境电力装置设计规范》(GB 50058)、《危险场所电气防爆安全规范》(AQ 3009)、《爆炸危险场所防爆安全导则》(GB/T 29304)、《可燃性粉尘环境用电气设备》(GB 12476)等标准要求。

（3）应根据《建筑物防雷设计规范》(GB 50057)、《石油化工装置防雷设计规范》(GB 50650)等相关标准规范要求,进行防雷设计,设置防雷接地保护系统。

（4）应根据《防止静电事故通用导则》(GB 12158)、《化工企业静电接地设计规程》(HG/T 20675)和《石油化工静电接地设计规范》(SH/T 3097)等相关标准规范要求,进行防静电设计。

9）建(构)筑物设计

（1）建(构)筑物火灾危险性分类、耐火等级、防爆、抗震、层数、面积、防火分区、安全出口及安全疏散距离等应符合国家相关法律法规和标准规范要求,并设置必要的防火、泄爆、抗爆、防腐、耐火保护、通风、排烟、除尘、降温等安全设施。

（2）厂房和仓库的泄爆设计应符合《建筑设计防火规范》(GB 50016)等有关标准要求。

（3）承重钢结构的设计应符合《工程结构可靠性设计统一标准》(GB 50153)和《钢结构设计规范》(GB 50017)等相关规范要求,根据结构破坏可能产生后果的严重性,确定采用的安全等级;对可能产生严重后果的结构,其设计安全等级不得低于二级。

（4）新建涉及爆炸危险性化学品(指《危险化学品目录》中危险性类别为爆炸物的危险化学品)的生产装置控制室、交接班室不得布置在装置区内;新建涉及甲乙类火灾危险性的生产装置控制室、交接班室原则上不得布置在装置区内,确需布置的,应按照《石油化工控制室抗爆设计规范》(GB 50779)进行抗爆设计、建设和加固。

（5）办公室、休息室、外操室、巡检室、化验室不得布置在具有甲乙类火灾危险性、粉尘爆炸危险性、中毒危险性的厂房(含装置或车间)和仓库内。

(6)涉及物料发生爆炸(包括粉尘爆炸、尾气混合吸收等)危险可能的装置和场所应设置隔爆、泄爆、自动抑爆等相应设施。

(7)建(构)筑物的抗震设计应符合相关抗震设计标准的要求。

10)消防救援及应急处置

(1)火灾危险性较大的大中型建设项目应建立消防站以及工艺处置队。消防站及车辆配备应符合《石油化工企业设计防火标准》(GB 50160)有关要求;消防器材配备应满足现场灭火、有毒有害气体防护、侦检、破拆、堵漏、供气、医疗救护、环境监测等实际需求;个人防护装备宜按《消防员个人防护装备配备标准》(XF 621)有关要求配备。

(2)消防给水系统、消防水源、消防管网布置、消防泵房及消防泵设置、消防水池(罐)、各类灭火系统、冷却设施、灭火器配置、灭火药剂及其储存等的设计,应符合国家相关防火标准要求。

(3)储存危险化学品的建筑物应根据危险品特性和仓库条件,安装相应的温度、湿度、火灾自动报警系统,配置相应的消防灭火系统和设施,并符合有关标准规范的要求。

(4)火灾自动报警系统的设置应符合《火灾自动报警系统设计规范》(GB 50116)的相关要求。

(5)消防产品的选型应符合国家有关标准和有关市场准入制度。

(6)建设项目应根据企业等级,配备满足《危险化学品单位应急救援物资配备要求》(GB 30077)要求的应急救援物资,并按照《个体防护装备配备规范 第2部分:石油、化工、天然气》(GB 39800.2)的要求配备个体防护装备。

(7)化工建设项目应设置应急事故水池,防止泄漏的可燃液体和受污染的消防水排出界区外。

11)火炬和安全泄放系统

(1)火炬和安全泄放系统的设计应符合《石油化工企业设计防火标准》(GB 50160)和《石油化工可燃性气体排放系统设计规范》(SH 3009)等相关标准规范要求。

(2)对不应排入火炬系统的物质,应按照标准要求设计专用的泄放系统,保证安全操作和紧急情况下人员、设备的安全。

12)公用工程与辅助设施

(1)应根据《供配电系统设计规范》(GB 50052)要求,进行负荷分类,并设置相应的供电电源和应急电源。

(2)一级负荷应由双重电源供电,当一电源发生故障时,另一电源不应同时受到损坏;一级负荷中特别重要的负荷供电,除应由双重电源供电外,还应增设应急电源,并严禁将其他负荷接入应急供电系统;设备的供电电源的切换时间,应满足设备允许中断供电的要求。

(3)应急电源与正常电源之间,应采取防止并列运行的措施;当有特殊要求,应急电源向正常电源转换需短暂并列运行时,应采取安全运行的措施。

(4)同时供电的两回及以上供配电线路中,当有一回路中断供电时,其余线路应能满足全部一级负荷及二级负荷。

（5）应依据地震、台风、洪水、雷击、地形和地质构造等自然条件资料,结合建设项目生产过程和特点,设计并采取有针对性的、可靠的建构筑物设计方案。

13）定岗定员要求

（1）应给出具体的安全管理机构设置及人员配备的建议。

（2）项目建设单位应给出明确的组织机构架构及人力资源配置方案,给出基本劳动定员、岗位设置、岗位标准和人员资质要求。

（3）涉及硝化、加氢、氯化、氟化、重氮化、过氧化等反应工艺危险度在 3 级及以上的生产车间（区域）,同一时间现场操作人员不得超过 3 人。生产车间内采用符合抗爆设计的防爆墙分隔的,可按照不同一区域处理。

（4）涉及易燃易爆、毒性气体、毒性粉尘、爆炸性粉尘的作业现场或厂房的最大人数（包括交接班时）不得超过 9 人。

4.5 危险化学品生产建设项目的安全设施建设

4.5.1 主要风险

危险化学品生产建设项目的安全设施建设的主要风险有:

（1）施工、监理单位选择风险。项目建设任务主要由施工单位承担,如果选择的施工单位不具备相应资质,可能会在施工方案编制、施工组织、安全措施制定和落实等方面出现隐患。选择的工程监理单位不具备相应资质,或者监理人员降低对设计、材质、施工质量的监督管理,将造成安全设施施工质量存在严重缺陷。

（2）施工安全条件准备风险。项目施工开始前未开展相关安全条件准备或未按照要求进行审批、报备,将严重影响安全设施施工质量,并有可能导致安全生产事故发生。

（3）设备、材料质量风险。设备和材料质量不符合国家法规和规范要求,或者未按要求开展相关设备、材料的检验检测,及时发现设备、材料缺陷,严重影响安全设施质量,将潜在的事故风险和安全隐患引入生产运营阶段,有可能引起项目建设或生产运行阶段的安全生产事故。

（4）施工质量风险。施工过程中偷工减料或降低材料标准、不符合设计文件或标准规范要求、未按照相关要求进行技术指标控制、未对施工过程或成品进行检验验收、未进行相关调试测试、未建立相关过程记录等,会直接影响安全设施的安全使用和使用年限,施工质量把控不严将会为生产运营埋下严重安全隐患。

4.5.2 安全设施建设风险防控要点

建设单位作为项目的总牵头单位和工程质量第一责任人,依法对工程质量全面负责。建设单位应严格按照《建设项目安全设施"三同时"监督管理暂行办法》有关要求,组织设计、施工、监理等单位,严格按照安全设施设计和国家工程建设有关法律法规要

求,进行安全设施建设施工,确保工程质量符合国家法律法规、工程建设强制性标准要求。建设过程中特别要落实以下风险防控措施:

(1)严格设备及材料供应商的选择,加强设备采购及交验管理。

(2)严格把控施工、监理、设备出租等相关单位和人员的资质。

(3)确保预防事故设施、控制事故设施、减少与消除事故影响设施等安全设施,符合国家法律法规和标准规范的技术与检测检验要求,符合安全设施设计专篇要求。

(4)生产装置和储存设施按要求实现自动化控制,仪表和电气设备安装后应进行调试,调试结果应满足相关设计文件中参数设定、系统控制逻辑及相关标准规范的要求。

(5)可燃和有毒有害气体泄漏场所的检测报警装置设置应符合国家标准规范要求,爆炸危险场所的防爆电气设备安装使用应符合国家标准规范要求。

(6)工艺管道、压力管道、脆性材料以及输送极度危害、高度危害流体和可燃流体的管道,应按相关标准规范和设计文件要求,进行强度试验、气密性试验、耐压试验、泄漏试验,并按标准规范和设计文件的规定进行吹扫或者清洗。

4.6　危险化学品生产建设项目的试生产

项目试生产是指项目大规模正式生产之前,安装的机械设备、生产工艺流程没有达到设计的最优状态,还处于调试阶段,通过试生产检测产品和流程,发现存在的潜在问题并进行纠正和改进的过程。广义的项目试生产包括试生产前的准备,如单机试车、联动试车、相应的物资准备及投料试车等;本指南中的项目试生产是指狭义的项目试生产,即完成试生产准备后的投料试车,至试生产结束。

4.6.1　主要风险

在完成项目现场施工后,企业应进行装置首次开车前的准备,开展项目试生产工作。本阶段的安全风险主要包括:

(1)人员的风险。参与试生产的人员在学历和专业方面是否符合法定的条件,是否都得到了充分的培训,主要负责人、专职安全管理人员、特种作业人员、特种设备作业人员是否经过培训考核取得相应的合格证书;参与试生产的人员是否包括具有开车经验的技术、管理、操作等人员。

(2)管理的风险。试生产方案是否符合设计和实际生产要求,试生产规章制度及操作规程内容是否完整,是否经过审查和批准;是否有效开展开车前安全审查,在投料开车前审查发现的问题是否整改到位。

(3)作业的风险。在试生产过程中,各类操作、维护、作业和变更过程是否严格执行安全生产管理制度、操作规程;对特殊作业是否严格按照《危险化学品企业特殊作业安全规范》(GB 30871)要求进行风险分析、落实管控措施。

(4)物资准备与应急响应的风险。是否按计划配备试生产所需的物资、个体防护用品;是否编制了应急预案并组织进行了学习和演练。

4.6.2 项目试生产审查要求

建设单位应按照法规标准要求开展试生产阶段的安全审查,做好试生产阶段的风险防控工作。审查的主要流程和要点如下。

1)审查流程

(1)试生产前,建设单位应按照4.1.2的要求,对试生产方案进行论证,并报送所在地设区的市级和县级应急管理部门。

(2)试生产时,建设单位应当组织专家对试生产条件进行确认,对试生产过程进行技术指导。

2)审查要点

(1)建设项目设备及管道试压、吹扫、气密、单机试车、仪表调校、联动试车等生产准备的完成情况。

(2)投料试车方案。

(3)试生产过程中可能出现安全问题的对策措施的落实情况。

(4)试生产应急预案。

(5)建设项目周边环境与建设项目安全试生产相互影响的确认情况。

(6)危险化学品重大危险源监控措施和接入落实情况。

(7)人力资源配置情况。

(8)工艺技术提供方、设计单位、施工单位、监理单位、建设单位五方会签意见。

(9)试生产起止日期。

4.6.3 试生产要求

新建装置施工建设结束后,在试生产阶段应着力做好以下主要工作,保障试生产阶段的生产安全。

1)三查四定

(1)工程按设计内容安装结束、施工单位自检合格后,建设单位进行工程质量初评。建设单位或总承包商要及时组织设计、施工、监理、生产等单位有经验的专业和操作人员按单元及系统,分专业进行"三查四定"(查设计漏项、查工程质量及隐患、查未完工程量,整改工作定任务、定人员、定时间、定措施),重点检查安全措施的缺项、设计缺陷等,并由工艺技术提供方、设计单位、施工单位、监理单位的项目总监及建设单位五方会签。

(2)对查出来的问题形成"三查四定"问题汇总表,指定专人负责限期完成。

2)试生产方案

(1)建设单位负责组织设计、施工、监理等有关单位和专家,研究提出建设项目试生产可能出现的安全问题及对策,根据设计文件和生产准备工作要求,编制试生产方案,明确试生产条件。

(2)对采用专利技术的装置,还要经专利供应商现场人员对试生产条件进行书面确认。

（3）试生产方案应经建设单位主要负责人审批。

3）试生产规章制度及操作规程

（1）依法结合本企业特点组织制定全员安全生产责任制度、安全生产管理制度，明确负责人、成员、工作职责、工作标准、工作流程等相应规定和程序。

（2）企业应根据设计文件及设备设施操作手册，结合现场实际，参照收集的安全生产信息、风险分析结果以及同类装置操作经验，编制操作规程。

（3）操作规程应包括开车、正常操作、临时操作、异常处置、正常停车和紧急停车的操作步骤与安全要求，以及工艺参数的正常控制范围及报警、联锁值，偏离正常工况的后果、预防措施和步骤。

（4）根据操作规程中的重要控制指标，编制工艺卡片。

（5）操作规程应组织审查，并经技术负责人审核、主要负责人批准。

4）试生产物资及应急准备

（1）建设单位应按试生产方案的要求，编制试生产所需的物资供应计划，并按使用进度的要求落实品种、数量。

（2）安全、职业卫生、消防、气防、救护、通信等器材，应按设计和试生产的需要配备到岗位，个体防护用品应按设计和有关规定配发。

（3）建设单位应与相关单位签订供水、供气、供电、通信等协议，按照试生产方案要求，落实开通时间、使用数量、技术参数等。

（4）建设单位应建立应急救援组织和队伍，并在开展风险评估的基础上，按照化工装置的规模、危险程度，评估试生产过程中可能产生的事故类型，按照《生产经营单位生产安全事故应急预案编制导则》（GB/T 29639）编制应急救援预案，履行企业内部审批程序，组织学习和演练。

5）组织机构及人员要求

（1）建设单位应组建试生产领导和工作机构，明确职责分工。

（2）明确参与试生产的设计单位、施工单位、监理单位等相关方的安全管理范围与职责。

（3）涉及"两重点一重大"新建危险化学品生产建设项目的企业主要负责人和主管生产、设备、技术、安全的负责人及安全生产管理人员应具备化学、化工、安全等相关专业大专及以上学历或化工类中级及以上职称。

（4）涉及重大危险源、重点监管化工工艺的生产装置、储存设施操作人员应具备高中及以上学历或化工类中等及以上职业教育水平，涉及爆炸性危险化学品的生产装置和储存设施的操作人员应具备化工类大专及以上学历。

（5）设置安全生产管理机构，配备专职安全生产管理人员，其中专职安全生产管理人员应不少于企业员工总数的 2%（不足 50 人的企业至少配备 1 人），应有注册安全工程师从事安全生产管理工作。

（6）新建项目要在装置建成试生产前完成全部管理人员和操作人员的聘用、招工工作。

（7）根据化工装置生产特点和从业人员的知识、技能水平，制订全员培训计划。对新录用的员工经过厂、车间、班组三级安全培训教育，经考核合格后方可上岗作业。

（8）专职安全生产管理人员应取得培训合格证书、特种作业人员应取得特种作业操作证书后，持证上岗。

（9）参与试生产的相关方人员应经安全培训考核合格后方可进厂作业。

6）联动试车

企业在完成全部单机试车，系统清洗、吹扫，工程中间验收交接后，转入联动试车阶段。联动试车时应符合：

（1）安全卫生、消防设施和气防器材、有毒有害可燃气体报警、电视监控、防护设施状态完好。

（2）仪表系统调校完毕，准确可靠；仪表报警和联锁值整定完毕。

（3）对安全仪表系统审查和联合确认完毕，满足安全功能和完整性要求。

（4）宜选择水、空气作为联动试车介质；引入燃料或窒息性气体后，应设置警示区域，并指定专人重点巡检。

（5）确认流程正确，与其相连的非联动试车系统已完全隔离。

（6）进行试车方案现场交底，参与人员应熟悉操作与异常处理方法，以及安全注意事项等。

7）开车前安全审查（PSSR）

（1）试生产投料前，应进行开车前安全审查。

（2）开车前安全审查前期准备工作包括：

①明确审查的范围，形成安全审查清单；

②编制开车前安全审查表，并经相应负责人批准；

③组建开车前安全审查小组，明确职责；

④安全审查小组应由工艺、设备、电气、仪表、安全、消防等专业技术人员和操作运维人员，设计、技术专利商、施工、工程监理等相关方，及同类装置有开车经验的专家组成。

（3）审查小组应根据安全审查清单完成开车前的安全审查，内容包括：

①项目"三查四定"发现问题的整改落实情况；

②安装的设备、管道、仪表及其他辅助设备设施符合设计安装要求情况；特种设备和强检设备已按要求办理登记使用并在检验有效期内；安全设施经过检验、标定并达到使用条件；

③安全评价报告、安全审查、HAZOP 分析、安全完整性等级（SIL）定级评估和安全完整性等级（SIL）等级验算及其他风险评估提出建议措施的落实情况；

④系统吹扫冲洗、气密试验、单机试车、联动试车完成情况；

⑤相关试车资料、操作规程、管理制度等准备情况；

⑥现场确认工艺、设备、电气、仪表、公用工程和应急准备等是否具备投料条件；

⑦发生的变更符合变更管理要求；

⑧人员资质及员工培训考核情况。

（4）现场审查完成后，审查小组应编制开车前安全审查报告，明确整改项、整改时间和整改责任人，并在开车前完成整改。

8）投料试车

经开车前安全审查，确认装置具备投料试车条件后，方可开始投料试车：

（1）试车过程中企业负责人和各有关专业技术人员应现场指挥，及时协调处置发现的问题。

（2）投料应严格按照试车方案进行，并做好各项记录。

（3）引入易燃易爆介质前，应指定有经验的专业人员再次确认流程正确。

（4）试车过程中出现异常状况时要及时终止试车进程，问题整改后方可恢复试车。

（5）试车中，企业应控制现场人数，严禁无关人员进入现场。

（6）试车现场准备必要的应急物资装备和人员，做好试车的安全监护。

9）试生产时间

（1）项目试生产时间不少于 30 日，最长不得超过 1 年（国家有关部门有规定或者特殊要求的行业除外）。

（2）涉及重点监管危险化工工艺的建设项目试生产时间不少于 3 个月。

（3）试生产结束后，建设单位编制试生产总结报告，说明试生产各项控制指标的达标情况，安全设施运行情况，试生产起始时间，设计、施工、监理单位明确试生产是否通过的明确结论，作为项目竣工验收的重要依据。

（4）鼓励各地出台相关政策，明确企业工业化试验、试生产期间购买、销售危险化学品的条件、程序等相关要求。

（5）延期两次后仍不能稳定生产的，建设单位应当立即停止试生产，解决问题。

4.7　危险化学品生产建设项目的安全设施竣工验收

项目竣工验收是指建设项目试生产结束具备验收条件后，由建设单位组织设计、施工、监理等相关方，按照相关法规标准的规定，对该项目是否符合规划设计要求以及项目施工、设备安装和质量进行全面检验、检测，取得竣工合格资料、数据和凭证，确保项目安全设施满足安全生产要求并处于正常适用状态的过程。

4.7.1　主要风险

在试生产工作结束后，企业应做好正常运行安全管理、开展项目安全设施竣工验收工作。

本阶段的安全风险主要包括：

（1）项目合规性问题。消防设施、防雷防静电装置、防爆电气验收与检测检验合格记录，特种设备登记使用许可，特种作业人员、特种设备作业人员、专职安全管理人员培训与取证记录，重大危险源备案证明，化学品登记和应急预案备案，为从业人员缴纳工伤保险费的证明等法规标准规定的事项完成情况。

（2）竣工验收过程中发现的问题。试生产总结报告、竣工验收评价报告中提出的问题的整改落实情况。

4.7.2　项目安全设施竣工验收审查要求

建设单位应在试生产结束后，组织开展项目安全设施竣工验收审查，做好项目安全设施竣工验收的风险防控工作。审查的主要流程和要点如下。

1）审查流程

（1）安全设施竣工验收前，建设单位应组织对其试生产情况进行安全验收评价。

（2）安全设施竣工验收时，参加验收人员应作出是否通过验收的结论。

（3）安全设施竣工验收合格后，建设单位应申请办理安全生产（使用）许可证。

2）审查要点

（1）建设项目试生产期间，建设单位委托有相应资质条件的安全评价机构对建设项目及其安全设施试生产情况进行安全验收评价。

（2）建设单位不得委托在安全条件审查阶段进行安全评价的同一安全评价机构开展安全验收评价。

（3）建设项目正式投入运行前，建设单位组织专家和有关人员进行安全设施竣工验收，参加验收人员对现场和相关文件、资料进行检查，并作出是否通过的结论。

（4）参加验收专家和有关人员的专业能力应当涵盖建设项目涉及的所有专业内容。

（5）建设单位组织安全设施竣工验收合格后，按照有关规定申办安全生产（使用）许可证。

（6）安全验收评价项目组组长及负责现场勘验人员应到现场实际地点开展勘验；评价项目组组长及成员的资质、专业背景及经验与评价项目相关。

（7）验收现场与安全设施设计阶段审查的总平面布置图、装置设备布置图、工艺流程图（PFD）、带控制点的工艺管道和仪表流程图（PID）、联锁逻辑图、可燃/有毒气体泄漏检测报警仪布置图、火灾自动报警系统图、自动喷水灭火系统图、消防水系统图和消防设施布置图、供电系统图等保持一致。

（8）仪表联锁测试汇总说明。

4.7.3　竣工验收要求

（1）建设项目竣工投入生产或者使用前，应当由建设单位负责组织对安全设施进行验收，作出是否通过的结论。验收合格后，申请取得安全生产（使用）许可，方可投入生产和使用。

（2）参加验收人员的专业能力应当涵盖建设项目涉及的所有专业内容。

（3）竣工验收的条件：

①试生产各项控制指标达到要求，安全设施有效运行，并已编制试生产总结报告；说明试生产期间是否发生事故、采取的防范措施以及整改情况；

②消防设施取得消防验收意见书;

③安全设施设计专篇、投资概算中确定的安全设施已按设计建成投用;

④防雷装置已完成竣工验收,取得防雷防静电检测意见书;

⑤防爆电气的选型、安装应符合有关标准要求,并应经有资质的检测机构检测合格,取得防爆合格证;

⑥锅炉、压力容器、压力管道、电梯、起重机械、厂内专用机动车辆等特种设备按照相关安全技术规范要求办理使用登记,安全附件如安全阀、压力表等经有资质的部门检测检验合格;

⑦组织机构已健全,设置了安全生产管理机构和配备专职安全生产管理人员;

⑧各项生产管理制度、责任制、操作规程已建立清单并颁布实施;

⑨特种作业人员、特种设备操作人员、注册安全工程师已持证上岗,主管生产、设备、工艺、安全等方面负责人的专业、学历及经验方面符合性证明材料,从业人员安全教育、培训合格的证明材料;

⑩为从业者提供符合国家标准、行业标准的劳动防护用品,并监督、教育从业人员按使用规则佩戴使用;

⑪为从业人员缴纳工伤保险费的证明材料,属于国家规定的高危行业、领域的项目企业投保安全生产责任保险的证明材料;

⑫已编制完成建设项目安全设施施工、监理情况报告;提供建设项目施工、监理单位资质证书;

⑬已编制安全验收评价报告;

⑭完成重大危险源安全监测监控有关数据接入危险化学品安全生产风险监测预警系统,提交危险化学品重大危险源备案证明文件;

⑮完成化学品登记和应急预案备案。

4.7.4 运行阶段安全风险防控要求

新建项目在首次开车后,企业应根据"管业务必须管安全"的要求,全员参与做好安全管理各项工作,切实落实安全生产主体责任。按照《化工过程安全管理导则》(AQ/T 3034)中涉及的要素,抓好各项安全风险防控。

4.8 危险化学品安全生产许可证管理

《安全生产许可证条例》规定:"国家对矿山企业、建筑施工企业和危险化学品、烟花爆竹、民用爆炸物品生产企业(以下统称企业)实行安全生产许可制度。企业未取得安全生产许可证的,不得从事生产活动。"危险化学品生产建设项目在进行本章前述的安全"三同时"程序后,在安全设施竣工验收后,应当向当地应急管理部门申请危险化学品《安全生产许可证》。

取得安全生产许可证需要依照法定的程序,满足法定的安全生产条件。安全生产许可证有限期满,继续生产的需要依照法定的程序、满足法定的条件,可以延续。安全生产许可证申请、延期的条件及程序都依据国家安全生产监督管理总局规章《危险化学品生产企业安全生产许可证实施办法》(以下简称《办法》),该《办法》是国家安全监管总局令第41号,2011年8月5日公布,自2011年12月1日起施行;根据2015年5月27日国家安全生产监督管理总局令第79号修正;根据2017年3月6日国家安全生产监督管理总局令第89号修正。

本节将介绍危险化学品安全生产许可证的办理要求、程序及管理。

1)总则

危险化学品生产企业(以下简称企业),是指依法设立且取得工商营业执照或者工商核准文件从事生产最终产品或者中间产品列入《危险化学品目录》的企业。

企业应当依照本办法的规定取得危险化学品安全生产许可证(以下简称安全生产许可证)。未取得安全生产许可证的企业,不得从事危险化学品的生产活动。

安全生产许可证的颁发管理工作实行企业申请、两级发证、属地监管的原则。国家安全生产监督管理总局指导、监督全国安全生产许可证的颁发管理工作。省、自治区、直辖市安全生产监督管理部门(以下简称"省级安全生产监督管理部门")负责本行政区域内中央企业及其直接控股涉及危险化学品生产的企业(总部)以外的企业安全生产许可证的颁发管理。

省级应急管理部门可以将其负责的安全生产许可证颁发工作委托企业所在地设区的市级或者县级应急管理部门实施。涉及剧毒化学品生产的企业安全生产许可证颁发工作,不得委托实施。国家应急管理部公布的涉及危险化工工艺和重点监管危险化学品的企业安全生产许可证颁发工作,不得委托县级安全生产监督管理部门实施。

受委托的设区的市级或者县级应急管理部门在受委托的范围内,以省级应急管理部门的名义实施许可,但不得再委托其他组织和个人实施。

国家应急管理部、省级应急管理部门和受委托的设区的市级或者县级应急管理部门统称实施机关。省级应急管理部门应当指导、监督受委托的设区的市级或者县级应急管理部门颁发安全生产许可证,并对其法律后果负责。

2)申请安全生产许可证的条件

(1)企业选址布局、规划设计以及与重要场所、设施、区域的距离应当符合下列要求:

①国家产业政策;当地县级以上(含县级)人民政府的规划和布局;新设立企业应建在地方人民政府规划的专门用于危险化学品生产、储存的区域内;

②危险化学品生产装置或者储存危险化学品数量构成重大危险源的储存设施,与《危险化学品安全管理条例》第十九条第一款规定的八类场所、设施、区域的距离符合有关法律、法规、规章和国家标准或者行业标准的规定;

③总体布局符合《化工企业总图运输设计规范》(GB 50489)、《工业企业总平面设计规范》(GB 50187)、《建筑设计防火规范》(GB 50016)等标准的要求。

石油化工企业除符合本条第一款规定条件外,还应当符合《石油化工企业设计防火规范》(GB 50160)的要求。

(2)企业的厂房、作业场所、储存设施和安全设施、设备、工艺应当符合下列要求：

①新建、改建、扩建建设项目经具备国家规定资质的单位设计、制造和施工建设；涉及危险化工工艺、重点监管危险化学品的装置，由具有综合甲级资质或者化工石化专业甲级设计资质的化工石化设计单位设计；

②不得采用国家明令淘汰、禁止使用和危及安全生产的工艺、设备；新开发的危险化学品生产工艺必须在小试、中试、工业化试验的基础上逐步放大到工业化生产；国内首次使用的化工工艺，必须经过省级人民政府有关部门组织的安全可靠性论证；

③涉及危险化工工艺、重点监管危险化学品的装置装设自动化控制系统；涉及危险化工工艺的大型化工装置装设紧急停车系统；涉及易燃易爆、有毒有害气体化学品的场所装设易燃易爆、有毒有害介质泄漏报警等安全设施；

④生产区与非生产区分开设置，并符合国家标准或者行业标准规定的距离；

⑤危险化学品生产装置和储存设施之间及其与建(构)筑物之间的距离符合有关标准规范的规定。同一厂区内的设备、设施及建(构)筑物的布置必须适用同一标准的规定。

(3)企业应当有相应的职业危害防护设施，并为从业人员配备符合国家标准或者行业标准的劳动防护用品。企业应当依据《危险化学品重大危险源辨识》(GB 18218)，对本企业的生产、储存和使用装置、设施或者场所进行重大危险源辨识。对已确定为重大危险源的生产和储存设施，应当执行《危险化学品重大危险源监督管理暂行规定》。

(4)企业应当依法设置安全生产管理机构，配备专职安全生产管理人员。配备的专职安全生产管理人员必须能够满足安全生产的需要。

(5)企业应当建立全员安全生产责任制，保证每位从业人员的安全生产责任与职务、岗位相匹配。

(6)企业应当根据化工工艺、装置、设施等实际情况，制定完善下列主要安全生产规章制度：

①安全生产例会等安全生产会议制度；

②安全投入保障制度；

③安全生产奖惩制度；

④安全培训教育制度；

⑤领导干部轮流现场带班制度；

⑥特种作业人员管理制度；

⑦安全检查和隐患排查治理制度；

⑧重大危险源评估和安全管理制度；

⑨变更管理制度；

⑩应急管理制度；

⑪生产安全事故或者重大事件管理制度；

⑫防火、防爆、防中毒、防泄漏管理制度；

⑬工艺、设备、电气仪表、公用工程安全管理制度；

⑭动火、进入受限空间、吊装、高处、盲板抽堵、动土、断路、设备检维修等作业安全管理制度；

⑮危险化学品安全管理制度；

⑯职业健康相关管理制度；

⑰劳动防护用品使用维护管理制度；

⑱承包商管理制度；

⑲安全管理制度及操作规程定期修订制度。

（7）企业应当根据危险化学品的生产工艺、技术、设备特点和原辅料、产品的危险性编制岗位操作安全规程。

（8）企业主要负责人、分管安全负责人和安全生产管理人员必须具备与其从事的生产经营活动相适应的安全生产知识和管理能力，依法参加安全生产培训，并经考核合格，取得安全合格证书。

企业分管安全负责人、分管生产负责人、分管技术负责人应当具有一定的化工专业知识或者相应的专业学历，专职安全生产管理人员应当具备国民教育化工化学类（或安全工程）中等职业教育以上学历或者化工化学类中级以上专业技术职称。

企业应当有危险物品安全类注册安全工程师从事安全生产管理工作。

特种作业人员应当依照《特种作业人员安全技术培训考核管理规定》，经专门的安全技术培训并考核合格，取得特种作业操作证书。

除了前面规定以外的其他从业人员应当按照国家有关规定，经安全教育培训合格。

（9）企业应当按照国家规定提取与安全生产有关的费用，并保证安全生产所必需的资金投入。

（10）企业应当依法参加工伤保险，为从业人员缴纳保险费。

（11）企业应当依法委托具备国家规定资质的安全评价机构进行安全评价，并按照安全评价报告的意见对存在的安全生产问题进行整改。

（12）企业应当依法进行危险化学品登记，为用户提供化学品安全技术说明书，并在危险化学品包装（包括外包装件）上粘贴或者拴挂与包装内危险化学品相符的化学品安全标签。

（13）企业应当符合下列应急管理要求：

①按照国家有关规定编制危险化学品事故应急预案并报有关部门备案。

②建立应急救援组织，规模较小的企业可以不建立应急救援组织，但应指定兼职的应急救援人员。

③配备必要的应急救援器材、设备和物资，并进行经常性维护、保养，保证正常运转。

生产、储存和使用氯气、氨气、光气、硫化氢等吸入性有毒有害气体的企业，除符合本条第一款的规定外，还应当配备至少两套以上全封闭防化服；构成重大危险源的，还应当设立气体防护站（组）。

（14）企业除符合本章规定的安全生产条件，还应当符合有关法律、行政法规和国家标准或者行业标准规定的其他安全生产条件。

3）安全生产许可证的申请

（1）中央企业及其直接控股涉及危险化学品生产的企业（总部）以外的企业向所在地省级安全生产监督管理部门或其委托的安全生产监督管理部门申请安全生产许可证。其他企业向所在地省级安全生产监督管理部门或其委托的安全生产监督管理部门申请安全生产许可证。

（2）新建企业安全生产许可证的申请，应当在危险化学品生产建设项目安全设施竣工验收通过后 10 个工作日内提出。

（3）企业申请安全生产许可证时，应当提交下列文件、资料，并对其内容的真实性负责：

①申请安全生产许可证的文件及申请书；

②安全生产责任制文件，安全生产规章制度、岗位操作安全规程清单；

③设置安全生产管理机构，配备专职安全生产管理人员的文件复制件；

④主要负责人、分管安全负责人、安全生产管理人员和特种作业人员的安全合格证或者特种作业操作证复制件；

⑤与安全生产有关的费用提取和使用情况报告，新建企业提交有关安全生产费用提取和使用规定的文件；

⑥为从业人员缴纳工伤保险费的证明材料；

⑦危险化学品事故应急救援预案的备案证明文件；

⑧危险化学品登记证复制件；

⑨工商营业执照副本或者工商核准文件复制件；

⑩具备资质的中介机构出具的安全评价报告；

⑪竣工验收报告；

⑫应急救援组织或者应急救援人员，以及应急救援器材、设备设施清单。

有危险化学品重大危险源的企业，除提交本条第一款规定的文件、资料外，还应当提供重大危险源及其应急预案的备案证明文件、资料。

4）安全生产许可证的颁发

（1）实施机关收到企业申请文件、资料后，应当按照下列情况分别作出处理：

①申请事项依法不需要取得安全生产许可证的，即时告知企业不予受理；

②申请事项依法不属于本实施机关职责范围的，即时作出不予受理的决定，并告知企业向相应的实施机关申请；

③申请材料存在可以当场更正的错误的，允许企业当场更正，并受理其申请；

④申请材料不齐全或者不符合法定形式的，当场告知或者在 5 个工作日内出具补正告知书，一次告知企业需要补正的全部内容；逾期不告知的，自收到申请材料之日起即为受理；

⑤企业申请材料齐全、符合法定形式，或者按照实施机关要求提交全部补正材料

的,立即受理其申请。实施机关受理或者不予受理行政许可申请,应当出具加盖本机关专用印章和注明日期的书面凭证。

(2)安全生产许可证申请受理后,实施机关应当组织对企业提交的申请文件、资料进行审查。对企业提交的文件、资料实质内容存在疑问,需要到现场核查的,应当指派工作人员就有关内容进行现场核查。工作人员应当如实提出现场核查意见。

(3)实施机关应当在受理之日起45个工作日内作出是否准予许可的决定。审查过程中的现场核查所需时间不计算在本条规定的期限内。

(4)实施机关作出准予许可决定的,应当自决定之日起10个工作日内颁发安全生产许可证。实施机关作出不予许可的决定的,应当在10个工作日内书面告知企业并说明理由。

(5)企业在安全生产许可证有效期内变更主要负责人、企业名称或者注册地址的,应当自工商营业执照或者隶属关系变更之日起10个工作日内向实施机关提出变更申请,并提交下列文件、资料:

①变更后的工商营业执照副本复制件;

②变更主要负责人的,还应当提供主要负责人经安全生产监督管理部门考核合格后颁发的安全合格证复制件;

③变更注册地址的,还应当提供相关证明材料。

对已经受理的变更申请,实施机关应当在对企业提交的文件、资料审查无误后,方可办理安全生产许可证变更手续。企业在安全生产许可证有效期内变更隶属关系的,仅需提交隶属关系变更证明材料报实施机关备案。

(6)企业在安全生产许可证有效期内,当原生产装置新增产品或者改变工艺技术对企业的安全生产产生重大影响时,应当对该生产装置或者工艺技术进行专项安全评价,并对安全评价报告中提出的问题进行整改;在整改完成后,向原实施机关提出变更申请,提交安全评价报告。实施机关按照相关规定办理变更手续。

(7)企业在安全生产许可证有效期内,有危险化学品新建、改建、扩建建设项目(以下简称建设项目)的,应当在建设项目安全设施竣工验收合格之日起10个工作日内向原实施机关提出变更申请,并提交建设项目安全设施竣工验收报告等相关文件、资料。实施机关按照相关规定办理变更手续。

(8)安全生产许可证有效期为3年。企业安全生产许可证有效期届满后继续生产危险化学品的,应当在安全生产许可证有效期届满前3个月提出延期申请,并提交延期申请书和相关申请文件、资料。

实施机关按照《办法》的相关规定进行审查,并作出是否准予延期的决定。

(9)企业在安全生产许可证有效期内,符合下列条件的,其安全生产许可证届满时,经原实施机关同意,可不提交首次申请时提交的第①、⑦、⑧、⑩、⑪项资料,直接办理延期手续:

①严格遵守有关安全生产的法律、法规和本办法的;

②取得安全生产许可证后,加强日常安全生产管理,未降低安全生产条件,并达到

安全生产标准化等级二级以上的;

③未发生死亡事故的。

(10)安全生产许可证分为正、副本,正本为悬挂式,副本为折页式,正、副本具有同等法律效力。

实施机关应当分别在安全生产许可证正、副本上载明编号、企业名称、主要负责人、注册地址、经济类型、许可范围、有效期、发证机关、发证日期等内容。其中,正本上的"许可范围"应当注明"危险化学品生产",副本上的"许可范围"应当载明生产场所地址和对应的具体品种、生产能力。

安全生产许可证有效期的起始日为实施机关作出许可决定之日,截止日为起始日至三年后同一日期的前一日。有效期内有变更事项的,起始日和截止日不变,载明变更日期。

(11)企业不得出租、出借、买卖或者以其他形式转让其取得的安全生产许可证,或者冒用他人取得的安全生产许可证、使用伪造的安全生产许可证。

5)监督管理

(1)实施机关应当坚持公开、公平、公正的原则,依照本办法和有关安全生产行政许可的法律、法规规定,颁发安全生产许可证。

实施机关工作人员在安全生产许可证颁发及其监督管理工作中,不得索取或者接受企业的财物,不得谋取其他非法利益。

(2)实施机关应当加强对安全生产许可证的监督管理,建立、健全安全生产许可证档案管理制度。

(3)有下列情形之一的,实施机关应当撤销已经颁发的安全生产许可证:

①超越职权颁发安全生产许可证的;

②违反本办法规定的程序颁发安全生产许可证的;

③以欺骗、贿赂等不正当手段取得安全生产许可证的。

(4)企业取得安全生产许可证后有下列情形之一的,实施机关应当注销其安全生产许可证:

①安全生产许可证有效期届满未被批准延续的;

②终止危险化学品生产活动的;

③安全生产许可证被依法撤销的;

④安全生产许可证被依法吊销的。

安全生产许可证注销后,实施机关应当在当地主要新闻媒体或者本机关网站上发布公告,并通报企业所在地人民政府和县级以上安全生产监督管理部门。

(5)省级安全生产监督管理部门应当在每年 1 月 15 日前,将本行政区域内上年度安全生产许可证的颁发和管理情况报国家安全生产监督管理总局。

国家安全生产监督管理总局、省级安全生产监督管理部门应当定期向社会公布企业取得安全生产许可的情况,接受社会监督。

6)法律责任

(1)实施机关工作人员有下列行为之一的,给予降级或者撤职的处分;构成犯罪的,依法追究刑事责任:

①向不符合本办法规定的安全生产条件的企业颁发安全生产许可证的;

②发现企业未依法取得安全生产许可证擅自从事危险化学品生产活动,不依法处理的;

③发现取得安全生产许可证的企业不再具备本办法规定的安全生产条件,不依法处理的;

④接到对违反本办法规定行为的举报后,不及时依法处理的;

⑤在安全生产许可证颁发和监督管理工作中,索取或者接受企业的财物,或者谋取其他非法利益的。

(2)企业取得安全生产许可证后发现其不具备本办法规定的安全生产条件的,依法暂扣其安全生产许可证1个月以上6个月以下;暂扣期满仍不具备本办法规定的安全生产条件的,依法吊销其安全生产许可证。

(3)企业出租、出借或者以其他形式转让安全生产许可证的,没收违法所得,处10万元以上50万元以下的罚款,并吊销安全生产许可证;构成犯罪的,依法追究刑事责任。

(4)企业有下列情形之一的,责令停止生产危险化学品,没收违法所得,并处10万元以上50万元以下的罚款;构成犯罪的,依法追究刑事责任:

①未取得安全生产许可证,擅自进行危险化学品生产的;

②接受转让的安全生产许可证的;

③冒用或者使用伪造的安全生产许可证的。

(5)企业在安全生产许可证有效期届满未办理延期手续,继续进行生产的,责令停止生产,限期补办延期手续,没收违法所得,并处5万元以上10万元以下的罚款;逾期仍不办理延期手续,继续进行生产的,依照规定进行处罚。

(6)企业在安全生产许可证有效期内主要负责人、企业名称、注册地址、隶属关系发生变更或者新增产品、改变工艺技术对企业安全生产产生重大影响,未按照规定的时限提出安全生产许可证变更申请的,责令限期申请,处1万元以上3万元以下的罚款。

(7)企业在安全生产许可证有效期内,其危险化学品建设项目安全设施竣工验收合格后,未按照规定的时限提出安全生产许可证变更申请并且擅自投入运行的,责令停止生产,限期申请,没收违法所得,并处1万元以上3万元以下的罚款。

(8)发现企业隐瞒有关情况或者提供虚假材料申请安全生产许可证的,实施机关不予受理或者不予颁发安全生产许可证,并给予警告,该企业在1年内不得再次申请安全生产许可证。

企业以欺骗、贿赂等不正当手段取得安全生产许可证的,自实施机关撤销其安全生产许可证之日起3年内,该企业不得再次申请安全生产许可证。

(9)安全评价机构有下列情形之一的,给予警告,并处1万元以下的罚款;情节严重

的,暂停资质半年,并处 1 万元以上 3 万元以下的罚款;对相关责任人依法给予处理:

①从业人员不到现场开展安全评价活动的;

②安全评价报告与实际情况不符,或者安全评价报告存在重大疏漏,但尚未造成重大损失的;

③未按照有关法律、法规、规章和国家标准或者行业标准的规定从事安全评价活动的。

(10)承担安全评价、检测、检验的机构出具虚假证明的,没收违法所得;违法所得在 10 万元以上的,并处违法所得 2 倍以上 5 倍以下的罚款;没有违法所得或者违法所得不足 10 万元的,单处或者并处 10 万元以上 20 万元以下的罚款;对其直接负责的主管人员和其他直接责任人员处 2 万元以上 5 万元以下的罚款;给他人造成损害的,与企业承担连带赔偿责任;构成犯罪的,依照刑法有关规定追究刑事责任。对有这些违法行为的机构,依法吊销其相应资质。

(11)《办法》规定的行政处罚,由国家安全生产监督管理总局、省级安全生产监督管理部门决定。省级安全生产监督管理部门可以委托设区的市级或者县级安全生产监督管理部门实施。

7)附则

(1)将纯度较低的化学品提纯至纯度较高的危险化学品的,适用本办法。购买某种危险化学品进行分装(包括充装)或者加入非危险化学品的溶剂进行稀释,然后销售或者使用的,不适用本办法。

(2)《办法》下列用语的含义:

①危险化学品目录,是指国家安全生产监督管理总局会同国务院工业和信息化、公安、环境保护、卫生、质量监督检验检疫、交通运输、铁路、民用航空、农业主管部门,依据《危险化学品安全管理条例》公布的危险化学品目录。

②中间产品,是指为满足生产的需要,生产一种或者多种产品为下一个生产过程参与化学反应的原料。

③作业场所,是指可能使从业人员接触危险化学品的任何作业活动场所,包括从事危险化学品的生产、操作、处置、储存、装卸等场所。

(3)安全生产许可证由国家安全生产监督管理总局统一印制。

危险化学品安全生产许可的文书、安全生产许可证的格式、内容和编号办法,由国家安全生产监督管理总局另行规定。

(4)省级安全生产监督管理部门可以根据当地实际情况制定安全生产许可证颁发管理的细则,并报国家安全生产监督管理总局备案。

4.9　危险化学品登记安全管理

为了对危险化学品安全管理以及危险化学品事故预防和应急救援提供技术、信息支持,《危险化学品安全管理条例》(591 号令)第六十六条、六十七条规定,国家对危险化学品实行登记制度;危险化学品生产企业、进口企业,应当向国务院安全生产监督管理部门负责危险化学品登记的机构(以下简称危险化学品登记机构)办理危险化学品登记。

由国家安全生产监督管理总局于 2012 年 7 月颁布,自 2012 年 8 月 1 日起施行的《危险化学品登记管理办法》(以下简称管理办法)对危险化学品登记的范围、组织机构、登记时间、内容和程序、登记企业的职业、监督管理及法律责任等进行了详细的规定。

4.10　危险化学品生产领域事故案例分析

1)"四川宜宾江安恒达科技有限公司 2018.7.12 爆炸事故"

(1)事故概况。

2018 年 7 月 12 日 18 时 42 分 33 秒,位于宜宾市江安县阳春工业园区内的宜宾恒达科技有限公司发生重大爆炸着火事故,造成 19 人死亡、12 人受伤,直接经济损失 4 142 余万元。经计算,本次事故释放的爆炸总能量为 230 kg TNT 当量,初始爆炸(第一次爆炸)当量为 50 kg TNT。

(2)事故经过。

<原料标识不明入错库,工人误投原料引发爆炸着火。>

2018 年 7 月 12 日 11 时 30 分左右,宜宾江安壹米滴答金桥物流公司将 2 吨标注为原料的 COD 去除剂(实为易爆危险化学品氯酸钠)送至宜宾恒达公司仓库。

2018 年 7 月 12 日 11 时 13 分,宜宾恒达公司副总陈静霜接到四川金桥物流有限公司江安县营业部送货员肖雄的电话,告知其有一批货物已送达。

11 时 14 分,陈静霜电话通知公司生产部部长刘昭华来了一批货,让刘昭华找公司污水处理站杨述原安排两个工人卸货。刘昭华随即给公司库管员宋泽容打电话,宋泽容未接电话。

11 时 16 分左右,宋泽容刚好到了刘昭华办公室,刘昭华当面告知宋泽容到了一批生产原料丁酰胺,并安排宋泽容到厂门口接车。

11 时 30 分,宋泽容请三车间副主任查克飞安排三名工人完成了卸货。入库时,宋泽容未对入库原料进行认真核实,将其作为原料丁酰胺进行了入库处理。

14 时左右,二车间副主任罗吉平开具 20 袋丁酰胺领料单到库房领取咪草烟生产原料丁酰胺,宋泽容签字同意并发给罗吉平 33 袋"丁酰胺"(实为氯酸钠),并要求罗吉平补开 13 袋丁酰胺领料单。

14 时 30 分左右,叉车工王泽平把库房发出的 33 袋"丁酰胺"(实为氯酸钠)运至二车间一楼升降机旁。

15 时 30 分左右,二车间咪草烟生产岗位的当班人员陈代耀(男,二车间副主任)、毛泽群(女,工人)、左洪梅(女,工人)、李青魁(男,班长)四人(均已在事故中死亡)通过升降机(物料升降机由车间当班工人自行操作)将生产原料"丁酰胺"(实为氯酸钠)提升到二车间三楼,而后用人工液压叉车转运至三楼 2R302 釜与北侧栏杆之间堆放。16 时左右,用于丁酰胺脱水的 2R301 釜完成转料处于空釜状态。

17 时 20 分前,2R301 釜完成投料。

17 时 20 分左右,2R301 釜夹套开始通蒸汽进行升温脱水作业。18 时 42 分 33 秒,正值现场交接班时间,二车间三楼 2R301 釜发生化学爆炸。爆炸导致 2R301 釜严重解体,随釜体解体过程冲出的高温甲苯蒸气,迅速与外部空气形成爆炸性混合物并产生二次爆炸,同时引起车间现场存放的氯酸钠、甲苯与甲醇等物料殉爆殉燃和二车间、三车间的着火燃烧。

(3)事故原因。

除了操作人员将无包装标识的氯酸钠当作丁酰胺,补充投入到 2R301 釜中进行脱水操作引发爆炸着火的直接原因,调查认为,事故发生还基于多个间接原因。

宜宾恒达公司未批先建、违法建设,非法生产,未严格落实企业安全生产主体责任,是事故发生的主要原因,对事故的发生负主要责任。

①直接原因。

宜宾恒达公司在生产咪草烟的过程中,操作人员将无包装标识的氯酸钠当作 2-氨基-2,3-二甲基丁酰胺(以下简称丁酰胺),补充投入 R301 釜中进行脱水操作。在搅拌状态下,丁酰胺-氯酸钠混合物形成具有迅速爆燃能力的爆炸体系,开启蒸汽加热后,丁酰胺-氯酸钠混合物的 BAM 摩擦及撞击感度随着釜内温度升高而升高,在物料之间、物料与釜内附件和内壁相互撞击、摩擦下,引起釜内的丁酰胺-氯酸钠混合物发生化学爆炸,爆炸导致釜体解体;随釜体解体过程冲出的高温甲苯蒸气,迅速与外部空气形成爆炸性混合物并产生二次爆炸,同时引起车间现场存放的氯酸钠、甲苯与甲醇等物料殉爆殉燃和二车间、三车间着火燃烧,进一步扩大了事故后果,造成重大人员伤亡和财产损失。

②间接原因。

引发事故的重要间接原因包括:

a. 相关合作企业违法违规,未落实安全生产主体责任;

b. 设计、施工、监理、评价、设备安装等技术服务单位未依法履行职责,违法违规进行设计、施工、监理、评价、设备安装和竣工验收;

c. 氯酸钠产供销相关单位违法违规生产、经营、储存和运输;

d. 江安县工业园区管委会和江安县委县政府坚持"发展决不能以牺牲安全为代价"的红线意识不强,没有始终绷紧安全生产这根弦,没有坚持把安全生产摆在首要位置,对安全生产工作重视不够,属地监管责任落实不力;

e. 负有安全生产监管、建设项目管理、易制爆危化品监管和招商引资职能的相关部门未认真履职,审批把关不严,监督检查不到位。

(4)事故处理。

根据该事故的《调查处理报告》,15 人被移送司法,4 人接受纪委监委调查,44 人给予党纪政务处分和组织处理。

（5）事故教训。

针对这起事故暴露出的突出问题，为深刻吸取事故教训，进一步加强全省化工和危险化学品安全生产工作，有效防范类似事故发生，提出如下措施建议：

①进一步强化安全生产红线意识；

②进一步优化布局推动化工产业转型升级；

③进一步深入开展打非治违专项治理；

④进一步加强安全风险管控；

⑤进一步深化精细化工安全专项整治；

⑥进一步提升化工行业从业人员专业素质；

⑦深入推进危险化学品安全综合治理。

（6）思考题。

①危险化学品生产建设项目在正式生产前，应有哪些安全审查、审批手续？

②危险化学品生产建设项目应具有哪些安全条件？

③危险化学品生产企业主要负责人、分管安全的负责人、分管技术负责人和分管生产负责人等应具备哪些学历专业知识要求？

2）"印度博帕尔毒气泄漏事故"

（1）事故概况。

1984年12月3日，美国联合碳化公司在印度博帕尔市的农药厂因管理混乱，操作不当，致使地下储罐内剧毒的甲基异氰酸酯因压力升高而爆炸外泄。45 t毒气形成一股浓密的烟雾，以5 km/h的速度袭击了博帕尔市区。死亡近两万人，受害20多万人，5万人失明，孕妇流产或产下死婴，受害面积40 km^2，数千头牲畜被毒死。

（2）事故经过。

1984年12月3日凌晨，印度中部博帕尔市北郊的美国联合碳化物公司印度公司的农药厂，突然传出几声尖利刺耳的汽笛声，紧接着在一声巨响声中，一股巨大的气柱冲向天空，形成一个蘑菇状气团，并很快扩散开来。这不是一般的爆炸，而是农药厂发生的严重毒气泄漏事故。

博帕尔农药厂是美国联合碳化物公司于1969年在印度博帕尔市建起来的，用于生产西维因、滴灭威等农药。制造这些农药的原料是一种叫做异氰酸甲酯（MIC）的剧毒液体。这种液体很容易挥发，沸点为39.6 ℃，只要有极少量短时间停留在空气中，就会使人感到眼睛疼痛，若浓度稍大，就会使人窒息。第二次世界大战期间德国法西斯正是

用这种毒气杀害过大批关在集中营的犹太人。在博帕尔农药厂,这种令人毛骨悚然的剧毒化合物被冷却贮存在一个地下不锈钢储藏罐里,达 45 t 之多。

12 月 2 日晚,博帕尔农药厂工人发现异氰酸甲酯的储槽压力上升,午夜零时 56 分,液态异氰酸甲酯以气态从出现漏缝的保安阀中溢出,并迅速向四周扩散。毒气的泄漏犹如打开了潘多拉的魔盒。虽然农药厂在毒气泄漏后几分钟就关闭了设备,但已有 30 吨毒气化作浓重的烟雾以 5 km/h 的速度迅速四处弥漫,很快就笼罩了 25 km² 的地区,数百人在睡梦中就被悄然夺走了性命,几天之内有 25 000 多人毙命。

当毒气泄漏的消息传开后,农药厂附近的人们纷纷逃离家园。他们利用各种交通工具向四处奔逃,只希望能走到没有受污染的空气中去。很多人被毒气弄瞎了眼睛,只能一路上摸索着前行。一些人在逃命的途中死去,尸体堆积在路旁。至 1984 年底,该地区有 2 万多人死亡,20 万人受到波及,附近的 3 000 头牲畜也未能幸免于难。在侥幸逃生的受害者中,孕妇大多流产或产下死婴,有 5 万人可能永久失明或终身残疾,余生将苦日无尽。

(3)事故原因。

①直接原因。

危险是在灾难发生的前一天下午产生的。在例行日常保养的过程中,由于该公司杀虫剂工厂维修工人的失误,导致了水突然流入到装有 MIC 气体的储藏罐内。MIC 是一种氰化物,一旦遇水会产生强烈的化学反应。这次有水渗入载有 MIC 的储藏罐内,令罐内产生极大的压力,最后导致罐壁无法抵受压力,罐内的化学物质泄漏至博帕尔市的上空。

②事故间接原因。

a.节约成本,储量太多。

1964 年,印度农业"绿色革命"运动正如火如荼,中央政府多年为亿万饥民的危机所困扰,急于解决全国粮食短缺问题,而其成败很大程度上取决于国内有无足够的化肥和农药。因此,当时世界著名的美国联合碳化物公司提出的开办一座生产杀虫剂农药厂的建议,对印度政府来说正中下怀,求之不得。1969 年,一家小规模的农药厂在博帕尔市近郊应运而生,试产 3 年双方都表示满意后,一座具备年产 5 000 t 高效杀虫剂能力的大型农药厂正式落成。

为节约成本,1980 年以后,农药厂开始自行生产杀虫剂的化学原料——异氰酸酯。它们通常被冷却成液态后,贮存在 3 个不锈钢制的双层储气罐中,质量达 45 t 之多。为了避免储气罐内温度在夏季烈日曝晒下升高,罐体大部分应被掩埋在地表以下,罐壁间装有制冷系统,以确保罐内毒气处于液化状态;万一罐壁破裂,毒气外逸,净化器也可中和毒气;假如净化器失灵,自动点火装置可将毒气在燃烧塔上化为无毒气体? 因为即使是极少量的异氰酸酯在空气中停留,人也会很快觉得眼睛疼痛,浓度稍大,便要窒息。第二次世界大战期间德国法西斯曾用这种毒气杀害大批关在集中营的犹太人。

"明明知道储藏异氰酸酯,就意味着面临极大的危险。"事发当晚负责交接班工作的奎雷施说。他现在印度法庭因刑事犯罪而被指控,"公司在管理这种放射性气体时,太过于自负,从来没有真正担心这种气体有可能引发一系列的问题。"早在 1982 年,一支安全稽查队就曾向美国联合碳化物公司汇报,称博帕尔工厂有"一共 61 处危险"。

印度杀毒剂的销售情况越来越不如美国投资方原来想象的那么好,于是,这个庞大的新工厂在 1984 年中期就开始面临停产。工厂大量削减雇工人数,70 多只仪表盘、指示器和控制装置只有 1 名操作员管理,异氰酸酯生产工人的安全培训周期也从 6 个月降到了 15 天。在博帕尔惨案发生的时候,农药厂生产线上的 6 个安全系统无一正常运转。厂里的手动报警铃、异氰酸酯的冷却及中和等设备不是发生了故障,就是被关闭了。据了解,异氰酸酯的冷却系统停止运转一天,就可以节约 30 美元。

终于,悲剧在 1984 年 12 月 3 日凌晨发生了。

其实,储藏罐内的 MIC 气体储量本身就值得怀疑。"MIC 是一种化学过渡态物质,每个人都知道储藏它意味着要面临很大的危险。所以没有人敢管理大量的 MIC 气体,也没有人敢长时间的储藏它"。事发当晚负责交接班工作的奎雷施说。他说,"公司在管理这种气体的时候太过于自负了,从来没有真正的担心这种气体有可能引发的一系列的问题。"而据调查,事实是,当时公司在杀虫剂销售方面出现了一些问题,于是尽力削减安全措施方面的开支。在常规检查的过程中出现险情时,杀虫剂厂的重要安全系统或者发生了故障或者被关闭了。

b. 毒气泄漏过程中,未教市民如何逃生。

在事发之后,该工厂仍没有尽到向市民提供逃生信息的责任;他们对市民的生命有着惊人的漠视。尽管向警察报告情况花了三个小时的时间,工厂的管理者仍有足够时间把所有的工人转移到安全地带。"没有一个从工厂逃出来的人死亡,原因之一就是他们都被告知要朝相反的方向跑,逃离城市,并且用蘸水的湿布保持眼睛的湿润",奎雷施说。但是当灾难迫近的时候,公司却没有对当地居民做出任何警告,当毒气从储藏罐中泄漏出来的时候,他们没有给予博帕尔市民最基本的建议——不要惊慌,要待在家里并保持眼睛湿润。更为雪上加霜的是,公司迅速决定把灾难的严重性和影响故意说得轻微些,想以此来挽回形象。灾难过后的几天,公司的健康、安全和环境事务的负责人捷克森布朗宁仍旧把这种气体描述为"仅仅是一种强催泪瓦斯"。甚至在灾难的即时后果——几千人死亡,更多人将一生被病魔缠绕 ——被公布后,公司还是继续着相同的做法。

c. 惨案发生后,未向医院提供毒气信息。

事发后的救助也不能说是成功的,当时唯一一所参加救治的省级医院是海密达医院。该医院的萨特帕西医生对 2 万多具受难者的尸体进行了尸体解剖,结果表明"从气体中毒者的尸体中我们可以找到至少 27 种有害的化学物质,而这些化学物质只可能来源于他们所吸入的有毒气体。然而,公司却没有提供任何信息说明该气体含有这些化学成分。"这位医生说,"即使在今天也没有人知道正确治疗 MIC 气体中毒的方法","由于公司处理这种气体已经有数十年的时间了,联合碳化物公司有责任向公众和医疗组织建议治疗 MIC 气体中毒的一系列措施。但是我们没有收到任何由该公司提供的关于治疗措施的信息。"公司的调查信息,包括 1963 年和 1970 年在美国卡内基梅隆大学进行的调查信息,都被视为"商业秘密"而一直没有公开。

(4)事故教训。

从博帕尔事故中,我们可以得出以下教训:

①检修作业必须办理相关的作业票据,严格执行检修作业规程;

②勤查隐患,对设施设备的泄漏情况及早检查和维修,确保安全设施设备的完好情况;

③不能随意增大危险化学品的储量;

④应急预案必须真实演练和总结,并适时修改预案。

(5)思考题。

①依据 GB 6944,甲基异氰酸酯(MIC)属于哪一类危险化学品?

②甲基异氰酸酯(MIC)具有哪些主要的危险特性?

③常见的易燃液体哪些?

复习思考题

1. 危险化学品生产建设项目分级分类审查的基本要求是什么?

2. 危险化学品生产建设项目审批程序是什么?

3. 危险化学品生产建设项目准入环节的主要风险是什么?

4. 什么是项目决策咨询服务?

5. 新建危险化学品生产建设项目的主要风险有哪些?

6. 危险化学品生产建设项目安全条件审查的程序和主要内容是什么?

7. 危险化学品生产建设项目安全设施设计阶段的主要风险有哪些?

8. 危险化学品生产建设项目安全设施设计审查的要点有哪些?

9. 危险化学品生产建设项目试生产环节的主要风险有哪些?

10. 危险化学品生产建设项目试生产的安全要求有哪些?

11. 危险化学品生产建设项目安全设施竣工验收应具备哪些条件?

12. 危险化学品生产建设项目安全生产许可证办理的流程及提交的材料是什么?

13. 危险化学品登记的范围和内容有哪些?

第5章

危险化学品在各流通环节的安全管理

危险化学品除在生产环节很容易发生生产安全事故意外，在储存、使用、经营、运输、包装、废弃处置等环节也容易发生安全事故。现在对危险化学品的安全管理强调实现生产全流程自动化管理和从生产到消亡的全生命周期的安全管理。危险化学品的全生命周期管理（Product Lifecycle Management，PLM）是指危险化学品从需求、规划、设计、生产、经销、运行、使用、维修保养、直到回收再用处置的全生命周期中的信息与过程。根据《危险化学品安全管理条例》，危险化学品的生产、储存、使用、经营、运输、废弃处置等全过程都应受到国家相关管理机关的监管。

本章将对危险化学品在包装、经营、储存、运输、使用等各流通环节的安全管理要求进行讲述。

5.1 危险化学品包装的安全管理

5.1.1 危险化学品包装的分类

5.1.1.1 定义

危险品包装是指盛装危险货物的包装容器，为确保危险货物在储存运输过程中的安全，除其本身的质量符合安全规定、其流通环节的各种条件正常合理外，最重要的是危险货物必须具有适运的运输包装。包装对于包装危险品的危险特性不发生危险具有十分重要的保护作用，同时也便于危险品的保管、储存、运输和装卸。也就是说，没有合格的包装，也就谈不上危险品的保管、储存、运输和装卸，更谈不上危险品的贸易。

危险品包装从使用角度分为销售包装盒运输包装，本章所讲的危险品包装是指危险品的运输包装。危险品包装通常包括盛装危险品的常规包装容器（最大容量≤450 L且最大净重≤400 kg）、中型散装容器、大型容器等，另外还包括压力容器、喷雾罐和小型气体容器、便携式罐体和多元气体容器等。

不同的国家或地区对同一种包装可能有不同的叫法，而对于同一个名次或术语有可能有不同的命名或定义。国际上依据联合国危险货物运输专家委员会指定的《关于危险货物运输的建议书 规章范本》（橘皮书）来规范和指导危险货物包装的定义。

5.1.1.2　分类

危险化学品品种繁多,性能、外形、结构等各有差别,在流通中的实际需要不尽相同,对包装的要求也不同,因而包装的分类也有区别。

1)按流通中的作用分类

(1)内包装指和物品一起配装才能保证物品出厂的小型包装容器。如火柴盒、打火机用丁烷气筒等,是随同物品一起售于消费者的。

(2)中包装指在物品的内包装之外,再加一层或二层包装物的包装。20盒火柴集成的方形纸盒等,很多也随同物品一起售于消费者的。

(3)外包装指比内包装、中包装的体积大很多的包装容器。由于在流通过程中主要用来保护物品的安全,方便装卸、运输、存储和计量。所以外包装又称为运输包装或储运包装。如成箱的爆炸品、爆炸专用箱等。

2)按用途分类

(1)专用包装指只能用于某一种物品的包装。如易挥发和易燃的汽油再用密封的铁桶包装。

(2)调用包装指适宜盛装多种物品的包装,如水箱、麻袋、玻璃瓶等。

3)按制作形式分类

(1)桶指直立圆形的容器。桶按材质还可分为铁(钢)桶、纤维板桶、铝桶、胶合板桶、塑料桶、木琵琶桶等。

(2)箱指矩形形体的容器。箱按包装材质还分为铁皮箱、木箱、胶合板箱再生木箱、纤维板箱、塑料箱等。

(3)袋指用软材料制成的有口容器,按材质还可分为纺织品袋(麻袋、棉袋)、塑料编织袋、塑料薄膜带、纸袋等。

(4)瓶、坛。瓶是指腹大、颈长而口小的容器,如各种玻璃瓶、塑料瓶等;坛是指用陶土制成的容器,如酒坛、醋坛等。

4)按制作方式分类

(1)单一包装指没有内外包装之分,只用一种材质制作的独立包袋。这种包装主要是专业包装,如汽油桶等。

(2)组合包装指由一个以上包装合装在一个外包装内组成的一个整体的包装。如乙醇玻璃瓶用木箱为外包装组合的包装。

(3)复合包装指由一个外包装和一个内容器组成的一个整体的包装。这种包装经过组装,即保持为独立的完整包装。如内包装为塑料容器,外包装为钢桶而组成一个整体的包装即复合包装。

5)按内装物品的危险程度分类

根据《危险货物分类和品名编号》(GB 6944—2012),为了包装目的,除第1类爆炸品、第2类 气体、第7类 放射性物质、第5.2项有机过氧化物和第6.2项感染性物质外,根据内状危险物质的危险程度,划分为三个包装类别:

Ⅰ类包装:适用于具有高度危险性的货物。

Ⅱ类包装:适用于内装中等危险性的货物。

Ⅲ类包装:适用于内装轻度危险性的货物。

(1)第 3 类危险货物包装类别的划分。

易燃液体的包装类别根据表 5.1"按易燃性划分的危险类别"中的闪点(闭杯)和初沸点确定。

表 5.1　按易燃性划分的危险类别表

包装类别	闪点(闭杯)/℃	初沸点/℃
Ⅰ	—	≤35
Ⅱ	<23	>35
Ⅲ	≥23 和≤60	>35

对于易燃且易燃为其唯一危险性的液体,使用表 5.1 确定其危险类别。对于另有其他危险性的液体,应考虑到表 5.1 确定的危险类别和根据其他危险性的严重程度确定的危险类别,按照其主要危险性确定分类和包装类别。

闪点低于 23 ℃的黏性物质,例如色漆、瓷釉、喷漆、清漆、黏合剂和抛光剂等,可按照联合国《关于危险货物运输的建议书　试验和标准手册》第三部分第 32.3 小节规定的程序根据下列内容划入组Ⅲ类包装:

①用流过时间(秒)表示的黏度;

②闭杯闪点;

③溶剂分离试验。

闪点低于 23 ℃的黏性易燃液体,例如油漆、瓷釉、喷漆、清漆、黏合剂和抛光剂等,如符合下列条件则划入Ⅲ类包装:

①在溶剂分离试验中,清澈的溶剂分离层少于 3%;

②混合物或任何分离溶剂都不符合 6.1 项或第 8 类的标准。

由于在高温下进行运输而被划为易燃液体的物质,列入Ⅱ类包装。

具有下列性质的黏性物质:

①闪点为 23 ~ 60 ℃;

②无毒性、腐蚀性或环境危险;

③含硝化纤维素不超过 20%,而且硝化纤维素按干重含氮不超过 12.6%;

④装在容量小于 450 L 的贮器内。

如符合下列条件即不受 GB 6944 的约束(空运除外):

①在溶剂分离试验(见 GB/T 21624)中,溶剂分离层的高度小于总高度的 3%;

②在用直径 6 mm 的喷嘴进行的黏度试验(见《试验和标准手册》第三部分第 32.4.3 小节)中,满足下列条件之一:

a.流过时间大于或等于 60 s;

b.流过时间大于或等于 40 s,且黏性物质含有不超过 60%的第 3 类物质。

（2）第 4 类危险货物包装类别的划分。

除 4.1 项的自反应物质以外，第 4 类危险货物的包装类别根据易燃固体、易于自燃的物质和遇水放出易燃气体的物质的危险特性划分。

①易燃固体：

a. 易于燃烧的固体（金属粉除外），在根据《试验和标准手册》第三部分第 33.2.1 小节所述的试验方法进行的试验时，如燃烧时间小于 45 s 并且火焰通过湿润段，应划入Ⅱ类包装。金属或金属合金粉末，如反应段在 5 min 以内蔓延到试样的全部长度，应划入Ⅱ类包装；

b. 易于燃烧的固体（金属粉除外），在根据《试验和标准手册》第三部分第 33.2.1 小节所述的试验方法进行的试验时，如燃烧时间小于 45 s 并且湿润段阻止火焰传播至少 4 min，应划入Ⅲ类包装。金属粉如反应段在大于 5 min 但小于 10 min 内蔓延到试样的全部长度，应划入Ⅲ类包装；

c. 摩擦可能起火的固体，应按现有条目以类推方法或按照任何适当的特殊规定划定包装类别。

②易于自燃的物质：

a. 所有发火固体和发火液体应划入Ⅰ类包装；

b. 根据《试验和标准手册》第三部分第 33.3.1.6 小节所述的试验方法进行试验时，用 25 mm 试样立方体在 140 ℃下做试验时取得肯定结果的自热物质，应划入Ⅱ类包装；

c. 根据《试验和标准手册》第三部分第 33.3.1.6 小节所述的试验方法进行试验时，自热物质如符合下列条件应划入Ⅲ类包装：

● 用 100 mm 试样立方体在 140 ℃下做试验时取得肯定结果，用 25 mm 试样立方体在 140 ℃下做试验时取得否定结果，并且该物质将装在体积大于 3 m³ 的包件内运输；

● 用 100 mm 试样立方体在 140 ℃下做试验时取得肯定结果，用 25 mm 试样立方体在 140 ℃下做试验时取得否定结果，用 100 mm 试样立方体在 120 ℃下做试验时取得肯定结果，并且该物质将装在体积大于 450 L 的包件内运输；

● 用 100 mm 试样立方体在 140 ℃下做试验时取得肯定结果，用 25 mm 试样立方体在 140 ℃下做试验时取得否定结果，并且用 100 mm 试样立方体在 100 ℃下做试验时取得肯定结果。

③遇水放出易燃气体的物质：

a. 任何物质如在环境温度下遇水发生剧烈反应并且所产生的气体通常显示自燃的倾向，或在环境温度下遇水容易起反应，释放易燃气体的速度大于或等于每千克物质每分钟释放 10 L，应划为Ⅰ类包装；

b. 任何物质如在环境温度下遇水容易起反应，释放易燃气体的最大速度大于或等于每千克物质每小时释放 20 L，并且不符合Ⅰ类包装的标准，应划为Ⅱ类包装；

c. 任何物质如在环境温度下遇水反应缓慢，释放易燃气体的最大速度大于或等于每千克物质每小时释放 1 L，并且不符合Ⅰ类或Ⅱ类包装的标准，应划为Ⅲ类包装。

（3）第 5 类危险货物包装类别的划分。

5.1 项氧化性物质根据氧化性固体和氧化性液体的危险性划分包装类别。

①氧化性固体。

氧化性固体按照 GB/T 21617 所述的试验程序和下列标准划定包装类别。

Ⅰ类包装:该物质样品与纤维素之比为按质量4∶1或1∶1的混合物进行试验时,显示的平均燃烧时间小于溴酸钾与纤维素之比为按质量3∶2的混合物的平均燃烧时间;

Ⅱ类包装:该物质样品与纤维素之比为按质量4∶1或1∶1的混合物进行试验时,显示的平均燃烧时间等于或小于溴酸钾与纤维素之比为按质量2∶3的混合物的平均燃烧时间,并且未满足Ⅰ类包装的标准;

Ⅲ类包装:该物质样品与纤维素之比为按质量4∶1或1∶1的混合物进行试验时,显示的平均燃烧时间等于或小于溴酸钾与纤维素之比为按质量3∶7的混合物的平均燃烧时间,并且未满足Ⅰ类包装和Ⅱ类包装的标准;

非5.1项:该物质样品与纤维素之比为按质量4∶1或1∶1的混合物进行试验时,都不发火并燃烧,或显示的平均燃烧时间大于溴酸钾与纤维素之比为按质量3∶7的混合物的平均燃烧时间。

②氧化性液体。

氧化性液体按照 GB/T 21620 所述的试验程序和下列标准划定包装类别。

Ⅰ类包装:该物质与纤维素之比为按质量1∶1的混合物进行试验时,自发着火,或该物质与纤维素之比为按质量1∶1的混合物的平均压力上升时间小于50%高氯酸与纤维素之比为按质量1∶1的混合物的平均压力上升时间;

Ⅱ类包装:该物质与纤维素之比为按质量1∶1的混合物进行试验时,显示的平均压力上升时间小于或等于40%氯酸钠水溶液与纤维素之比为按质量1∶1的混合物的平均压力上升时间;并且未满足Ⅰ类包装的标准;

Ⅲ 类包装:该物质与纤维素之比为按质量1∶1的混合物进行试验时,显示的平均压力上升时间小于或等于65%硝酸水溶液与纤维素之比为按质量1∶1的混合物的平均压力上升时间;并且未满足Ⅰ类包装和Ⅱ类包装的标准;

非5.1项:该物质与纤维素之比为按质量1∶1的混合物进行试验时,显示的压力上升小于2 070 kPa(表压);或显示的平均压力上升时间大于65%硝酸水溶液与纤维素之比为按质量1∶1的混合物的平均压力上升时间.

(4)第6类危险货物包装类别的划分。

6.1项物质(包括农药),按其毒性程度划入三个包装类别:

Ⅰ类包装:具有非常刷烈毒性危险的物质及制剂;

Ⅱ类包装:具有严重毒性危险的物质及制剂;

Ⅲ类包装:具有较低毒性危险的物质及制剂。

在确定包装类别时,以动物试验所得经口摄入、经皮接触和吸入粉尘、烟雾或蒸气试验数据作为根据。同时,还应考虑到人类意外中毒事故的经验,及个别物质具有的特殊性质,例如液态、高挥发性、任何特殊的渗透可能性和特殊生物效应。当一种物质通过两种或更多的试验方式所显示的毒性程度不同时,应以试验所表明的危险性最大者为准。

①经口摄入、经皮接触和吸入粉尘或烟雾的分类标准。

经口摄入、经皮接触和吸入粉尘或烟雾的包装类别按表5.2确定：

a.催泪性毒气物质，即使其毒性数据相当于Ⅲ类包装的数值，也应划入Ⅱ类包装。

b.表中吸入粉尘和烟雾毒性标准以吸入1 h的LC_{50}数据为基准，应优先使用该数据。但如果仅有4 h吸入粉尘和烟雾的LC_{50}数据，则4倍的LC_{50}(4 h)数值可等效于LC_{50}(1 h)数值。

c.符合第8类标准，并且吸入粉尘和烟雾毒性(LC_{50})属于Ⅰ类包装的物质，只有在经口摄入或经皮接触毒性至少是Ⅰ类或Ⅱ类包装时才被认可划入6.1项。否则酌情划入第8类。

表5.2 经口摄入、经皮接触和吸入粉尘或烟雾的包装类别表

包装类别	经口毒性LD_{50}/(mg·kg^{-1})	经皮接触毒性LD_{50}/(mg·kg^{-1})	吸入粉尘和烟雾毒性LC_{50}/(mg·kg^{-1})
Ⅰ	≤5.0	≤50	≤0.2
Ⅱ	>5.0和≤50	>50和≤200	>0.2和≤2.0
Ⅲ	>50和≤300	>200和≤1 000	>2.0和≤4.0

②有毒性蒸气的液体包装类别分类标准。

有毒性蒸气的液体应划入下列包装类别，其中"V"为在20 ℃和标准大气压力下的饱和蒸气浓度，以mL/m^3(挥发度)表示：

a.Ⅰ类包装：V≥10LC_{50}且LC_{50}≤1 000 mL/m^3；

b.Ⅱ类包装：V≥LC_{50}且LC_{50}≤3 000 mL/m^3，并且不符合Ⅰ类包装的标准；

c.Ⅲ类包装：V≥1/5LC_{50}且LC_{50}≤5 000 mL/m^3，并且不符合Ⅰ类包装或Ⅱ类包装的标准(催泪性毒气物质，即使其毒性数据相当于Ⅱ类包装的数值，也应列入Ⅱ类包装)。

吸入蒸气毒性标准以吸入1 h的LC_{50}数据为基准，应优先使用该数据。但如果仅有4 h吸入蒸气的LC_{50}数据，则2倍的LC_{50}(4 h)数值可等效于LC_{50}(1 h)数值。

③农药包装类别分类标准。

农药的LC_{50}和/或LD_{50}值已知并且划入6.1项的所有有效农药物质及其制剂，应按照GB 6944中所载的标准划归适当的包装类别。

(5)第8类危险货物包装类别的划分。

根据腐蚀性物质的危险程度划定三个包装类别：

Ⅰ类包装：非常危险的物质和制剂；

Ⅱ类包装：显示中等危险性的物质和制剂；

Ⅲ类包装：显示轻度危险性的物质和制剂。

符合第8类标准并且吸入粉尘和烟雾毒性(LCs)为Ⅰ类包装、但经口摄入或经皮接触毒性仅为Ⅲ类包装或更小的物质或制剂应划入第8类。

Ⅰ类包装

使完好皮肤组织在暴露 3 min 或少于 3 min 之后开始的最多 60 min 观察期内全厚度毁损的物质。

Ⅱ类包装

使完好皮肤组织在暴露超过 3 min 但不超过 60 min 之后开始的最多 14 d 观察期内全厚度毁损的物质。

Ⅲ类包装

Ⅲ类包装包括：

①使完好皮肤组织在暴露超过 60 min 但不超过 4 h 之后开始的最多 14 d 观察期内全厚度毁损的物质；

②被判定不引起完好皮肤组织全厚度毁损，但在 55 ℃ 试验温度下，对 S235JR+CR 型或类似型号钢或非复合型铝的表面腐蚀率超过 6.25 mm/年的物质（如对钢或铝进行的第一个试验表明，接受试验的物质具有腐蚀性，则无须再对另一金属进行试验）。

5.1.2　危险化学品包装的标记与标志

为了加强对危险化学品包装的管理，便于在装卸、搬运以及监督检查中，识别危险品的包装方法、包装材料及内、外包装的组合方式，国家对危险品包装规定了统一的标记代号和标志。

5.1.2.1　危险化学品包装的标记

1）危险化学品包装级别的表示

危险化学品包装级别的标记代号用下列小写英文字母表示：

x—符合Ⅰ、Ⅱ、Ⅲ级包装要求；

y—符合Ⅱ、Ⅲ级包装要求；

z—符合Ⅲ级包装要求。

2）危险化学品包装容器和包装材质的表示

危险化学品包装容器用阿拉伯数字表示，包装容器的材质用大写英文字母表示，见表 5.3、表 5.4。

表 5.3　包装形式的数字表示

表示数字	包装形式	表示数字	包装形式
1	桶	6	复合包装
2	木琵琶桶	7	压力容器
3	罐	8	筐、篓
4	箱、盒	9	瓶、坛
5	袋、软管		

表 5.4 包装材质的字母表示

表示数字	包装形式	表示数字	包装形式
A	钢	H	塑料材料
B	铝	L	编制材料
C	天然木	M	多层纸
D	胶合板	N	金属(除铜、铝外)
F	再生木板(锯末板)	P	玻璃、陶瓷、粗瓷
G	硬质纤维板 (瓦楞纸板、硬纸板、钙塑板)	K	柳条、荆条、藤条及竹篾

3)包装件组合类型的表示

包装件组合类型有单一包装、组合包装和复合包装 3 种,所以其表示方法也依包装的组合类型而定。

单一包装的包装型号是由 1 个阿拉伯数字和 1 个英文字母组成,前者表示包装形式,后者表示包装材质。如:1A 表示钢桶包装;1B 表示铝桶包装;2C 表示木琵琶桶包装;4C 表示木箱包装。

单一包装还在型号的右下角增加 1 个阿拉伯数字,表示同一类型包装容器的不同开口型号。如:$1A_1$—表示小开口钢桶(指桶顶开口直径不大于 70 mm 的桶);$1A_2$—表示中开口钢桶(指桶顶开口直径大于小开口桶,小于全开口桶的桶);$1A_3$—表示全开口的钢桶(桶顶可以全开的桶)。

组合包装型号由若干组数码组成,从左至右分别表示外包装和内包装,多层包装以此类推。每组数码由 1 个阿拉伯数字和 1 个大写英文字母组成。顺序与单一包装相同。例如:4C7P 是指外包装为木箱、内包装为玻璃瓶的组合包装。

复合包装的包装型号是由一个表示符合包装的阿拉伯 6 和一组表示包装材质和包装形式的数码组成。这组符号为两个大写英文字母和一个阿拉伯数字表示:第一个英文字母表示内包装的材质,第二个英文字母表示外包装的材质,右边的阿拉伯数字表示包装形式。例:$6HA_1$ 表示内包装为塑料容器,外包装为钢桶的复合包装。$6BA_3$ 表示内包装为铝容器,外包装为钢罐的复合包装。

4)包装标记项目的标示

为使各种类型的包装能够让人们正确地识别,对符合国家标准要求的危险品包装,应当在其外表标注持久、清晰的标记。

危险品包装有以下标记项目。

(1)包装符号指国家或部颁的标准号,如 GB—指符合国家标准;JT—指符合交通运输部部颁标准。

(2)包装型号。

(3)相对密度对拟装液体的包装,如采用相对密度不大于 1.2 时,标记可以省略。

（4）货物质量如为内装固体的包装，其最大总重以" kg"表示。

（5）包装级别。对包装级别可用下列符号表示：

（6）X—用于Ⅰ级包装；

（7）Y—用于Ⅱ级包装；

（8）Z—用于Ⅲ级包装。

（9）试验压力如系内装液体的包装，其液压试验的压力以" kPa"表示。

（10）固体代号。对拟装固体的包装，用"S"表示。

（11）制造年份只需标明年份的后两位数，对塑料桶和塑料罐还应标明生产月份。

（12）生产国别如中国用 CHN 表示。

（13）生产厂代号。

（14）修复包装应标明修复的年份和符号"R"。

常见包装标记的标准方法如图 5.1、图 5.2 所示。

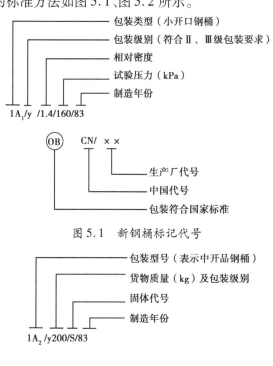

图 5.1　新钢桶标记代号

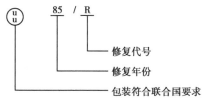

图 5.2　修复后的钢桶标记代号

5）标记的制作及使用

制作：标记采用白底（或采用包装容器底色）黑字，字体要清楚、醒目。标记的制作方法可以印刷、粘贴、涂打和钉附。钢制品容器可以打钢印。

使用:

粘贴的标志——箱状包装,粘贴于包装两端或两侧的明显处;袋、捆包装,粘贴于包装明显的一面;桶形包装,粘贴于桶盖或桶身。

涂打的标志——用油漆、油墨或墨汁,以镂模、印模等方式,按粘贴标志打的位置涂打或者书写。

钉附带标志——用涂打有标志的金属板或木板,钉在包装的两端或两侧明显处。

5.1.2.2 危险化学品包装的标志

为了保证危险化学品储存和运输的安全,使办理储存、运输、经营的人员在进行作业时提高警惕,以防发生危险和一旦发生事故时,便于消防人员能及时采取正确的措施进行。对危险品的包装必须具备国家统一规定的"危险货物包装标志"。

我国规定的各种危险货物的包装标志(GB 190—2009)是参照联合国、国际海事组织、国际铁路合作组织和国际民航组织的有关危险货物运输规则制订的,国家标准局于2009年6月21日发布,2010年5月1日实施。

1)标志分类

危险货物包装标志分为标记(见表5.5)和标签(见表5.6)。标记4个,标签26个,其图形分别标示了9类危险货物的主要特性。

表5.5　危险品包装标记

序号	标记名称	标记图形
1	危害环境物质和物品标记	（符号:黑色,底色:白色）
2	方向标记	（符号:黑色或正红色,底色:白色）（符号:黑色或正红色,底色:白色）
3	高温运输标记	（符号:正红色,底色:白色）

表 5.6　危险货物包装标签

标志号	标志名称	标志图形	对应的危险货物类项号
标志 1	爆炸品	 （符号:黑色,底色:橙红色）	1.1 1.2 1.3
标志 2	爆炸品	 **1.4** 爆炸品 （符号:黑色,底色:橙红色）	1.4
标志 3	爆炸品	 **1.5** 爆炸品 （符号:黑色,底色:橙红色）	1.5
标志 4	爆炸品	 **1.6** （符号:黑色,底色:橙红色）	1.6
标志 5	易燃气体	 （符号:黑色或白色,底色:正红色）	2.1
标志 6	不燃气体	 （符号:黑色或白色,底色:绿色）	2.2
标志 7	有毒气体	 有毒气体 （符号:黑色,底色:白色）	2.3
标志 8	易燃液体	 易燃液体　易燃液体 FLAMMABLE LIQUID （符号:黑色或白色,底色:正红色）	3

续表

标志号	标志名称	标志图形	对应的危险货物类项号
标志9	易燃固体	（符号:黑色,底色:白色红条）	4.1
标志10	自燃物品	（符号:黑色,底色:上白下红）	4.2
标志11	遇湿易燃物品	（符号:黑色或白色,底色:蓝色）	4.3
标志12	氧化剂	（符号:黑色,底色:柠檬黄色）	5.1
标志13	有机过氧化物	（符号:黑色,底色:柠檬黄色）	5.2
标志14	剧毒品	（符号:黑色,底色:白色）	6.1
标志15	有毒品	（符号:黑色,底色:白色）	6.1
标志16	有害品（远离食品）	（符号:黑色,底色:白色）	6.1

续表

标志号	标志名称	标志图形	对应的危险货物类项号
标志 17	感染性物品	感染性物品 6 （符号:黑色,底色:白色）	6.2
标志 18	一级 放射性物品	一级放射性物品 I 7 （符号:黑色,底色:白色,附一条红竖条）	7
标志 19	二级 放射性物品	二级放射性物品 II 7 （符号:黑色, 底色:上黄下白,附两条红竖条）	7
标志 20	三级 放射性物品	三级放射性物品 III 7 （符号:黑色, 底色:上黄下白,附三条红竖条）	7
标志 21	腐蚀品	腐蚀品 8 （符号:上黑下白,底色:上白黑下）	8
标志 22	杂类	杂类 9 （符号:黑色,底色:白色）	9

2)标志的尺寸、颜色

(1)标志的尺寸。

标志的尺寸一般分为 4 种,见表 5.7。

表 5.7　标志的尺寸

序号	长	宽
1	50	50
2	100	100

续表

序号	长	宽
3	150	150
4	250	250

注:如遇特大或特小的运输包装件,标志的尺寸可按规定适当扩大或缩小。

(2)标志的颜色。

标志的颜色按表5.3、表5.4中规定。

3)标志的使用方法

标志的标打,可采用粘贴、钉附及喷涂等方法。

标志的位置规定如下:

箱状包装:位于包装端面或侧面的明显处;

袋、捆包装:位于包装明显处;

桶形包装:位于桶身或桶盖;

集装箱、成组货物:粘贴四个侧面。

每种危险品包装件应按其类别贴相应的标志。但如果某种物质或物品还有属于其他类别的危险性质,包装上除了粘贴该类标志作为主标志以外,还应粘贴表明其他危险性的标志作为副标志,副标志图形的下角不应标有危险货物的类项号。

储运的各种危险货物性质的区分及其应标打的标志,应按 GB 6944、GB 12268 及有关国家运输主管部门规定的危险货物安全运输管理的具体办法执行,出口货物的标志应按我国执行的有关国际公约(规则)办理。

标志应清晰,并保证在货物储运期内不脱落。

标志应由生产单位在货物出厂前标打,出厂后如改换包装,其标志由改换包装单位标打。

5.1.3 危险化学品包装的基本要求

5.1.3.1 影响危险品包装的因素

包装是产品从生产者到使用者之间所采取的一种保护措施,在流通过程中会遇到外界各种因素的影响。所以在设计制作过程中需要充分认识并考虑可能的影响因素,以便采取相应的预防措施。通过观察分析,一般认为包装在流通过程中受以下因素的影响较大。

1)装卸作业影响

产品从生产者手中转到使用者手中,要经过多次的装卸和短距离搬运作业。在作业过程中,可能产生从高处跌落、碰撞等,易使包装以至物品受到外力的冲击,甚至损坏或引起事故。所以,其装卸次数越多,对包装的影响也就越大。如在人工装卸搬运时,一般较大的包装多采用肩扛,高度通常都在 140 cm 左右;而手搬运时,高度为 70 cm 左右。所以不管是用肩扛还是用手搬,跌落时的冲击力都会对包装造成影响。随着现代科学技术的发展,叉车、吊车的广泛应用,使托盘包装、集装箱也广为采用。当吊车吊起或下落时,都有较大的惯力作用于包装上。因此,装卸机械、搬运方式都对包装有着直接的影响。所以包装在设计制作时,要充分考虑装卸机械所产生的外力作用,保证危险品的安全运输与储存。

2)运输中的影响

危险品的长途运输方式,目前主要有汽车、火车、轮船和飞机 4 种。在使用这些运输工具时,一般包装物品所受到的冲击力没有装卸时大、但受振动损坏的机会较多。如汽车运输时,若公路不平,所产生的冲击力和振动力较大;火车运输时,急刹车也会有较大的冲击力;海上船舶运输时,也会产生颠簸振动力和冲击力。另外,负荷、温度、湿度等的变化也会对包装带来影响。

3)储存中的影响

危险品在储存过程中,一般都要堆成具有一定高度的货垛,这样就会对处于下层的包装产生较大的负荷;同时储存时间的长短,储存条件的好坏(如潮湿、梅雨)等也都会对包装产生影响。

4)气象条件的影响

危险品在储存和运输过程中,有可能遇到大风、大雨、冰雪等恶劣天气的影响。如大风会使包装堆垛倒塌受到冲击,大雨、大雪会使包装受潮、受损、锈蚀以至破损、渗漏等。

5.1.3.2　危险品包装的基本安全要求

根据危险品的危险特性和储存与运输特点,危险品包装应符合下列基本要求。

1)包装的材质、种类、封口应与所装物品的性质相符

(1)材质。危险品的性质不同,对其包装及容器材质的要求也不同。如苦味酸若与金属化合,会生成苦味酸和金属盐类(铜、铅、锌盐类),此盐类的爆炸敏感度比苦味酸更大,所以此类炸药严禁使用金属容器盛装,氢氟酸有较强烈的腐蚀性,能腐蚀玻璃。所以不能使用玻璃容器盛装,要用铅桶或耐腐蚀的塑料、橡胶桶装运输和储存;铝在空气中能形成氧化物薄膜,对硫化物、浓硝酸和任何浓度的醋酸及一切有机酸类都有耐腐蚀性,所以冰醋酸、醋酐、甲乙混合酸、二硫化碳(化学试剂除外),一般都用铝桶盛装;铁桶盛装甲醛应涂有防酸保护层(镀锌);所以压缩及液化气体,因其处于较高的压力状态下,应使用特制的耐压气瓶装运。又如,丙烯酸甲酯对铁有一定的腐蚀性,储运中容易渗漏,且丙烯酸甲酯内还有铁离子较多时,亦影响产品质量,所以不能用铁桶盛装。

(2)种类。危险品的状态不同,所选用的包装种类也不同。如液氨是由氨气压缩而成的,沸点−33.55 ℃,乙胺的沸点为 16.6 ℃,在常温下都必须装入耐压力气瓶中;但若将氨气和乙胺溶解于水中。就成了氢氧化铵(氨水)和乙胺水溶液,这时因其状态发生了变化,所以就可用铁桶盛装。

(3)封口。危险品的性质不同,对其包装及容器封口的要求也不同。一般来说,包

装的封口越严密越好。特别是各种气体以及易挥发的危险品包装的封口就应特别严密。如各种钢瓶冲装的压缩气体,当封口不严密而有气体跑出来时,不但剧毒和易燃的气体有中毒和着火的危险,而且由于气瓶内压力很高,气瓶会以高速朝放出气体相反的方向移动,可能造成很大的破坏和严重的人身伤亡事故;添加稳定剂的危险品(如黄磷、金属钠、金属钾、二硫化碳等),容器必须严密封口,不得有任何泄漏,否则,稳定剂溢出,将会发生事故;绝大多数易燃液体,不但极易挥发,且有不同程度的毒性,若容器封口不严,液体溢出,极易造成中毒事故;粉状易燃液体或有毒粉状固体,若封口不严(桶、瓶、袋),粉末撒出与空气混合遇明火易发生爆炸事故或引起中毒,所以,这些危险品的包装必须严密不漏。但是对于碳化钙(电石)等危险品的包装,因其遇水或潮湿空气会产生乙炔气体,当桶内积聚乙炔气体过多而不能排出时,遇到装卸搬运过程中发生碰撞,或桶内坚硬的碳化钙块与铁桶壁碰撞产生火星时,即能引起电石桶内乙炔气体的爆炸,所以盛装碳化钙的铁桶,除充氮者外,一般不能装入塑料容器时,应留有小孔透气,以防容器胀裂;油布、油纸及其制品如遇空气潮湿闷热,本身经重压或密不透气时,则很易积热不散而发生自然,所以其包装应透气,堆垛也必须分开,不能重压。

总之,包装及其容器的材质、种类、封口都要根据所盛装危险品的性质确定,否则会造成事故隐患。

2)包装及其容器要有一定的强度

包装及容器的强度,应能经受储运过程中正常的冲撞、震动、积压和摩擦。

(1)材料的强度。包装材料的强度应根据其应力的大小来确定。应力表示材料本身在单位面积上能够承受的外力,其单位为 kPa。应力可以分为"破坏应力"和"允许应力"。破坏应力(极限强度)表示材料受到外力作用直接到破坏时所能产生的最大应力。但通常在使用材料时,为安全起见,其强度不能按其破坏应力作为计算依据,而应适当地保留材料的储备力量。从破坏应力中,减去一定的安全系数所得到的应力叫"允许应力"(或叫许用应力)。在计算材料强度时,应以允许应力作为标准。

(2)包装的强度。包装的强度虽然与材料的强度有关,但两者并不是一回事。绝不能说,只要材料强度达到了要求,包装也就达到了要求。以木箱为例,其包装的强度除了和木材的强度有关,还和木材的含水率,木箱的形式和结构,增强板条的数量,以及钉子的长度、数量和钉钉的方法有关。铁桶也是如此,它除和铁皮的强度有关外,还和两端边缘的结合方式,桶侧接缝的结合方式,滚动箍的形式,桶端上加边的形式等有关。钢瓶的强度除决定于钢材的强度外,主要还和钢瓶的制造工艺有关。所以除要求包装材料应具有一定的强度外,主要还应要求包装本身有一定的强度。一般讲,性质比较危险,发生事故后危害较大的危险品,其包装强度要求也越高;同一种危险品,单位包装质量越大,危险性也越大,因而包装强度要求也越高;对于内包装较差或用瓶盛装液体的,外包装强度要求应更高;同一类包装,运输距离越远,途中搬运次数越多,外包装强度要求也应越高。

(3)包装强度的检验。包装强度的检验,主要根据在储运过程中可能遇到的各种情况,做各种不同的试验,以检验包装的结构是否合理,制作是否正确,能否经受储运中遇到的各种情况等。

包装检验的内容通常包括:跌落试验(装卸搬运时可能发生的跌落);堆码试验(货物堆垛后可能发生倒塌);液压试验;气密性试验 4 种。这 4 种试验并非每一类包装全要做,而是根据材质包装物品的性质做其中的某几项。

(4)改进包装应注意的问题。由于实际中遇到的情况很复杂,改进包装时,需要根据实际情况具体掌握。如有人将硝铵炸药的外包装改用合成纤维的编织物,强度和致密度均较麻袋略好,但是这种包装物非常光滑,装载车内或库内,如果码放没有挤牢,车辆冲撞或其他振动很容易滑下而发生事故。所以从储存和运输的角度考虑,不宜改用此种包装。又如以条筐代替木箱做外包装,新条框的强度可能符合要求,但由于露天储存,风吹、雨淋、日晒等,容易使筐子腐烂和结构松散,储运中仍然易出事故。再有,有人将纸箱的外铁皮改为五股刷胶纸绳捆扎,强度不够且无铁扣,储运中纸箱相互摩擦,纸箱易折断,包装易散开,不能保证安全等,这些都是值得注意的问题。

3)包装应有适当的衬垫

包装要根据物品的特性和需要,采用适当的材料和正确的方法对物品进行衬垫,以防止运输过程中内、外包装之间,包装和包装之间以及包装对车辆、装卸机械之间发生冲撞、摩擦、震动,致使包装破损。同时,有些物品的衬垫还能防止液体物品挥发和渗漏;当液体泄漏后,还可以起到一定的吸附作用。如钢瓶上的胶圈,盛装铁桶间的胶皮衬垫等,属于防震、防摩擦的外衬垫材质;瓦楞纸、细刨花、草套、塑料套、泼墨塑料、蛭石、弹簧等属于防震的内衬垫材料;矽藻土、陶土、稻草、草套、草垫、无水氯化钙等属于防震和吸附衬垫。衬垫材料的选用应符合盛装危险物品的性质。如硝酸坛的外衬垫就不能用稻草,因为硝酸的氧化能力极强,破漏后接触稻草即可自然而起火;桶装易燃液体不可用易燃材料做衬垫,以防止带来事故和危险;又如,有机乳剂农药,在用玻璃瓶盛装时,不能外加塑料袋,因为这种药液腐蚀性强,会使塑料袋软化或穿孔,当篓子破碎时,也会将塑料袋扎破,药液流出,起不到吸附作用。如加草套、草垫即能衬垫又能起到防震的作用,又能起到吸附的作用;如有的用大块煤渣最为溴素瓶的沉淀材料,不但起不到衬垫和吸附作用,反而容易碰破瓶子造成事故;有的用黄土、黄沙作为酸坛的衬垫和吸附材料,能起到吸附作用,但因为太重而增加了装卸搬运的难度,有时木箱不牢固,还易造成事故。总之,衬垫材料的选择应符合所装危险物品的性质。

4)包装应能经受一定范围内湿度、温度变化的影响

(1)温度的影响。我国幅员辽阔,同一时间内各地气温相差很大。如一月份平均最低气温,哈尔滨为-25.8 ℃,而广州为 9.2 ℃;八月份平均最高气温,昆明为 24.5 ℃,而南京、上海为 33.0 ℃。由于同一时间内南北气温相差很大,有些危险品运输距离较远时,也会随温度的变化而变化。如无水的醋酸,在低温时凝固成冰状,俗称冰醋酸,如用坛子盛装或储运,而液体的冰醋酸遇冷结冰,凝固使体积膨胀,易将坛子胀裂。再由低温地区运往气温较高的地区时,冰醋酸会因熔化(熔点 16.71 ℃)而渗漏。所以,运输距

离较远,温差较大的地区,用这种包装就不合适。

在同一地区,由于季节的变化也会有很大影响。如北京地区冬季的最低气温为-27.4 ℃,夏季的最高气温为40.6 ℃,有些危险品在储存期间也会随温度的变化而发生变化,这就要求包装能适应这种变化。如氰化氢、四氧化二氮本身都是液体,但它们的沸点极低,一般在20 ℃以上即变为气体,所以必须用钢瓶盛装。

(2)湿度的影响。和温度一样,在同一时间内各地的相对湿度也相差很大。如8月份的平均相对湿度,上海为84%,乌鲁木齐却为44%。在同一地区,季节不同,相对湿度也大不一样。以北京地区为例,四、五月份的相对湿度为50% ~60%,而8月份的相对湿度为70% ~80%。由于相对湿度的影响,包装的防潮措施就应按相对湿度最大的地区和季节来考虑。尤其忌湿危险品的包装,应能经受一定范围内湿度变化的影响。

包装的防潮措施一般应从两方面考虑。首先,应采用防潮衬垫,危险品包装防潮衬垫的作用是,防止物品吸潮后变质以及吸潮后引起化学反应而发生事故。常用的防潮衬垫有塑料袋、沥青纸、铝箔纸、耐油纸、蜡纸、防潮玻璃纸、抗潮及吸潮干燥剂等。其次,危险品包装本身亦应具有一定的防潮性能。如纸箱本身需刷油,使其具有一定的防水性。特别是将水箱、条筐等改为纸箱时,一定要对纸箱的防水性能提出具体要求。采用纸袋、麻袋、布袋等防潮性差的包装盛装危险品时,除要求里面有防潮衬垫外,袋子本身亦应有防潮层。

5)包装的容积、质量和形式应便于装卸和运输

每件包装的容积、质量(重量)和形式都应适应装卸利搬运的条件,不应过大或过重。每件包装容积和质量的大小与装卸机具、机械化程度以及包装的强度有关。人工装卸时还与人体的负重能力有关。如国家颁发的《装卸搬运劳动作业条件规定》(1956年):女工及未成年男工,其单人负重一般不超过25 kg,两人抬运的总质量不超过50 kg;成年男工单人负重不得超过80 kg;两人抬运时,每人平均质量不超过70 kg。参照此规定,当人工装卸搬运易燃易爆等怕震、怕摔、怕碰的危险品时,男工的单人负重不得超过50 kg,两人抬运时,每人平均负重不应超过40 kg。若单人负重超过50 kg时,平地上搬运距离不应大于20 m。根据此规定精神,国家对需要人工搬运的危险品包装,如各种袋类包装,木桶、木琵琶桶和易碎的玻璃瓶、陶坛等,最大质量不得大于50 kg。

当采用机械吊装时,虽可大大提高载重量,也限制质量不得大于400 kg。

考虑到包装强度对包装容积的影响,对包装强度较小的包装容器的容积都应严格限制。如国家规定,对胶合板桶、木琵琶桶容积不应大于60 L,玻璃瓶、陶坛等易碎容器的容积不应大于32 L等,其他材质的各种包装的最大容积也不得大于450 L。此外,根据装卸和搬运的需要,对于较重的包装件,还应有便于提起的提手、抓手或吊装的环扣,以便于装卸作业。

根据我国《危险货物运输包装通用技术条件》(GB 12463—1990)的规定,对危险品包装的最大容积和最大质量的限制如表5.8所示。

表 5.8 各种危险品包装允许的最大容积和最大质量

类别	包装形式与型号	最大包装容积/L	最大包装质量/kg
桶类	钢桶(1A)	450	400
	铝桶(1B)	450	400
	钢罐(3A)	60	120
	胶合板桶(1D)	250	400
	木琵琶桶(2C)	250	400
	硬质纤维板桶(1F)	250	400
	履纸板桶(1G)	450	400
	塑料桶(1H)	450	400
	塑料罐(3H)	60	120
箱类	木箱(4C)		400
	胶合板箱(4D)		400
	再生木板箱(4F)		400
	纸板箱(4G)		400
	钢箱(4A)		400
袋类	纺织品编织袋(5I)		
	塑料编织袋(5H)		
	塑料袋(SH4)		
	纸袋(5M)		
瓶类	玻璃瓶、陶坛	30	50

5.1.4 危险化学品包装的性能测试

由于危险品具有特殊的危险性质,为了确保安全储存、运输、销售和使用等,避免所装的危险品在正常的储存、运输、销售和使用条件下受到伤害,对危险品的包装必须进行规定的性能试验,试验合格后才能使用。

每一种包装在开始生产前就应对该包装的设计、材料、制造和包装方法等方面进行试验。

无论设计还是材料或制造方法有变动,都应重新进行试验。同时还应按照主管部门规定的时间间隔,对生产的包装进行定期的重复试验或抽样检查试验,以确保包装的质量。

5.1.4.1 危险品包装试验的基本要求

在试验时,包装应处于待装状态,拟装物品可用非危险物品代替,并按物质状态的不同选择不同替代品。

对固态物质至少应与拟装物质的物理特性、相对密度粒径等相同;液态物质应至少与拟装物品的物理特性、相对密度、黏度等相同。其装满度:固态物质必须装至包装容积的95%;液态物质必须装至包装容积的98%;对于纸质或者纤维板包装,应置于控制温度和相对湿度的大气中持续至少24 h。温度和湿度有3种选择,可任选其中之一,最好是在大气温度(23±2)℃,相对湿度48%~52%的气候状态下进行。也可以在气温18~20 ℃,相对湿度63%~67%,或气温25~29 ℃,相对湿度为63%~67%的气候状态下进行试验。

对于塑料包装,温度应降至<-18 ℃下进行。内装物为液体的应保持液态,如需要防冻时可加入防冻剂。对木琵琶桶至少应在实验前24 h盛满水。

封闭器应由类似不通风的封闭器代替和将孔口封闭。

5.1.4.2　危险品包装的试验项目

包装需要检验的项目根据包装类型的不同有所区别。如跌落试验除了陶、坛、玻璃瓶等易碎包装外,其他类型的包装都要做,而袋类包装只需进行跌落试验一种。各类危险品包装所需要求的试验项目见表5.9。

表5.9　各类危险品包装所需要求的试验项目

包装类型	跌落试验	气密试验	液压试验	堆码试验	桶体试验
铁(钢)桶(罐)	√	√	√	√	
铝桶	√	√	√	√	
木琵琶桶	√	—	—	√	√
胶合板桶	√	—	—	√	
纤维板桶	√	—	—	√	
塑料桶(罐)	√	√	√	√	
钢箱	√	√	—	√	
木箱	√	—	—	√	
胶合板箱	√	—	—	√	
再生木箱	√	—	—	√	
纤维板箱	√	—	—	√	
塑料箱	√	—	—	√	
耐酸坛、陶瓷坛、厚度3 mm以上的大玻璃瓶	—	—	√	√	
纺织品袋	√	—	—	—	
塑料编织袋	√	—	—	—	
塑料薄膜袋	√	—	—	—	
纸袋	√	—	—	—	

注:"√"表示要试验项目,"—"表示不需要试验项目。

5.1.4.3　危险品包装的性能测试

《危险货物运输包装通用技术条件》(GB 12463—2009)中规定了危险品包装的四

种测试方法,即:跌落试验、气压试验、液压试验和堆码试验。另外,部分危险货物包装还需要做桶体试验和渗透性试验。

1)跌落实验

跌落试验的目标应为坚硬、无弹性、平坦和水平的表面。试验时应当平落,重心垂直于撞击点上。试样的数量与跌落方位依包装类型的不同而有不同的要求,详见表5.10。

表5.10　跌落试验要求

包装试样	试样数量	跌落部位
铁(钢)桶(罐) 铝桶 胶合板桶 纤维板桶 塑料桶(罐) 木琵琶桶 复合包装(桶状)	试样6个,试验分2次,每次跌落3个	第一次跌落(用3个试样)应以桶的凸边斜着撞击在冲击板上。如果容器没有凸边,则撞击周边接缝上或一棱边上 第二次跌落(用另外3个试样)应以第一次跌落未试验过的最弱部位撞击在冲击板上,例如封闭装置或者某些圆柱形桶,则撞击在桶身的纵向焊缝上
木箱 胶合板箱 再生木箱 纤维板箱 铁皮箱 塑料箱 复合包装(箱状)	试样5个,分5次,每次跌落1个	第一次跌落:底部平跌 第二次跌落:顶部平跌 第三次跌落:长侧面平跌 第四次跌落:短侧面平跌 第五次跌落:棱角着地
纺织品袋 塑料编织袋	试样3个,每袋跌落2次	第一次:宽面平落 第二次:袋的端部跌落
塑料袋 纸袋	试样3个,每袋跌落3次	第一次:宽面平落 第二次:窄面平落 第三次:袋的端部跌落

跌落试验的跌落高度依拟装物品的状态有所不同,同时液体物品又依物品的相对密度不同有不同的要求,见表5.11。

表5.11　跌落试验的高度　　　　　　　　　　　　　　　　　　　单位/m

包装介质状态	Ⅰ级包装	Ⅱ级包装	Ⅲ级包装
固体	1.8	1.2	0.8
包装介质相对密度<1.2时	1.8	1.2	0.8
包装介质相对密度>1.2时	$1.5d$	$1d$	$0.67d$

注:1. d 为拟装物质的相对密度。

　　2.跌落高度应按悬吊包装件最低点和冲击面之间的最近距离计算。

经过跌落试验的危险品包装及其内部,不得有任何渗漏或严重破裂。如系盛装爆炸品的包装不允许有任何破裂。当开口桶准备用来盛装固体时,其跌落试验的方法应用顶部撞击在目标上。如果通过某项装置(如塑料袋)内容仍保持完整无损,即使桶盖不再具有防漏能力,该包装应视为试验合格。对于盛装液体的包装,内外压力达到平衡时,包装不漏为试验合格。对于袋类包装,其外层及外包装没有严重破裂,内装物没有损失为试验合格。

2)气密试验

气密试验只适用于铁桶、铝桶、塑料桶和钢箱。试样数量要求每个桶都要进行试验。试验要在第一次使用前和修复后的再次使用之前进行。

试验的方法是将被试验的包装浸入水中(浸水方法不能影响试验效果),并向包装内冲罐气压;达到的压力标准不应小于表 5.12 的要求。试验后不漏气即为合格。

表 5.12　危险品包装气密性试验的气压标准

包装级别	Ⅰ级包装	Ⅱ级包装	Ⅲ级包装
压力/kPa	30	20	20

3)液压(内压)试验

液压试验适用于铁(钢)桶(罐)、铝桶、塑料桶和耐酸坛、陶瓷坛,厚度 3 mm 以上的大玻璃瓶。试样数量一般为 3 个。方法是将被试包装连续均匀地施加压力,在整个试验期间应保持稳定。包装不得用机械支撑。若采用机械支撑包装的方法时,不得影响试验效果。考虑到储存或运输过程中可能遇到的最高温度,要求达到的试验压力应不低于 55 ℃时的总表压(充满物质的蒸汽压力加上惰性气体的压力)乘上安全系数 1.5.对于总表压,应在同体物质充装至其容积的 95% ,液体物质充装至其容积的 98% 和充罐温度为 15 ℃时的最大限度充罐的基础上确定。但对于拟装Ⅰ类包装物品(一级危险品)的包装试验压力不应低于 250 kPa;对拟装Ⅱ、Ⅲ类包装物质(二、三级危险品)的包装试验压力不应低于 100 kPa。试验压力的持续时间,视包装材质的不同而定,对于塑料包装和内容器为塑料材质的复合包装为 30 min,其他材质的包装和复合包装为 5 min。在保压持续时间内不漏气为合格。

4)堆码试验

堆码试验适用于桶类包装和箱类包装。试样数量为 3 个。试验方法是,在试样上面施加相当于在其上堆码 3 m 高度(一般堆码的高度为 3 m,海运堆码高度为 8 m)、同等货物的总质量,保持 24 h。

对拟装液体的塑料包装,应能承受 ≥40 ℃的条件下为期 28 d 的堆码试验。经试验,包装没有严重破裂,装在其中的容器没有任何破裂和泄漏,且包装本身没有强度降低或造成堆积不稳的任何变形等,即为试验合格。

5)桶体试验

危险品包装的桶体试验只适用于木琵琶桶。方法是,用试样一个,拆下空桶中腹以上所有桶箍,保持至少 2 d,如若桶上半部横部面直径的扩张不超过 10% ,即为合格。

6）渗透性试验

对拟装闪点低于 60 ℃ 易燃液体的塑料桶和罐（6HA1 除外），如采用铁路运输直接出口则应进行渗透性试验。

试验样品数为每种设计型号取 3 个样品。将试验样品在盛装物或标准溶液后在温度 23 ℃、相对湿度 50% 的条件下保存 28 d。称取其在 28 d 保存期前后的质量，并计算其渗透率。渗透率不超过 0.008 g/h 为试验合格。

5.1.5　危险化学品包装事故案例

＜铝银粉包装不合规导致自燃事故＞

1）事故概况

1988 年我国远洋轮"龙溪口"载货航行至印度洋时，第二舱突然爆炸起火，之后危及其他舱口。由于来势凶猛已经无法施救，船长不得已下令弃船，该轮于第二天沉没。

事后展开调查，根据货运报表及积载图分析，最大的可能是第二舱二层柜上装载的四十余桶铝银粉自燃所致。

2）事故原因

铝银粉，又名银粉、铝粉，呈银白色，生产铝制品的工厂都少不了它，铝银粉又广泛应用于颜料、油漆、油墨、烟花、冶金、化工等产品之中。也可以作为加气剂，用作多孔混凝土制品的原料。一般来说成型的铝块，只有在明火点燃时才会燃烧。但铝粉就不同了，只要有一颗小小的火星溅落，都可以引起燃烧。当空气中悬浮着铝银粉时，危险性就更大，在每立方米的体积中如果有 40 g 铝银粉悬浮，就生成爆炸的条件。铝银粉还能与水发生反应，如果是大量的水与铝银粉接触，这种反应倒不会发生；怕就怕铝银粉处于潮湿的环境中，缓慢地吸收水分，就会发生化学反应，放出氢气，并产生热量，其危险性就极大。

正因为铝银粉有这些特性，所以在投入运输前要经过涂层处理，在铝银粉颗粒外涂油脂或石蜡。经过涂层处理的铝银粉，属于危险物品第四类的易燃固体，联合国编号为 1309，在《国际海运危险货物规则》中，有关特性和注意事项内，特别注明："如果用油或蜡进行处理，则在常温下不会发生这种情况。"即是指不会发生与水反应放出氢气的危险性。但即便如此，涂层处理过的铝银粉，还是容易与酸类和苛性碱发生反应，与氧化剂也容易化学反应而引起爆炸，因而必须与这些物质严加隔离。

"龙溪口"轮载的铝银粉，是经过涂层处理后，用金属桶包装。根据事后调查证实，这个包装的密封程度没有达到国际上认定的标准。由于容器密封不良，潮气侵入桶内，舱内的温度又比较高，致使桶内铝银粉所涂的油脂熔化。裸露的铝银粉吸入空气中的水分之后，产生化学反应，这时候的铝银粉就成了未经涂层处理的物品，属第四类中的"遇水放出易燃气体的物品"。联合国编号为 1396，在《国际海运危规》的"积载与隔离"栏内特别注明："仅能在干燥气候下装载，舱内应具有机械通风。避开生活居住处所铝银粉在当时这种情况下不断地与空气中的水分发生化学反应，放出氢气，并积聚热量；热能又不断地加快这种化学反应的发生，致使越来越多的氢气聚集在船舱内。在船舱这种特定的条件下，猛烈爆炸更会引起一系列的更强烈的反应，足够使一条万吨巨轮覆灭。

3）事故教训

"龙溪口"轮沉没事故给我们的教训是：

①货物包装必须严格地符合国家或国际上认定的标准，不能有丝毫的差距。

②包装不良是交通运输过程中货损事故的主要原因之一。对于产品的生产厂来说，货物的运输包装属于追加成本。为了提高企业的经济效益，经营者就想千方百计地降低追加成本，而往往就在货物外包装上做文章。结果由于货物运输包装不良，轻则货物受损坏，造成浪费，重则引发货运事故。这样的教训实在是不少。把好货物包装的检查这一关，我们港口的作业工人和现场管理人员责无旁贷。

4）思考题

①依据《危险货物分类和品名编号》（GB 6944），铝银粉属于哪一类危险货物？具有哪些危险特点？

②依据《危险货物分类和品名编号》（GB 6944），第4.3项危险货物包装的分类要求是如何规定的？

③危险货物包装应该具备哪些功能？

④危险化学品运输事故原因分析？

⑤危险化学品运输企业应该具备哪些条件？

5.2　危险化学品经营的安全管理

危险化学品的经营是指企业、单位、个体工商户、百货商场、企业分支机构、化工生产企业在厂外设立的销售网点。经过审批后进行的批发、零售爆炸品、压缩气体和液化气体、易燃液体、易燃固体、自燃物品和遇湿易燃物品、氧化剂和有机过氧化物、有毒品和腐蚀品的商业行为。

危险化学品具有易燃、易爆、有毒、腐蚀等危险特性，在经营环节中，由于环境条件变化以及管理不善极易引起燃烧、爆炸、烧伤、中毒等恶性事故，给人民生命财产造成严重损失。危险化学品经营单位在组织商品流通过程中，要始终把危险化学品安全管理认真抓好，经营活动中商品的购进、销售、储存、运输、废弃物处置都要按照国家颁布的法律、法规、标准的要求认真执行。

《危险化学品安全管理条例》（国务院令第591号）在危险化学品经营安全管理方面的规定：国家对危险化学品经营（包括仓储经营）实行许可制度。未经许可，任何单位和个人都不得经营危险化学品。《危险化学品安全管理条例》对危险化学品经营单位应具备的安全条件作了要求，即危险化学品经营企业，必须具备下列条件：

①有符合国家标准、行业标准的经营场所，储存危险化学品的还应当符合国家标准、行业标准的储存设施；

②从业人员经过专业技术培训并经考核合格；

③有健全的安全管理规章制度；

④有专职安全管理人员；

⑤有符合国家规定的危险化学品事故应急预案和必要的应急救援器材、设备；

⑥法律、法规规定的其他条件。

国家对危险化学品经营（包括仓储经营）实行许可证制度。经营危险化学品的企业，应当依照规定取得《经营许可证》，未取得经营许可证，任何单位和个人都不得经营危险化学品，但从事下列危险化学品经营活动，不需要取得经营许可证：①依法取得危险化学品安全生产许可证的危险化学品生产企业在其厂区范围内销售本企业生产的危险化学品的；②依法取得港口经营许可证的港口经营人在港区内从事危险化学品仓储经营的。

国家安全生产监督管理总局已于 2012 年 7 月出台《危险化学品经营许可证管理办法》，并于 2012 年 9 月 1 日起实施。《危险化学品经营许可证管理办法》对危险化学品的经营许可范围、经营许可证颁发管理、许可证的申请与审批、许可证的监督管理、法律责任等作出了明确规定。

5.2.1　经营场所要求

依据《危险化学品经营企业安全技术基本要求》（GB 18265—2019）的规定，危险化学品经营企业的危险化学品仓库和危险化学品商店应分别满足相应的安全技术要求。

1）危险化学品仓库安全技术基本要求

（1）危险化学品经营企业的危险化学品仓库应符合本地区城乡规划，选址在远离市区和居民区的常年最小频率风向的上风侧。

（2）危险化学品经营企业的危险化学品仓库防火间距应按 GB 50016 的规定执行。危险化学品仓库与铁路安全防护距离与公路、广播电视设施、石油天然气管道、电力设施距离应符合其法规要求。

（3）危险化学品经营企业的爆炸物库房，与防护目标至少保持 1 000 m 的距离。还应按 GB/T 37243 的规定，采用事故后果法计算外部安全防护距离。事故后果法计算时应采用最严重事故情境计算外部安全防护距离。

（4）涉及有毒气体或易燃气体，且其构成危险化学品重大危险源的库房还应按 GB/T 37243 的规定，采用定量风险评价法计算外部安全防护距离。定量风险评价法计算时应采用可能储存的危险化学品最大量计算外部安全防护距离。

（5）危险化学品仓库建设应按 GB 50016 平面布置、建筑构造、耐火等级、安全疏散、消防设施、电气、通风等规定执行。

（6）爆炸物库房建设应按 GB 50089 或 GB 50161 平面布置、建筑与结构、消防、电气、通风等规定执行。

（7）危险化学品库房应防潮、平整、坚实、易于清扫。可能释放可燃性气体或蒸汽，在空气中能形成粉尘、纤维等爆炸性混合物的危险化学品库房应采用不发生火花的地面。储存腐蚀性危险化学品的库房的地面、踢脚应采取防腐材料。

（8）危险化学品经营企业应建立危险化学品追溯管理信息系统，应具备危险化学品出入库记录，库存危险化学品品种、数量及库内分布等功能，数据保存期限不得少于 1年，且应异地实时备份。

（9）爆炸物应按不同品种单独存放。当受条件限制，不同品种爆炸物需同库存放时,应确保爆炸物之间不是禁忌物品且包装完整无损。

(10)有机过氧化物应储存在危险化学品库房特定区域内,避免阳光直射,并应满足不同品种的存储温度、湿度要求。

(11)遇水放出易燃气体的物质和混合物应密闭储存在设有防水、防雨、防潮措施的危险化学品库房中的干燥区域内。

(12)自热物质和混合物的储存温度应满足不同品种的存储温度、湿度要求,并避免阳光直射。

(13)自反应物质和混合物应储存在危险化学品库房特定区域内,避免阳光直射并保持良好通风,且应满足不同品种的存储温度、湿度要求。自反应物质及其混合物只能在原装容器中存放。

(14)储存可能散发可燃气体、有毒气体的危险化学品库房应按 GB 50493 的规定配备相应的气体检测报警装置,并与风机联锁。报警信号应传至 24 h 有人值守的场所,并设声光报警器。

(15)储存易燃液体的危险化学品库房应设置防液体流散措施。剧毒物品的危险化学品库房应安装通风设备。

(16)危险化学品仓库应在库区建立全覆盖的视频监控系统和安警示标志。不能用水、泡沫等灭火的危险化学品库房应在库房外适当位置设置醒目标识。

2)危险化学品商店安全技术基本要求

(1)危险化学品经营企业的危险化学品商店禁止选址在人员密集场所、居住建筑内。危险化学品商店建筑构造、耐火等级、安全疏散、消防设施、电气、通风应按 GB 50016 规定执行。

(2)危险化学品商店的营业场所面积(不含备货库房)应不小于 60 m²,危险化学品商店内不应设有生活设施。营业场所与备货库房之间,以及危险化学品商店与其他场所之间应进行防火分隔。

(3)备货库房应设置高窗,窗上应安装防护铁栏,窗户应采取避光和防雨措施。备货库房地面应防潮、平整、坚实、易于清扫。可能释放可燃性气体或蒸汽,在空气中能形成粉尘、纤维等爆炸性混合物的备货库房应采用不发生火花的地面。储存腐蚀性危险化学品的备货库房的地面、踢脚应采取防腐材料。

(4)营业场所只允许存放单件质量小于 50 kg 或容积小于 50 L 的民用小包装危险化学品,其存放总质量不得超过 1 t,且营业场所内危险化学品的量与 GB 18218 中所规定的临界量比值之和应不大于 0.3。

(5)备货库房只允许存放单件质量小于 50 kg 或容积小于 50 L 的民用小包装危险化学品,其存放总质量不得超过 2 t,且备货库房内危险化学品的量与 GB 18218 中所规定的临界量比值之和应不大于 0.6。

(6)只允许经营除爆炸物、剧毒化学品(属于剧毒化学品的农药除外)以外的危险化学品。

(7)危险化学品不应露天存放。

(8)危险化学品的摆放应布局合理,禁忌物品要求按 GB 15603 的规定执行。

　　(9)应建立危险化学品经营档案,档案内容应至少包括危险化学品品种、数量、出入记录等,数据保存期限应不少于 1 年。

　　(10)备货库房平开门应向疏散方向开启。平开门及窗应设等电位接地线,门外应设人体静电消除器设施。

　　(11)备货库房内的包装危险环境电力装置应按 GB 50058 的规定执行。

　　(12)备货库房照明设施、电气设备的配电箱及电气开关应设置在库外,并应可靠接地,安装过压、过载、触电、漏电保护设施,采取防雨、防潮保护措施。

　　(13)备货库房应有防止小动物进入的设施。

　　(14)危险化学品商店应设置视频监控设备。配备灭火器等消防器材,应按 GB 2894 的规定设置安全警示标志。

5.2.2　经营许可管理

　　危险化学品许可经营范围包括列入《危险化学品目录》的危险化学品,如爆炸品、压缩气体和液化气体、易燃液体、易燃固体、自燃物品和遇湿易燃物品、氧化剂和有机过氧化物、有毒品和腐蚀品等;但不包括民用爆炸品、放射性物品、核能物质和城镇燃气的经营活动。禁止经营《淘汰落后生产能力、工艺和产品的目录》中的落后产品中的危险化学品、《禁止进口货物目录》和《禁止出口货物目录》中的危险化学品。

　　经营属于危险化学品类农药的单位应按《危险化学品安全管理条例》《危险化学品经营许可证》等相关规定办理危险化学品经营许可证。

5.2.3　危险化学品经营许可证颁发管理

　　危险化学品经营许可证由国家安全生产监督管理总局统一印制,其颁发管理工作实行"企业申请、两级发证、属地监管"的原则。国家安全生产监督管理总局指导、监督全国经营许可证的颁发和管理工作。省、自治区、直辖市人民政府安全生产监督管理部门指导、监督本行政区域内经营许可证的颁发和管理工作。

　　设区的市级人民政府安全生产监督管理部门(以下简称市级发证机关)负责下列企业的经营许可证审批、颁发:

　　(1)经营剧毒化学品的企业;

　　(2)经营易制爆危险化学品的企业;

　　(3)经营汽油加油站的企业;

　　(4)专门从事危险化学品仓储经营的企业;

　　(5)从事危险化学品经营活动的中央企业所属省级、设区的市级公司(分公司)。

　　(6)带有储存设施经营除剧毒化学品、易制爆危险化学品以外的其他危险化学品的企业。

　　其他的危险化学品经营企业由县级人民政府安全生产监督管理部门(以下简称县级发证机关)负责本行政区域内经营许可证审批、颁发;没有设立县级发证机关的,其经营许可证由市级发证机关审批、颁发。

5.2.4 经营许可证的申请与审批

1) 申请经营许可证的条件

(1)从事危险化学品经营的单位(统称申请人)应当依法登记注册为企业,并具备以下基本条件:

①经营和储存场所、设施、建筑物符合《建筑设计防火规范》(GB 50016)、《石油化工企业设计防火规范》(GB 50160)、《汽车加油加气站设计与施工规范》(GB 50156)、《石油库设计规范》(GB 50074)等相关国家标准、行业标准的规定;

②企业主要负责人和安全生产管理人员具备与本企业危险化学品经营活动相适应的安全生产知识和管理能力,经专门的安全生产培训和安全生产监督管理部门考核合格,取得相应安全资格证书;特种作业人员经专门的安全作业培训,取得特种作业操作证书;其他从业人员依照有关规定经安全生产教育和专业技术培训合格;

③有健全的安全生产规章制度和岗位操作规程;其中安全生产规章制度包括全员安全生产责任制度、危险化学品购销管理制度、危险化学品安全管理制度(包括防火、防爆、防中毒、防泄漏管理等内容)、安全投入保障制度、安全生产奖惩制度、安全生产教育培训制度、隐患排查治理制度、安全风险管理制度、应急管理制度、事故管理制度、职业卫生管理制度等;

④有符合国家规定的危险化学品事故应急预案,并配备必要的应急救援器材、设备;

⑤法律、法规和国家标准或者行业标准规定的其他安全生产条件。

(2)申请人经营剧毒化学品的,除符合危险化学品经营单位应具备的基本条件外,还应当建立剧毒化学品双人验收、双人保管、双人发货、双把锁、双本账等管理制度。

(3)申请人带有储存设施经营危险化学品的,除符合危险化学品经营单位应具备的基本条件外,还应当具备下列条件:

①新设立的专门从事危险化学品仓储经营的,其储存设施建立在地方人民政府规划的用于危险化学品储存的专门区域内;

②储存设施与相关场所、设施、区域的距离符合有关法律、法规、规章和标准的规定;

③依照有关规定进行安全评价,安全评价报告符合《危险化学品经营企业安全评价细则》的要求;

④专职安全生产管理人员具备国民教育化工化学类或者安全工程类中等职业教育以上学历,或者化工化学类中级以上专业技术职称,或者危险物品安全类注册安全工程师资格;

⑤符合《危险化学品安全管理条例》《危险化学品重大危险源监督管理暂行规定》《常用危险化学品贮存通则》(GB 15603)的相关规定。

(4)申请人储存易燃、易爆、有毒、易扩散危险化学品的,除符合危险化学品经营单位应具备的基本条件外,还应当符合《石油化工可燃气体和有毒气体检测报警设计规范》(GB 50493)的规定。

2) 申请经营许可证需要提交的材料

(1) 申请人申请经营许可证,应当依照相关规定向所在地市级或者县级发证机关(以下统称发证机关)提出申请,提交下列文件、资料,并对其真实性负责:

① 申请经营许可证的文件及申请书;

② 安全生产规章制度和岗位操作规程的目录清单;

③ 企业主要负责人、安全生产管理人员、特种作业人员的相关资格证书(复制件)和其他从业人员培训合格的证明材料;

④ 经营场所产权证明文件或者租赁证明文件(复制件);

⑤ 工商行政管理部门颁发的企业性质营业执照或者企业名称预先核准文件(复制件);

⑥ 危险化学品事故应急预案备案登记表(复制件)。

(2) 带有储存设施经营危险化学品的,申请人还应当提交下列文件、资料:

① 储存设施相关证明文件(复制件);租赁储存设施的,需要提交租赁证明文件(复制件);储存设施新建、改建、扩建的,需要提交危险化学品建设项目安全设施竣工验收意见书(复制件);

② 重大危险源备案证明材料、专职安全生产管理人员的学历证书、技术职称证书或者危险物品安全类注册安全工程师资格证书(复制件);

③ 安全评价报告。

3) 经营许可证的发放

(1) 发证机关收到申请人提交的文件、资料后,应当按照下列情况分别作出处理:

① 申请事项不需要取得经营许可证的,当场告知申请人不予受理;

② 申请事项不属于本发证机关职责范围的,当场作出不予受理的决定,告知申请人向相应的发证机关申请,并退回申请文件、资料;

③ 申请文件、资料存在可以当场更正的错误的,允许申请人当场更正,并受理其申请;

④ 申请文件、资料不齐全或者不符合要求的,当场告知或者在 5 个工作日内出具补正告知书,一次告知申请人需要补正的全部内容;逾期不告知的,自收到申请文件、资料之日起即为受理;

⑤ 申请文件、资料齐全,符合要求,或者申请人按照发证机关要求提交全部补正材料的,立即受理其申请。

发证机关受理或者不予受理经营许可证申请,应当出具加盖本机关印章和注明日期的书面凭证。

(2) 发证机关受理经营许可证申请后,应当组织对申请人提交的文件、资料进行审查,指派 2 名以上工作人员对申请人的经营场所、储存设施进行现场核查,并自受理之日起 30 日内作出是否准予许可的决定。对符合条件的,发证机关应当自决定之日起 10 个工作日内颁发经营许可证;对不符合条件的,应当在 10 个工作日内书面告知申请人并说明理由,告知书应当加盖本机关印章。

经营许可证分为正本、副本,正本为悬挂式,副本为折页式。正本、副本具有同等法律效力。经营许可证正本、副本应当分别载明下列事项：

①企业名称；

②企业住所（注册地址、经营场所、储存场所）；

③企业法定代表人姓名；

④经营方式；

⑤许可范围；

⑥发证日期和有效期限；

⑦证书编号；

⑧发证机关；

⑨有效期延续情况。

4）许可证的变更申请

（1）具有下列情况的企业需进行经营许可证的变更申请。

①已经取得经营许可证的企业变更企业名称、主要负责人、注册地址或者危险化学品储存设施及其监控措施的，应当自变更之日起20个工作日内，向规定的发证机关提出书面变更申请，并提交下列文件、资料：

a. 经营许可证变更申请书；

b. 变更后的工商营业执照副本（复制件）；

c. 变更后的主要负责人安全资格证书（复制件）；

d. 变更注册地址的相关证明材料；

e. 变更后的危险化学品储存设施及其监控措施的专项安全评价报告。

②已经取得经营许可证的企业有新建、改建、扩建危险化学品储存设施建设项目的，应当自建设项目安全设施竣工验收合格之日起20个工作日内，向规定的发证机关提出变更申请，并提交危险化学品建设项目安全设施竣工验收意见书（复制件）等相关文件、资料。

（2）审查与变更。

发证机关受理变更申请后，应当组织对企业提交的文件、资料进行审查，并自收到申请文件、资料之日起10个工作日内作出是否准予变更的决定。

发证机关作出准予变更决定的，应当重新颁发经营许可证，并收回原经营许可证；不予变更的，应当说明理由并书面通知企业。

经营许可证变更的，经营许可证有效期的起始日和截止日不变，但应当载明变更日期。

5）许可证的重新申请

已经取得经营许可证的企业，有下列情形之一的，应当按照规定重新申请办理经营许可证，并提交相关文件、资料：

（1）不带有储存设施的经营企业变更其经营场所的；

（2）带有储存设施的经营企业变更其储存场所的；

（3）仓储经营的企业异地重建的；

（4）经营方式发生变化的；

（5）许可范围发生变化的。

6）许可证的延期申请

（1）经营许可证的有效期为 3 年。有效期满后，企业需要继续从事危险化学品经营活动的，应当在经营许可证有效期满 3 个月前，向规定的发证机关提出经营许可证的延期申请，并提交延期申请书及规定的申请文件、资料。

（2）企业提出经营许可证延期申请时，可以同时提出变更申请，并向发证机关提交相关文件、资料。

（3）符合下列条件的企业，申请经营许可证延期时，经发证机关同意，可以只提交延期申请书：

①严格遵守有关法律、法规和本办法；

②取得经营许可证后，加强日常安全生产管理，未降低安全生产条件；

③未发生死亡事故或者对社会造成较大影响的生产安全事故。

带有储存设施经营危险化学品的企业，除符合前款规定条件的外，还需要取得并提交危险化学品企业安全生产标准化二级达标证书（复制件）。

（4）发证机关受理延期申请后，应当依照相关规定，对延期申请进行审查，并在经营许可证有效期满前作出是否准予延期的决定；发证机关逾期未作出决定的，视为准予延期。

发证机关作出准予延期决定的，经营许可证有效期顺延 3 年。

5.2.5　经营许可证的管理

任何单位和个人不得伪造、变造经营许可证，或者出租、出借、转让其取得的经营许可证，或者使用伪造、变造的经营许可证。

发证机关应当坚持公开、公平、公正的原则，严格依照法律、法规、规章、国家标准、行业标准和规定的条件及程序，审批、颁发经营许可证。

发证机关及其工作人员在经营许可证的审批、颁发和监督管理工作中，不得索取或者接受当事人的财物，不得谋取其他利益。

发证机关应当加强对经营许可证的监督管理，建立、健全经营许可证审批、颁发档案管理制度，并定期向社会公布企业取得经营许可证的情况，接受社会监督。

发证机关应当及时向同级公安机关、环境保护部门通报经营许可证的发放情况。

安全生产监督管理部门在监督检查中，发现已经取得经营许可证的企业不再具备法律、法规、规章、国家标准、行业标准和本办法规定的安全生产条件，或者存在违反法律、法规、规章和本办法规定的行为的，应当依法作出处理，并及时告知原发证机关。

发证机关发现企业以欺骗、贿赂等不正当手段取得经营许可证的，应当撤销已经颁发的经营许可证。

已经取得经营许可证的企业有下列情形之一的，发证机关应当注销其经营许可证：

（1）经营许可证有效期届满未被批准延期的；

（2）终止危险化学品经营活动的；

（3）经营许可证被依法撤销的；

（4）经营许可证被依法吊销的。

发证机关注销经营许可证后，应当在当地主要新闻媒体或者本机关网站上发布公告，并通报企业所在地人民政府和县级以上安全生产监督管理部门。

县级发证机关应当将本行政区域内上一年度经营许可证的审批、颁发和监督管理情况报告市级发证机关。

市级发证机关应当将本行政区域内上一年度经营许可证的审批、颁发和监督管理情况报告省、自治区、直辖市人民政府安全生产监督管理部门。

省、自治区、直辖市人民政府安全生产监督管理部门应当按照有关统计规定，将本行政区域内上一年度经营许可证的审批、颁发和监督管理情况报告国家应急管理部。

5.2.6　剧毒品和易制爆化学品的经营

1）经营要求

从事剧毒化学品、易制爆危险化学品经营的企业，应当向所在地设区的市级人民政府安全生产监督管理部门申请领取剧毒化学品、易制爆危险化学品经营许可证，未经许可不得经营剧毒化学品、易制爆危险化学品。

危险化学品生产企业、经营企业销售剧毒化学品、易制爆危险化学品，应当如实记录购买单位的名称、地址、经办人的姓名、身份证号码以及所购买的剧毒化学品、易制爆危险化学品的品种、数量、用途。销售记录以及经办人的身份证明复印件、相关许可证件复印件或者证明文件的保存期限不得少于 1 年。

剧毒化学品、易制爆危险化学品的销售企业、购买单位应当在销售、购买 5 日内，将所销售、购买的剧毒化学品、易制爆危险化学品的品种、数量以及流向信息报所在地县级人民政府公安机关备案，并输入计算机系统。

2）购买要求

购买剧毒化学品和易制爆危险化学品，应当遵守下列规定：

（1）依法取得危险化学品安全生产许可证、危险化学品安全使用许可证、危险化学品经营许可证的企业，凭相应的许可证件购买剧毒化学品、易制爆危险化学品。民用爆炸物品生产企业凭民用爆炸物品生产许可证购买易制爆危险化学品。

前款规定以外的单位购买剧毒化学品的，应当向所在地县级人民政府公安机关申请取得剧毒化学品购买许可证；购买易制爆危险化学品的，应当持本单位出具的合法用途说明。

（2）个人不得购买剧毒化学品（属于剧毒化学品的农药除外）和易制爆危险化学品。

（3）申请取得剧毒化学品购买许可证，申请人应当向所在地县级人民政府公安机关提交下列材料：

①营业执照或者法人证书（登记证书）的复印件；

②拟购买的剧毒化学品品种、数量的说明；

③购买剧毒化学品用途的说明；

④经办人的身份证明。

（4）危险化学品生产企业、经营企业销售剧毒化学品、易制爆危险化学品，应当查验规定的相关许可证件或证明文件，不得向不具有相关许可证件或证明文件的单位销售剧毒化学品、易制爆危险化学品。对持有剧毒化学品购买许可凭证购买剧毒化学品的，应当按照许可证载明的品种、数量销售。

禁止向个人销售剧毒化学品（属于剧毒化学品的农药除外）和易制爆危险化学品。

（5）使用剧毒化学品、易制爆危险化学品的单位不得出借、转让其购买的剧毒化学品、易制爆危险化学品；因转产、停产、搬迁、关闭等确需转让的，应当向具有《危险化学品安全管理条例》中规定的相关许可证件或者证明文件的单位转让，并在转让后将有关情况及时向所在地县级人民政府公安机关报告。

5.2.7　危险化学品经营事故案例

菏泽海润化工有限公司小井乡黄庄储备库 11.23 爆燃事故。

1）事故概况

某危险化学品经营公司经营范围是一般危险化学品，《危险化学品经营许可证》2006 年 10 月 30 日到期，尚未申请换证。2007 年 4 月 5 日，装卸工在仓库内搬运货物时，将一瓶甲苯二异氰酸酯（剧毒化学品）撞碎，导致多人中毒。

2009 年 11 月 23 日 13 时 17 分，菏泽海润化工有限公司小井乡黄庄储备库发生粗苯运输车辆燃烧事故，造成 1 人死亡，1 人受伤。菏泽海润化工有限公司位于东明县开发区，2009 年 7 月 16 日取得经营许可证，主要负责人范新增，危险化学品经营单位，经营产品有甲苯、粗苯、二甲苯、苯、苯乙烯、环己酮、环己烷、甲醇、煤焦油、燃料油（闪点<60 ℃）、溶剂苯、三聚丙烯、洗油、乙醇、重质苯、硫黄等。该公司储存罐区设有 100 m^3 卧式储罐 5 台，用于储存苯、粗苯、甲苯、二甲苯、甲醇、乙醇、环己酮、苯乙烯等。粗苯运输车辆是张金星和穆勇敢合伙购买，罐容量是 46.3 m^3，于 2009 年 4 月 1 日挂靠在东明县第二运输公司。

2）事故经过

2009 年 11 月 23 日 8 时左右，菏泽海润化工有限公司刘喜林给安全员郭凤田打电话说找到了运输粗苯的车辆，10 时 30 分左右刘喜林、郭凤田、穆勇敢三人在东明县石油公司油库集合后，由穆勇敢驾驶运输粗苯的车（鲁 R82660）一起去菏泽海润化工有限公司小井乡黄庄储备库。11 时 30 分左右到达。他们到达 1 个多小时以后，运输车辆司机就把车停到了存储罐前，连接好泵开始从储存罐往罐车里充装粗苯，装有十五分钟的时候，穆勇敢上到罐车上查看前面的罐口（罐的前后各有一个开启口），看装满没有。然后又走到后面的罐口查看了一下，又走回前面的罐口附近对刘喜林说装得太慢了，也就在他们说话的同时，大概 13 时 17 分时左右发生了爆燃。然后罐车冒出浓烟。刘喜林从开始装车一直在罐车上（后罐口附近），郭凤田在控制电泵的闸刀前看闸刀。郭凤田见此情况，就立即拉下闸刀，然后跑到储罐前关掉储罐的阀门。郭凤田立即拨打 119、120 急救电话，消防队来后把火扑灭。此次事故造成穆勇敢死亡，刘喜林受伤。

3）事故原因

（1）据调查分析，驾驶员穆勇敢违反危险化学品运输车辆的相关规定，单独开车运输危险化学品未佩戴必需的劳保用品及服装,而是穿戴不防静电的普通服装,在罐车上来回走动,衣服上的静电点燃了挥发的苯混合气体,是造成事故的直接原因。

(2)公司的安全员在装车现场自己没有按规定穿着劳保服装,发现穆勇敢和刘喜林未穿戴劳保服装未加制止;主要负责人没有担负起企业安全生产管理主要负责人的责任,在发生爆燃事故后没有及时采取有效措施组织抢救,并上报安全事故,且逃匿;现场工作人员普遍安全意识差,违章操作,安全生产管理较乱;东明县二运公司对所挂靠车辆的从业人员培训教育不够,监管不力,是造成这次事故的间接原因。

4)事故教训

(1)完善预案。根据本单位所涉及危险物品的性质和危险特性,对每一项危险物品都要制定专项应急救援预案。同时,根据有关法律、法规、标准的变动情况和应急预案演练情况,以及企业作业条件、设备状况、人员、技术、外部环境等不断变化的实际情况,及时补充修订完善预案。

(2)加强教育培训。加强对作业人员和救援人员安全生产和应急知识的培训,使其了解作业场所危险源分布情况和可能造成人身伤亡的危险因素,提高自救互救能力。

(3)组织应急演练。企业应结合自身特点,开展应急演练,使作业和施救人员掌握逃生、自救、互救方法,熟悉相关应急预案内容,提高企业和应急救援队伍的应急处置能力,做到有序、有力、有效、科学、安全施救。

(4)加强装备建设。为专兼职救援队伍配备必要、先进的救援装备,从而提高防护和施救能力及效果。

5)思考题

①依据《危险化学品安全管理条例》(以下简称《条例》)(591号令)和《危险化学品经营许可证管理办法》,等相关规定,该企业存在哪些问题?

②危化品经营企业申请危险化学品经营许可证应具备什么条件?

③危险化学品经营企业应具备哪些管理制度?

5.3 危险化学品储存的安全管理

储存是指产品在离开生产领域而尚未进入消费领域之前,在流通过程中形成的停留。危险化学品储存是指企业、单位、个体工商户、百货商店(商场)等储存爆炸品、压缩气体和液化气体、易燃液体、易燃固体、自然物品和遇湿易燃物品、氧化剂和有机过氧化物、有毒品和腐蚀品等危险化学品的行为。生产、经营、储存、使用危险化学品的企业都存在危险化学品的储存问题。

安全储存是危险化学品流通过程中非常重要的一个环节,储存是使物质不稳定的消耗与较为稳定的生产率保持平衡的一种手段,也是在生产中断、供应受阻时的缓冲手段。

储存不当,就会造成重大事故。如1993年深圳市安贸危险品储存公司清水河危险品仓库发生的爆炸事故,死亡15人,200多人受伤,直接经济损失2.5亿元,不仅给国家造成重大的经济损失,还造成人员伤亡。

　　为了加强对危险化学品储存的管理,国家不断加大监管力度,制定了多部有关危险化学品储存安全的标准,对规范危险化学品的储存,起到了重要的作用。

　　危险化学品除禁忌物料混合储存的危险性外,仓库选址及库区布置不合理、库区储存量过大、堆垛不符合要求以及人员的违章操作等也是重要的危险因素。国家标准《危险化学品重大危险源辨识》(GB 18218—2018)根据储存物质的品种和临界量确定是否属于危险化学品重大危险源。

　　随着我国化学品产业的发展,生产规模越来越大,化学品的种类也越来越多,危险化学品重大危险源分布广泛。关于危险化学品重大危险源的相关管理要求见本书第 6 章相关内容。

5.3.1　危险化学品储存企业的安全条件

　　《危险化学品安全管理条例》(以下简称《条例》)(国务院令第 591 号)在危险化学品储存安全管理方面作了规定,并明确规定对危险化学品的储存实行安全条件审查制度。

　　《条例》第十一条规定,国家对危险化学品的生产、储存实行统筹规划、合理布局。

　　《条例》第十二条规定,新建、改建、扩建生产、储存危险化学品的建设项目(以下简称建设项目),应当由安全生产监督管理部门进行安全条件审查。具体内容见本书第 4 章相关内容。

　　危险化学品储存企业必须具备相关的条件,具体如下。

　　1)仓库选址

　　危险化学品仓库应符合本地区城乡规划,在远离市区和居民区的常年最小频率风向的上风侧。

　　危险化学品仓库防火间距应按 GB 50016 的规定执行。

　　危险化学品仓库与铁路安全防护距离,与公路、广播电视设施、石油天然气管道,电力设施距离应符合其法规要求。

　　爆炸物库房除符合以上要求外,与防护目标应至少保持 1 000 m 的距离。还应按 GB/T 37243 的规定,采用事故后果法计算外部安全防护距离。事故后果法计算时应采用最严重事故情景计算外部安全防护距离。

　　涉及有毒气体或易燃气体,且其构成危险化学品重大危险源的库房除符合以上要求外,还应按 GB/T 37243 的规定,采用定量风险评价法计算外部安全防护距离。定量风险评价法计算时应采用可能储存的危险化学品最大量计算外部安全防护距离。

　　危险化学品生产装置或者储存数量构成重大危险源的危险化学品储存设施(运输工具加油站、加气站除外),与下列八大场所、设施、区域的距离应当符合国家有关规定:

　　(1)居住区以及商业中心、公园等人员密集场所;

　　(2)学校、医院、影剧院、体育场(馆)等公共设施;

　　(3)饮用水源、水厂以及水源保护区;

　　(4)车站、码头(依法经许可从事危险化学品装卸作业的除外)、机场以及通信干线、通信枢纽、铁路线路、道路交通干线、水路交通干线、地铁风亭以及地铁站出入口；

（5）基本农田保护区、基本草原、畜禽遗传资源保护区、畜禽规模化养殖场（养殖小区）、渔业水域以及种子、种畜禽、水产苗种生产基地；

（6）河流、湖泊、风景名胜区、自然保护区；

（7）军事禁区、军事管理区；

（8）法律、行政法规规定的其他场所、设施、区域。

储存数量构成重大危险源的危险化学品储存设施的选址，应当避开地震活动断层和容易发生洪灾、地质灾害的区域。

2）建设要求

储存危化品的建筑物不能有地下室或其他地下建筑物，其平面布置、建筑构造、耐火等级、安全疏散、消防设施、电气、通风和防火间距等应符合《建筑设计防火规范》（GB 50016）。

汽车加油加气站储存危化品的建筑物还要符合《汽车加油加气加氢站技术标准》（GB 50156—2021）的要求。

爆炸物库房建设应按 GB 50089 或 GB 50161 平面布置，建筑与结构、消防、电气、通风等规定执行。

危险化学品库房应防潮、平整、坚实、易于清扫。可能释放可燃性气体或蒸气，在空气中能形成粉尘、纤维等爆炸性混合物的危险化学品库房应采用不发生火花的地面。储存腐蚀性危险化学品的库房地面、踢脚应采取防腐材料。

构成危险化学品重大危险源的危险化学品仓库应符合国家法律法规标准规范关于危险化学品重大危险源的技术要求。

3）安全设施

危险化学品库房内的爆炸危险环境电力装置应按 GB 50058 的规定执行。危险化学品库房爆炸危险环境内使用的电瓶车、铲车等作业工具应符合防爆要求。

危险化学品仓库防雷、防静电应按 GB 50057、GB 12158 的规定执行。

危险化学品仓库应设置通信、火灾报警装置，有供对外联络的通信设备，并保证处于适用状态。

储存可能散发可燃气体、有毒气体的危险化学品库房应按 GB 50493 的规定配备相应的气体检测报警装置，并与风机联锁。报警信号应传至 24 h 有人值守的场所，并设声光报警器。

储存易燃液体的危险化学品库房应设置防液体流散措施。剧毒物品的危险化学品库房应安装通风设备。

危险化学品仓库应在库区建立全覆盖的视频监控系统。

危险化学品库房、作业场所和安全设施、设备上，应按 GB 2894 的规定设置明显的安全警示标志。不能用水、泡沫等灭火的危险化学品库房应在库房外适当位置设置醒目标识。

危险化学品仓库应按 GB 50016，GB 50140 的规定设置消防设施和消防器材。

危险化学品仓库应按 GB 30077 的规定配备相应的防护装备及应急救援器材,设备、物资,并保障其完好和方便使用。

5.3.2　危险化学品储存的安全管理

5.3.2.1　《危险化学品安全管理条例》中对危险化学品储存的安全管理

《条例》及相关法律、法规中对危险化学品储存的其他安全要求规定如下。

(1)生产、储存危险化学品的单位,应当对其铺设的危险化学品管道设置明显标志,并对危险化学品管道定期检查、检测。

进行可能危及危险化学品管道安全的施工作业,施工单位应当在开工的 7 日前书面通知管道所属单位,并与管道所属单位共同制定应急预案,采取相应的安全防护措施。管道所属单位应当指派专门人员到现场进行管道安全保护指导。

(2)生产、储存危险化学品的单位,应当根据其生产、储存的危险化学品的种类和危险特性,在作业场所设置相应的监测、监控、通风、防晒、调温、防火、灭火、防爆、泄压、防毒、中和、防潮、防雷、防静电、防腐、防泄漏以及防护围堤或者隔离操作等安全设施、设备,并按照国家标准、行业标准或者国家有关规定对安全设施、设备进行经常性维护、保养,保证安全设施、设备的正常使用。

生产、储存危险化学品的单位,应当在其作业场所和安全设施、设备上设置明显的安全警示标志。

(3)生产、储存危险化学品的单位,应当在其作业场所设置通信、报警装置,并保证处于适用状态。

(4)生产、储存危险化学品的企业,应当委托具备国家规定的资质条件的机构,对本企业的安全生产条件每 3 年进行一次安全评价,提出安全评价报告。安全评价报告的内容应当包括对安全生产条件存在的问题进行整改的方案。

生产、储存危险化学品的企业,应当将安全评价报告以及整改方案的落实情况报所在地县级人民政府安全生产监督管理部门备案。在港区内储存危险化学品的企业,应当将安全评价报告以及整改方案的落实情况报港口行政管理部门备案。

(5)生产、储存剧毒化学品或者国务院公安部门规定的可用于制造爆炸物品的危险化学品(以下简称易制爆危险化学品)的单位,应当如实记录其生产、储存的剧毒化学品、易制爆危险化学品的数量、流向,并采取必要的安全防范措施,防止剧毒化学品、易制爆危险化学品丢失或者被盗;发现剧毒化学品、易制爆危险化学品丢失或者被盗的,应当立即向当地公安机关报告。

生产、储存剧毒化学品、易制爆危险化学品的单位,应当设置治安保卫机构,配备专职治安保卫人员。

(6)危险化学品应当储存在专用仓库、专用场地或者专用储存室(以下统称专用仓库)内,并由专人负责管理;剧毒化学品以及储存数量构成重大危险源的其他危险化学品,应当在专用仓库内单独存放,并实行双人收发、双人保管制度。

危险化学品的储存方式、方法以及储存数量应当符合国家标准或者国家有关规定。

（7）储存危险化学品的单位应当建立危险化学品出入库核查、登记制度。

（8）对剧毒化学品以及储存数量构成重大危险源的其他危险化学品,储存单位应当将其储存数量、储存地点以及管理人员的情况,报所在地县级人民政府安全生产监督管理部门（在港区内储存的,报港口行政管理部门）和公安机关备案。

（9）危险化学品专用仓库应当符合国家标准、行业标准的要求,并设置明显的标志。储存剧毒化学品、易制爆危险化学品的专用仓库,应当按照国家有关规定设置相应的技术防范设施。

（10）储存危险化学品的单位应当对其危险化学品专用仓库的安全设施、设备定期进行检测、检验。

5.3.2.2　危险化学品储存的基本安全管理

1）储存信息管理系统

危险化学品储存企业应建立危险化学品储存信息管理系统,按照储存量大小进行分层次要求,实时记录作业基础数据,包括但不限于:

（1）危险化学品出入库记录,包括但不限于:时间、品种、品名、数量;

（2）识别化学品安全技术说明书中要求的灭火介质、应急、消防要求以及危险特性,理化性质,搬运、储存注意事项和禁忌等,以及可能涉及安全相容矩阵表;

（3）库存危险化学品品种、数量,库内分布、包装形式等信息;

（4）库存危险化学品禁忌配存情况;

（5）库存危险化学品安全和应急措施。

危险化学品储存信息数据应进行异地实时备份,数据保存期限不少于 1 年。危险化学品信息系统应具有接入所在地相关监管部门业务信息系统的接口。

2）储存方式

危险化学品仓库应采用隔离储存、隔开储存、分离储存的方式对危险化学品进行储存。

隔离储存指在同一房间或同一区域内,不同的物品之间分开一定的距离,非禁忌物品间用通道保持空间的储存方式。

隔开储存指在同一建筑或同一区域内,用隔板或墙,将不同禁忌物品分离开的储存方式。

分离储存指在不同的建筑物或同一建筑不同房间的储存方式。

储存危险化学品时,应选择符合危险化学品的特性、防火要求及化学品安全技术说明书中储存要求的仓储设施进行储存。应根据危险化学品仓库的设计和经营许可要求,严格控制危险化学品的储存品种、数量。应符合 GB15603—2022 的配存要求,见表 5.13 危险化学品储存配存表。

表 5.13 危险化学品储存配存表

化学品危险和危害种类	爆炸物	易燃气体、气溶胶	氧化性气体	加压气体(不燃、非助燃)	易燃液体	易燃固体	自反应物质和混合物	自燃液体、自燃固体	自热物质和混合物	遇水放出易燃气体的物质和混合物	氧化性液体、固体 无机	氧化性液体、固体 有机	有机过氧化物	皮肤腐蚀/严重眼损伤 酸性无机	金属腐蚀/刺激/眼刺激,类别1 酸性有机	碱性无机	碱性有机	急性毒性 剧毒无机	剧毒有机	其他无机	其他有机
爆炸物	×																				
易燃气体、气溶胶	×	○																			
氧化性气体	×	×	○																		
加压气体(不燃、非助燃)	×	○	○	○																	
易燃液体	×	×	×	×	○																
易燃固体	×	×	×	×	消	○															
自反应物质和混合物	×	×	×	×	×	×	○														
自燃液体、自燃固体	×	×	×	×	×	×	×	○													
自热物质和混合物	×	×	×	×	×	×	×	×	○												
遇水放出易燃气体的物质和混合物	×	×	×	○	×	×	×	×	×	○											
氧化性液体、固体 无机	×	×	×	分	×	×	×	×	×	×	○										
氧化性液体、固体 有机	×	×	×	消	×	×	×	×	×	×	×	○									
有机过氧化物	×	×	×	×	×	×	×	×	×	×	×	×	○								

续表

化学品危险种类	爆炸物	易燃气体、气溶胶	氧化性气体	加压气体(不燃)	易燃液体	易燃固体	自反应物质和混合物	自燃液体、固体	自热物质和混合物	遇水放出易燃气体的物质和混合物	氧化性液体、固体(无机)	氧化性液体、固体(有机)	有机过氧化物	金属腐蚀物/皮肤腐蚀/刺激,类别1/严重眼损伤/眼刺激,类别1(酸性无机)	(酸性有机)	(碱性无机)	(碱性有机)	急性毒性(剧毒无机)	(剧毒有机)	(其他无机)	(其他有机)
金属腐蚀物/皮肤腐蚀/刺激,类别1/严重眼损伤/眼刺激,类别1 酸性无机	×	×	×	×	×	×	×	×	×	×	×	×	×	○							
酸性有机	×	×	×	×	消	×	×	×	×	×	×	×	×	×	○						
碱性无机	×	×	×	分	消	分	×	×	分	×	分	消	×	×	×	○					
碱性有机	×	×	×	×	消	消	×	×	×	×	×	×	×	×	×	×	○				
急性毒性 剧毒无机	×	×	×	×	×	×	×	×	×	×	×	×	×	×	×	×	×	○			
剧毒有机	×	×	×	×	×	×	×	×	×	×	×	×	×	×	×	×	×	×	○		
其他无机	×	×	×	分	消	分	×	×	分	×	分	消	×	×	×	×	×	×	×	○	
其他有机	×	×	×	×	分	消	×	×	×	×	×	×	×	×	×	×	×	×	×	×	○

"○"框中，具体化学品能否混存，参考其安全技术说明书。混存物品，堆垛与堆垛之间，应留有1 m以上的距离，并要求包装容器完整，不使两种物品发生接触。

"×"框中，除相关规定外，应隔开储存。

"分"框中，堆垛与堆垛之间应留有2 m以上的距离。

"消"框中，禁忌物应隔开储存。

当危险化学品具有两种以上危险性时，应按照最严格的禁配要求进行配存。

表中未涉及的健康危害和环境危害类别，应按照其他危险化学品安全技术说明书。

爆炸物具体危害类别要求按照GB 18265执行。

注1："○"表示原则上可以混存。

注2："×"表示互为禁忌物品。

注3："分"指按化学品的危险性分类进行隔离储存。

注4："消"指两种物品性能不相互抵触，但消防施救方法不同。

3）各类危险化学品的安全储存要求

剧毒化学品,易燃气体、氧化性气体、急性毒性气体、遇水放出易燃气体的物质和混合物、氯酸盐、高锰酸盐、亚硝酸盐、过氧化钠、过氧化氢、溴素应分离储存。剧毒化学品、监控化学品,易制毒化学品,易制爆危险化学品,应按规定将储存地点,储存数量、流向及管理人员的情况报相关部门备案,剧毒化学品以及构成重大危险源的危险化学品,应在专用仓库内单独存放,并实行双人收发、双人保管制度。

爆炸物宜按不同品种单独存放。当受条件限制,不同品种爆炸物需同库存放时,应确保爆炸物之间不是禁忌物品且包装完整无损。

有机过氧化物应储存在危险化学品库房特定区域内,避免阳光直射,并应满足不同品种的存储温度、湿度要求。

遇水放出易燃气体的物质和混合物应密闭储存在设有防水、防雨、防潮措施的危险化学品库房中的干燥区域内。

自热物质和混合物的储存温度应满足不同品种的存储温度、湿度要求,并避免阳光直射。

自反应物质和混合物应储存在危险化学品库房特定区域内,避免阳光直射并保持良好通风,且应满足不同品种的存储温度、湿度要求。自反应物质及其混合物只能在原装容器中存放。

5.3.2.3　危险化学品出入库安全管理

1）装卸搬运与堆码

装卸搬运应按照化学品安全技术说明书及装卸要求进行作业。应做到轻拿轻放,不应拖拉、翻滚,撞击、摩擦、摔扔、挤压等。应使用防爆叉车搬运装卸爆炸物及其他易发生燃烧爆炸的危险化学品。气体钢瓶的装卸、搬运应符合 GB/T 34525 的有关规定。

危险化学品堆码应整齐、牢固、无倒置;不应遮挡消防设备、安全设施、安全标志和通道。除 200 L 及以上的钢桶、气体钢瓶外,其他包装的危险化学品不应直接与地面接触,垫底高度不小于 10 cm。堆码应符合包装标志要求;包装无堆码标志的危险化学品堆码高度应不超过 3 m(不含托盘等的高度)。采用货架存放时,应置于托盘上并采取固定措施。

仓库堆操间距应满足以下要求:

①主通道大于或等于 200 cm;

②墙距大于或等于 50 cm;

③柱距大于或等于 30 cm;

④操距大于或等于 100 cm(每个堆垛的面积不应大于 150 m²);

⑤灯距大于或等于 50 cm。

2）入库作业

入库前应做好储存位置、搬运工具,加固材料,防护装备、交接清单的准备。应对运输车辆(厢)、装载状况(含施封)进行检查。

应对入库危险化学品的品名、规格、数量与入库信息或单据的一致性进行查验。入库物品的包装应完好,标志、安全标签应规范、清晰。入库物品应附有中文化学品安全技术说明书和安全标签。入库数量应以实际验收为准。

入库验收完毕应作好记录并归档,单据保存期限不少于 1 年。

3)在库管理

危险化学品在库期间应定期进行盘点,并记录。发现账货不符,应及时进行处理。应定期对物品堆码状态,包装及仓库进行检查,并记录。应对检查发现的问题及时进行处理。应根据储存的危险化学品特性和气候条件,确定每日观测库内温湿度次数,并记录。应根据储存的危险化学品特性,正确调节控制库内温湿度。

在库期间的盘点、检查、观测记录应保存不少于 1 年。

4)出库作业

危险化学品应在出库作业前,进行账货核对。应核对出库单据的有效性。发现问题立即与相关方协调处理。

应查验提货车辆及驾驶、押运人员的资质,并记录。不符合要求的不应受理出库业务。应做好出库前安全检查,确保包装及标签、标志正确完好,货物捆扎安全牢固。

出库单据保存期应不少于 1 年。

5.3.2.4　危险化学品储存的其他安全管理

1)个体防护

危险化学品储存单位应建立完善的个体防护制度,应配置安全有效的个体防护装备,并符合 GB 39800.1 和 GB 39800.2 的要求。从业人员应经过专业防护知识培训,根据作业对象的危险特性应正确穿戴相应的防护装备作业。

2)制度管理

危险化学品储存单位应建立设施、设备、器具检查和维护制度以及仓储日常操作、控制指标等运行制度。应建立风险评估制度,并定期进行风险评估。

应与社区及周边企事业单位建立应急联动机制。应建立覆盖全员的应急响应程序,编制危险化学品事故应急预案,至少每半年进行一次演练。

3)库区安全

储存危险化学品的仓库和作业场所应设置明显的安全标志,并符合 GB 2894,AQ3047 的规定。库区内严禁吸烟和使用明火。应对进入库区的人员进行登记及安全告知。应对进入库区的车辆登记管理,并采取防火措施。

危险化学品仓库的应急救援物资配备,应符合 GB 30077 的要求。

4)作业安全

危险化学品储存作业前,应先对仓库通风。进入储存爆炸物及其他对静电、火花敏感的危险化学品仓库时,应穿防静电工作服,不应穿钉鞋,应在进入仓库前消除人体静电;应使用具备防爆功能的通信工具,不应使用易产生静电和火花的作业机具。

储存仓库内禁止进行开桶、分装、改装作业。

不应在恶劣天气进行装卸作业。

5）人员与培训

应建立全员培训体系,对从业人员进行法规、标准、岗位技能、安全、个体防护,应急处置等培训,考核合格后上岗作业;对有资质要求的岗位,应配备依法取得相应资质的人员。

危险化学品仓库管理人员应具备危险化学品储存管理范围相关的安全知识和管理能力。危险化学品仓库从业人员应能理解化学品安全技术说明书的内容并掌握风险防范措施,掌握岗位操作技能。

5.3.3　危险化学品储存的消防措施

根据危险品特性和仓库条件,必须配置相应的消防设备、设施和灭火药剂,并配备经过培训的兼职和专职的消防人员。

危险化学品仓库应根据经营规模的大小设置、配备足够的消防设施和器材,应有消防水池、消防管网和消防栓等消防水源设施。大型危险物品仓库应设有专职消防队,并配有消防车。

消防器材应当设置在明显和便于取用的地点,周围不准放物品和杂物。仓库的消防设施、器材应有专人管理,负责检查、保养、更新和添置,确保完好有效。

对于各种消防设施、器材严禁圈占、埋压、挪用。

储存化学危险品建筑物内应根据仓库条件安装自动监测和火灾报警系统。

储存化学危险品的建筑物内,如条件允许,应安装灭火喷淋系统(遇水燃烧化学危险品,不可用水扑救的火灾除外),其喷淋强度和供水时间如下：喷淋强度 15 L/(min·m²);持续时间 90 min。

危险化学品储存企业应设有安全保卫组织。危险化学品仓库应有专职或义务消防、警卫队伍。无论是专职或义务消防队、警卫队伍,都应制定灭火预案,并经过消防演练。

1）储存爆炸品的消防措施

①迅速判断和查明再次发生爆炸的可能性和危险性,紧紧抓住爆炸后和再次发生爆炸之前的有利时机,采取一切可能的措施,全力制止再次爆炸的发生。

②不能用沙土盖压,以免增强爆炸物品爆炸时的威力。

③如果有疏散可能,人身安全上确有可靠保障,应迅即组织力量及时疏散着火区域周围的爆炸物品,使着火区周围形成一个隔离带。

④扑救爆炸物品堆垛时,水流应采用吊射,避免强力水流直接冲击堆垛,以免堆垛倒塌引起再次爆炸。

⑤灭火人员应积极采取自我保护措施,尽量利用现场的地形、地物作为掩蔽体或尽量采用卧姿等低姿射水;消防车辆不要停靠离爆炸物品太近的水源。

⑥灭火人员发现有发生再次爆炸的危险时,应立即向现场指挥报告,现场指挥应迅即作出准确判断,确有发生再次爆炸征兆或危险时,应立即下达撤退命令。灭火人员看到或听到撤退信号后,应迅速撤至安全地带,来不及撤退时,应就地卧倒。

2）储存气体的消防措施

储存压缩气体和液化气体的仓库，根据所存气体的性质和消防方法不同，设置相应的消防器材和用具。最主要的消防方法为雾状水。

①扑救气体火灾切忌盲目灭火，即使在扑救周围火势以及冷却过程中不小心把泄漏处的火焰扑灭了，在没有采取堵漏措施的情况下，也必须立即用长点火棒将火点燃，使其恢复稳定燃烧。否则，大量可燃气体泄漏出来与空气混合，遇着火源就会发生爆炸，后果将不堪设想。

②首先应扑灭外围被火源引燃的可燃物火势，切断火势蔓延途径，控制燃烧范围，并积极抢救受伤和被困人员。

③如果火势中有压力容器或有受到火焰辐射热威胁的压力容器，能疏散的应尽量在水枪的掩护下疏散到安全地带，不能疏散的应部署足够的水枪进行冷却保护。为防止容器爆裂伤人，进行冷却的人员应尽量采用低姿射水或利用现场坚实的掩蔽体防护。对卧式贮罐，冷却人员应选择贮罐四侧角作为射水阵地。

④如果是输气管道泄漏着火，应首先设法找到气源阀门。阀门完好时，只要关闭气体阀门，火势就会自动熄灭。

⑤贮罐或管道泄漏关阀无效时，应根据火势大小判断气体压力和泄漏口的大小及其形状，准备好相应的堵漏材料（如软木塞、橡皮塞、气囊塞、黏合剂、弯管工具等）。

⑥堵漏工作准备就绪后，即可用水扑救火势，也可用干粉、二氧化碳灭火，但仍需用水冷却烧烫的罐或管壁。火扑灭后，应立即用堵漏材料堵漏，同时用雾状水稀释和驱散泄漏出的气体。

⑦一般情况下完成了堵漏也就完成了灭火工作，但有时一次堵漏不一定能成功，如果一次堵漏失败，再次堵漏需一定时间，应立即用长点火棒将泄漏处点燃，使其恢复稳定燃烧，以防止较长时间泄漏出来的大量可燃气体与空气混合后形成爆炸性混合物，从而潜伏发生爆炸的危险，并准备再次灭火堵漏。

⑧如果确认泄漏口很大，根本无法堵漏，只需冷却着火容器及其周围容器和可燃物品，控制着火范围，直到燃气燃尽，火势自动熄灭。

⑨现场指挥应密切注意各种危险征兆，遇有火势熄灭后较长时间未能恢复稳定燃烧或受热辐射的容器安全阀火焰变亮耀眼、尖叫、晃动等爆裂征兆时，指挥员必须适时作出准确判断，及时下达撤退命令。现场人员看到或听到事先规定的撤退信号后，应迅速撤退至安全地带。

⑩气体贮罐或管道阀门处泄漏着火时，在特殊情况下，只要判断阀门还有效，也可违反常规，先扑灭火势，再关闭阀门。一旦发现关闭阀门已无效，一时又无法堵漏时，应迅即点燃，恢复稳定燃烧。

⑪消防人员应有防护用具，以防中毒，并且注意不要在气瓶头部前站立，防止爆炸伤害人体。如果发现有人中毒，立即移至新鲜空气流通处，严重者应立即送医院救治。

3）储存易燃液体的消防措施

易燃液体的火灾发展迅速而猛烈，有时甚至发生爆炸，且不易扑救。所以在消防工作中,要认真执行"预防为主"的方针,根据不同物品的特性、易燃程度和消防方法,配备足够的和相应的消防器材,同时加强库房人员的消防教育。

这类物品的消防方法,主要根据它们的密度大小、能否溶于水以及哪一种消防方法对扑救灭火有利来确定。具体的扑救方法如下。

①首先应切断火势蔓延的途径,冷却和疏散受火势威胁的密闭容器和可燃物,控制燃烧范围,并积极抢救受伤和被困人员,如有液体流淌时,应筑堤(或用围油栏)拦截漂散流淌的易燃液体或挖沟导流。

②及时了解和掌握着火液体的品名、比重、水溶性以及有无毒害、腐蚀、沸溢、喷溅等危险性,以便采取相应的灭火和防护措施。

③对较大的贮罐或流淌火灾,应准确判断着火面积。小面积(一般 50 m^2 以内)液体火灾,一般可用雾状水扑灭。用泡沫、干粉、二氧化碳灭火一般更有效。

大面积液体火灾则必须根据其相对密度(比重)、水溶性和燃烧面积大小,选择正确的灭火剂扑救。

比水轻又不溶于水的液体(如汽油、苯、乙醇、石油醚等烃基化合物)火灾,用直流水、雾状水灭火往往无效。可用普通蛋白泡沫或轻水泡沫扑灭。用干粉扑救时,灭火效果要视燃烧面积大小和燃烧条件而定,最好用水冷却罐壁。当火势初燃、面积不大或者着火物不多时,可用二氧化碳扑救。

比水重又不溶于水的液体(如二硫化碳等)起火时可用水扑救,因为水能覆盖在液面上灭火,但水层必须有一定的厚度,方能压住火势。用泡沫也有效。用干粉扑救,灭火效果要视燃烧面积大小和燃烧条件而定。最好用水冷却罐壁,降低燃烧强度。

具有水溶性的液体(如醇类、酮类、酯类等)火灾,虽然从理论上讲能用水稀释扑救,但用此法要使液体闪点消失,水必须在溶液中占很大的比例,这不仅需要大量的水,也容易使液体溢出流淌,而普通泡沫又会受到水溶性液体的破坏(如果普通泡沫强度加大,可以减弱火势),因此,最好用抗溶性泡沫扑救,用干粉扑救时,灭火效果要视燃烧面积大小和燃烧条件而定,也需用水冷却罐壁,降低燃烧强度。

④扑救毒害性、腐蚀性或燃烧产物毒害性较强的易燃液体火灾,扑救人员必须佩戴防护面具,采取防护措施,灭火时站在上风口。

⑤扑救原油和重油等具有沸溢和喷溅危险的液体火灾,必须注意计算可能发生沸溢、喷溅的时间和观察是否有沸溢、喷溅的征兆。指挥员发现危险征兆时应迅即作出准确判断,及时下达撤退命令,避免造成人员伤亡和装备损失。扑救人员看到或听到统一撤退信号后,应立即撤至安全地带。

⑥遇有燃液体管道或贮罐泄漏着火,在切断蔓延方向,把火势限制在一定范围内的同时,对输送管道应设法找到并关闭进、出阀门,如果管道阀门已损坏或是贮罐泄漏,应迅速准备好堵漏材料,然后先用泡沫、干粉、二氧化碳或雾状水等扑灭地上的流淌火焰,为堵漏扫清障碍,其次再扑灭泄漏口的火焰,并迅速采取堵漏措施。与气体堵漏不同的是,液体一次堵漏失败,可连续堵几次,只要用泡沫覆盖地面,并堵住液体流淌和控制好周围着火源,不必点燃泄漏口的液体。

⑦如果火势太大,不能扑救时,应立即采取隔离火源的方法,保护周围的其他物品和建筑物,以防火势扩大。灭火人员如果有头晕、恶心、发冷等症状,应立即离开现场,安静休息,严重者速送往医院诊治。

4)储存易燃固体、自燃物品、和遇湿易燃物品的消防措施

(1)易燃固体储存的消防措施。

易燃固体燃烧时迅速、猛烈,在储存期间失火时不容易扑救。所以,一个库的储存量不宜过大,最好选择面积较小的库房,与邻近库房还应有一定的安全距离,并且不宜和酸性物质库房接近,以防止酸性物质气体或者酸性蒸汽影响,更不能和酸、碱、氧化剂等性质相抵触的物品混存。

易燃固体发生火灾时,可以用水、沙土、石棉毡、泡沫、二氧化碳、干粉等消防用品扑救。但是,金属粉末着火时,必须先用沙土、石棉毡覆盖,再用水扑救。

磷的化合物和硝基化合物(包括硝化棉、赛璐珞)、硫黄等物品,燃烧时产生有毒和刺激性气体,消防人员必须戴好防毒口罩或防毒面具,一旦发生中毒情况,必须离开现场,到空气流通的地方,呼吸新鲜空气,并服用浓茶、食糖水、水果、汽水之类的解毒食品,以增加抵抗力。

严重者必须送往医院,并向医生讲明燃烧物品的名称,便于医生选用合适的药物解毒。

2,4-二硝基苯甲醚、二硝基萘、萘等是能升华的易燃固体,受热发出易燃蒸气。火灾时可用雾状水、泡沫扑救并切断火势蔓延途径,但应注意,不能以为明火焰扑灭即已完成灭火工作,因为受热以后升华的易燃蒸气能在不知不觉中飘逸,在上层与空气能形成爆炸性混合物,尤其是在室内,易发生爆燃。因此,扑救这类物品火灾千万不能被假象所迷惑。在扑救过程中应不时向燃烧区域上空及周围喷射雾状水,并用水浇灭燃烧区域及其周围的一切火源。

(2)自燃物品储存的消防措施。

自燃物品起火时,除三乙基铝和铝铁熔剂不能用水扑救外,其他物品均可以用大量的水灭火,也可以用沙土和二氧化碳、干粉等灭火。

三乙基铝、铝铁熔剂与水能发生作用,产生易燃气体,会加大燃烧的火力和加快燃烧速度(三乙基铝与水能产生乙烷,铝铁熔剂燃烧时温度极高,能使水分解产生氢气)。所以,当他们燃烧时,不能用水灭火,可以用沙土、干粉等物料。

(3)遇湿易燃物品储存的消防措施。

由于这类物品遇水能发生燃烧或者爆炸,所以在灭火时严禁用水,也不能使用酸碱灭火剂和泡沫灭火剂,只能用干沙、干粉扑救。

在存放这类物品的库房或者适当地点备有干沙,并在库房外做出明显的灭火方法标志:"严禁用水",以防止扑救人员在扑救时,采取错误的扑救方法,扩大灾害。

但是,如果只有极少量(一般50 g以内)遇湿易燃物品,则不管是否与其他物品混存,仍可用大量的水或泡沫扑救。水或泡沫刚接触着火点时,短时间内可能会使火势增大,但少量遇湿易燃物品燃尽后,火势很快就会熄灭或减小。

如果遇湿易燃物品数量较多,且未与其他物品混存,则绝对禁止用水或泡沫等湿性灭火剂扑救。遇湿易燃物品应用干粉、二氧化碳扑救,只有金属钾、钠、铝、镁等个别物品用二氧化碳无效。固体遇湿易燃物品应用水泥、干砂、干粉、硅藻土和蛭石等覆盖。水泥是扑救固体遇湿易燃物品火灾比较容易得到的灭火剂。对遇湿易燃物品中的粉尘如铝粉、铅粉等,切忌喷射有压力的灭火剂,以防止将粉尘吹扬起来,与空气形成爆炸性混合物而导致爆炸发生。

化学干粉综合了泡沫、二氧化碳和四氯化碳灭火剂的特性,具有不导电,无毒性和腐蚀性,容易长期储存,灭火效率高等优点,适用于扑灭易燃液体、遇水燃烧物品、油类、油漆和电器设备的火灾。缺点是灭火后留有残渣,因而不能用于扑救精密设备、精密仪器、旋转电机等的火灾。

如果其他物品火灾威胁到相邻的遇湿易燃物品,应将遇湿易燃物品迅速疏散,转移至安全地点。如因遇湿易燃物品较多,一时难以转移,应先用油布或塑料膜等其他防水布将遇湿易燃物品遮盖好,然后再在上面盖上棉被并淋上水。如果遇湿易燃物品堆放处地势不太高,可在其周围用土筑一道防水堤。在用水或泡沫扑救火灾时,对相邻的遇湿易燃物品应留有一定的力量监护。

此外,碳化物、磷化物、保险粉等燃烧时能释放出大量剧毒气体,扑救时消防人员应站立在上风口,并佩戴相应的防护工具,以防中毒。

在各项操作中,如果发现中毒现象,轻者如有感觉头晕不适的现象,应立即停止作业,并到有新鲜空气的地方休息,严重者有剧烈头疼和呕吐现象,有关人员应立即安排车辆送中毒者到附近医院进行检查、治疗。

5)储存氧化剂和有机过氧化物的消防措施

对过氧化物和不溶于水的有机过氧化物等,不能用水和泡沫进行灭火,只能用干沙、干粉、二氧化碳灭火剂进行灭火扑救;其余大部分氧化剂都可以用水扑救。

用水泥、干砂覆盖应先从着火区域四周尤其是下风等火势主要蔓延方向覆盖起,形成孤立火势的隔离带,然后逐步向着火点进逼。

能用水或泡沫扑救时,应尽一切可能切断火势蔓延,使着火区孤立,限制燃烧范围,同时应积极抢救受伤和被困人员。

由于大多数氧化剂和有机过氧化物遇酸会发生剧烈反应甚至爆炸,如过氧化钠、过氧化钾、氯酸钾、高锰酸钾、过氧化二苯甲酰等。因此,专门生产、经营、储存、运输、使用这类物品的单位和场合对泡沫和二氧化碳也应慎用。

6)储存有毒品的消防措施

大部分有机毒品都能燃烧,在燃烧时产生有毒气体。有机毒物中的氰化物,磷、砷或硒的化合物,遇水或酸后能产生易燃气体,如氰化氢、磷化氢、砷化氢、硒化氢等。

为了防止消防人员中毒,必须根据毒物的具体特性采取不同的消防方法。如氰化物、硒化物、磷化物等着火时,就不能用酸碱灭火剂,只能用雾状水、二氧化碳等灭火,消防人员必须戴防毒面具,站在上风口处。一般毒品着火时,可以采用水灭火。

二氧化碳不能燃烧,不助燃,用它笼罩在燃烧物的周围,将燃烧物与周围空气隔绝开,并可稀释空气中的氧气,使火焰窒息熄灭,从而达到灭火的目的。

二氧化碳在通常情况下为无色无味的气体,密度为 $1.592 \times 10^3 kg/m^3$,比空气重,所以它容易盖在液体或固体的表面上,使其与空气隔绝。

二氧化碳灭火剂以液体的形式加压充装于灭火机中,液态二氧化碳挥发为气体后,体积扩大 760 倍,当从灭火机中喷出时,瞬时汽化吸收大量的热量,导致液体本身温度急剧下降,当其温度下降到 $-78.5 ℃$ 时,液体就凝结成雪花状的小固体,称为干冰,干冰喷向着火处时,立即汽化,同时对燃烧物有冷却的作用。汽化的二氧化碳能够排出或稀释空气,使空气中的氧气含量降低,同时也起到隔绝空气与燃烧物的作用。当燃烧区域空气中氧气含量降到 12% 以下或二氧化碳含量达到 30% ～50% 时,燃烧就停止了。

二氧化碳灭火剂的优点是:灭火后不留痕迹,不损坏物品,不导电,无腐蚀性,可用来扑救 600 V 以下带点设备的火灾,着火范围不大的油类火灾和某些忌水性物质的火灾以及图书、档案、精密仪器的火灾,尤其对室内初期的火灾扑救更为有效。

其缺点是冷却性不太好,火灾熄灭后,温度还在燃点以上,有发生复燃的可能。二氧化碳不能有效扑灭自分解能产生氧气的火灾,也不能扑灭钾、钠、铝及其合金的火灾,因为高温下二氧化碳与这些物质发生反应,游离出碳离子和产生氧气,有爆炸的危险。

7)储存放射性物品的消防措施

放射性物品沾染人体时,应迅速用肥皂水洗刷,最好洗刷三次。

发生火灾时,首先派出精干人员携带放射性测试仪器,测试辐射(剂)量和范围。测试人员应尽可能地采取防护措施。

对辐射(剂)量超过 0.038 7 C/kg 的区域,应设置写有"危及生命、禁止进入"的文字说明的警告标志牌。

对辐射(剂)量小于 0.038 7 C/kg 的区域,应设置写有"辐射危险、请勿接近"警告标志牌。

测试人员还应进行不间断巡回监测。

对辐射(剂)量大于 0.038 7 C/kg 的区域,灭火人员不能深入辐射源纵深灭火进攻。对辐射(剂)量小于 0.038 7 C/kg 的区域,可快速出雾状水灭火或用泡沫、二氧化碳、干粉扑救,并积极抢救受伤人员。

对燃烧现场包装没有破坏的放射性物品,可在水枪的掩护下佩戴防护装备,设法疏散物品,无法疏散时,应就地冷却保护,防止造成新的破损,增加辐射(剂)量。

对已破损的容器切忌搬动或用水流冲击,以防止放射性沾染范围扩大。

灭火时,消防人员必须穿戴防护装备,并站在上风处。注意不要使消防水流散面积过大,以免造成大面积的污染。

8)储存腐蚀品的消防措施

腐蚀性物品着火时,可用雾状水或者干沙、泡沫扑救,不宜采用高压水,以防酸液四溅,伤害扑救人员。

硫酸、卤化物、强碱等物品遇水发热,卤化物遇水产生酸性烟雾,所以不能用水扑救,可以用干沙、泡沫、干粉扑救。

凡是与水混溶,并可通过化学反应或机械方法产生灭火泡沫的灭火药剂称为泡沫灭火剂。根据泡沫灭火剂生产的机理,泡沫灭火剂可以分为化学泡沫和空气泡沫两大类,空气泡沫也称机械泡沫。

化学泡沫是用化学方法制得的,泡沫中的主要成分是二氧化碳,空气泡沫是利用水流的机械作用方法制得的,泡沫中的主要成分是空气。两者都是用水作为泡沫的液膜。泡沫灭火剂主要用于扑救非水溶性燃烧液体和一般固体火灾。特殊的抗溶性灭火剂可用于扑救水溶性燃烧液体的火灾。

泡沫灭火剂的发泡倍数比较大,在其形成的无数小泡沫中,含有大量的气体(二氧化碳或空气),所以泡沫的密度比较小,一般为 $1 \sim 500 \ kg/m^3$。由于泡沫的密度远小于一般燃烧液体的密度,它可以在液体表面形成一层由充气泡沫组成的气密性表面,覆盖在着火的液面上。

泡沫有很强的黏着力,可以阻止易燃或者可燃液体的蒸气穿过覆盖层浸入燃烧区,同时也阻止了空气与着火液体的接触。泡沫层密封了燃烧液体表面,可以阻断火焰向液面的辐射传热,也可以阻止热气流向液面的热传导。

泡沫中含有水分,可以夺取液体的热量,使液体温度降低,蒸发速度减慢。

消防人员必须注意防腐蚀、防蒸汽。应戴防毒口罩、防护眼镜或者防毒面具,穿橡胶长筒胶鞋、戴防酸手套等。灭火时,消防人员应站立在上风头。

如果发现中毒者,应立即送往医院救治,并向医护人员详细说明中毒物品的名称,以便医生的抢救。

5.3.4　危险化学品储存事故案例

<圳清水河危险品储运仓库爆炸事故>

1)事故概况

1993 年 8 月 5 日,深圳清水河危险品储运仓库发生大爆炸,是特区自成立以来最严重的工业事故。

1993 年 8 月 5 日 13 时 26 分,广东某市与清水河油气库相邻的一危险品仓库发生特大爆炸事故,爆炸引起大火,1 h 后,着火区又发生第二次强烈爆炸,造成更大范围的破坏和火灾。事故导致 18 人丧生、重伤 136 人、800 多人受伤,3.9 万平方米建筑物毁坏、直接经济损失 2.5 亿元 。

据查,出事单位是中国对外贸易开发集团公司下属的储运公司与市危险品服务中心联营的安贸危险品储运联合公司。爆炸地点是仓库区清六平仓,其中 6 个仓(2—7 号仓)被彻底摧毁,现场留下两个深 7 m 的大爆坑,其余的 1 号仓和 8 号仓遭到严重破坏。

2)事故经过

此次爆炸火灾事故是先起火后爆炸,进一步蔓延扩大成灾:1993 年 8 月 5 日,大约 13 时 10 分,清六平仓 4 号仓内冒烟、起火,引燃仓内堆放的可燃物并于 13 时 26 分发生第一次爆炸,彻底摧毁了 2、3、4 号连体仓,强大的冲击波破坏了附近货仓,使多种化学危险品暴露于火焰之前。这些危险品处于持续被加热状态 1h 左右,于 14 时 27 分,5、6、

7 号连体仓发生第二次爆炸。爆炸冲击波造成更大范围的破坏,爆炸后的带火飞散物(如黄磷、燃烧的三合板和其他可燃物)使火灾迅速蔓延扩大,引燃了距爆炸中心 250 m处木材堆场的 3 000 m³ 木质地板块、300 m 处 6 个四层楼干货仓、400—500 m 处 3 个山头上的树木,大火燃烧约 16 h。

　　3)事故原因调查

　　(1)起火物质的确定。

　　根据公司证人证词和装卸队提供的旁证,均言证 4 号仓内东北角处的"过硫酸钠"首先冒烟起火。而后经追查铁路运输发票和安贸公司财务处收款票据,确证 4 号仓东北角存放的是过硫酸铵而不是过硫酸钠。根据过硫酸铵的特性,它先起火是可能的。

　　4 号仓内存放的可爆物品有:多孔硝酸铵 49.6 t、硝酸铵 15.75 t、过硫酸铵 20 t、高锰酸钾 10 t、硫化碱 10 t、数千箱火柴、樟脑精。其中过硫酸铵、高锰酸钾等爆炸威力较弱,而多孔硝酸铵在高温或足够的起爆能量的作用下爆炸威力较强,常被用来制造工业炸药。4 号仓内爆炸的主要物质是多孔硝酸铵,其他可爆物品也有可能参与了爆炸。

　　(2)起火原因分析。

　　市公安部门证实未发现人为破坏。当事人和建筑图纸提供的信息为:事故当天 4 号仓内无叉车作业;库区禁烟禁火严格;仓内通风尚好;仓内除防爆灯外无其他电气设施,防爆灯开关在 8 号旁办公室内集中控制。现场勘察发现 4 号仓电线为穿管导线,调查组认为 4 号仓内货物自燃、电火花引燃、明火引燃和叉车摩擦撞击引燃的可能性很小,……

　　仓中货物堆放密集,周转频繁。事故前,4 号仓内已无空位,把无法入仓的一千多袋硝酸铵堆在该仓外东北角站台上。8 月 5 日上午,从 4 号仓搬运出 800 袋共 20 t 过硫酸铵(余 800 袋仍堆在仓内东北角)经仓中间通道运出装入香港来的货柜汽车走走;

　　8 月 5 日中午 12 时,又加班装运硝酸钾,尚未装完就发生了事故,装运 4 号仓硝酸钾的汽车被爆炸冲击波推出 10 余米并烧毁。在以上装卸过程中,多人爬上货堆搬运清点,也曾发生坠袋、翻袋现象,有小量过硫酸铵、硝酸钾洒漏。

　　3 号平仓内的相邻存放了氨基磺酸、丙烯酸甲酯、硫化碱、甲苯、多孔硝酸铵等。

　　4 号仓存放有袋装硫化碱、过硫酸铵、硝酸铵、硝酸钾、高锰酸钾、多孔硝酸铵、火柴、樟脑精等。

　　5 号平仓内存有保险粉、硝酸钾、硝酸铵、高锰酸钾和硫酸钡等;

　　6 号平仓存放有甲苯、硫化碱、保险粉、硫黄、硝酸铵、硝酸钡等。

　　7 号平仓存放有硝酸铵、高锰酸钾、保险粉、金属粉、布匹、纸板等。

　　4)事故直接原因

　　忌混物品混存接触反应放热引起危险物品燃烧的可能性很大,理由如下:

　　大量氧化剂高锰酸钾、过硫酸铵、硝酸铵、硝酸钾等与强还原剂硫化碱、可燃物樟脑精等混存在 4 号仓内,此外,仓内还有数千箱火柴,为火灾爆炸提供了物质条件。

　　工业硫化碱,熔点 50 ℃,易潮解,易吸收空气中二氧化碳变成深红褐色并放出易燃有臭蛋味的硫化氢气体。

过硫酸铵遇硫化碱立即激烈反应,放热,产生硫化氢,同时生成深褐色黏稠液体;差热实验出现陡峭放热峰。

以上分析说明:4号仓内强氧化剂和强还原剂混存、接触,发生激烈氧化还原反应,形成热积累,导致起火燃烧。这是发生事故的直接原因。

5)事故间接原因

(1)平仓混装严重。

按批文:8号平仓存放爆炸品(烟花爆竹);4号平仓存放易燃品;7号平仓存放氧化剂;6号平仓存放毒害品;3号平仓存放腐蚀品;2号平仓存放压缩液化气体。在实际使用中,严重混装,把不相容的物品同库存放、相邻存放,严重违反相关规定。

如3号平仓内的氨基磺酸、硫化碱、甲苯等与强氧化剂均不相容,不能同库存放,但实际上不但同库存放,且与多孔硝酸铵相邻存放。4号平仓内高锰酸钾、过硫酸铵、硝酸钾、硝酸铵、多孔硝酸铵等均为氧化剂、强氧化剂,而硫化碱为强还原剂,又有火柴可燃物,均一起存放在一个库内,且相互邻接。5号平仓内有保险粉和强氧化剂硝酸钾、硝酸铵、高锰酸钾和氧化剂硫酸钡等同库存放。6号平仓存放有甲苯、硫化碱、保险粉、硫黄等与氧化剂硝酸铵、硝酸钡等。7号平仓也存放有硝酸铵、高锰酸钾,同时存放有保险粉、元明粉以及布匹、纸板等。同时还存在灭火方法不同的化学危险品同库存放的现象,如金属粉、丙烯酸甲酯、保险粉等遇水或吸潮后易发热,引起燃烧甚至爆炸。由于将干杂货仓库违章改作危险品仓库使用,化学危险物品混装严重,管理混乱,从业人员业务素质低,因此,导致事故发生是必然的。

(2)干杂仓库被违章改作化学危险品仓库使用。

该仓库按照市城市规划局方案审查项目名称为干杂货平仓;设计、施工、建设均按干杂品库要求进行;按照干杂品库要求通过了消防验收;该仓库启用后,未报经有关部门批准,擅自将原2至3号仓、4至5号仓之间搭建,形成两个联体仓。且在清六平仓存放过烟花爆竹。

1990年6月18日,该公司与市爆炸危险物品服务公司联合成立合营公司'市危险物品储运公司',申报时提供了公司章程、合同和可行性研究报告。可行性研究报告中称,清六平仓的地理位置适合作危险品储存仓库,并将干杂货平仓说成是按照有关规定根据化学危险物品的种类、性能,设置了相应的通风、防火、防毒、防爆、报警、调温、防潮、避雷、防静电等安全设施的危险物品仓库。市政府办公厅同意成立了该公司,其经营范围为危险物品的储存、运输及装卸搬运(须经市运输局和公安局审批、备案)。经调查,安贸危险品储运公司只向公安局申报,未向运输局申报。1990年10月15日发了营业执照。

(3)火险隐患没有整改。

1991年2月13日,市公安局消防支队对安贸危险物品储运公司的仓库进行防火安全检查,发现重大火险隐患,给该公司发出市公安局火险隐患整改通知书,主要内容有两条:

第1条,该仓库在消防审核时是按干货中转仓库申报的,现将干货仓改为爆炸性危险品仓库,在改变仓库的使用性质时,未报经市消防部门审核。

第2条,该公司储存爆炸性危险物品仓库,距离铁路支线的安全间距不足,对铁路外贸物资运输的安全构成威胁。提出的整改意见是,"储存爆炸危险物品的仓库应立即停止使用,储存的爆炸性危险物品应在2月20日前搬出,否则按有关规定严肃查处"。

安贸危险物品储运公司接到火险隐患整改通知书后,没有整改。市公安局也未进行有效监督,致使重大事故隐患没有得到解决,造成了严重后果。上述有关部门违反了《中华人民共和国消防条例》和《中华人民共和国消防条例实施细则》。

6)事故教训

①要搞好城市规划和市政建设。各级政府在城市规划中,要有全局观念,统筹规划,合理布局,始终坚持经济建设与市政建设同步发展,确保人民生命和国家财产的安全。

②加强化学和爆炸危险物品的安全管理。各级政府要把危险物品的储运问题纳入城市规划统筹考虑,各级公安机关要严格执法,坚持原则。

7)思考题

①危险化学储存事故的原因有哪些?

②危险化学仓库的安全管理要求有哪些?

③危险化学品的出入库管理制度有哪些?

5.4 危险化学品运输的安全管理

运输是危险化学品流通过程中的重要环节。危险化学品运输相当于炸弹在公共场合运动,将危险源从相对密闭的工厂、车间、仓库带到敞开的、可能与公共密切接触的空间,使事故的危害程度大大增加;同时也由于运输过程中多变的状态和环境而使发生事故的概率大大增加。

危险化学品运输安全与否,直接关系社会的稳定和人民生命财产的安全。因此,国际组织出台了一系列有关危险化学品运输安全的管理规章,被我国采用和接受的主要包括如《关于危险货物运输的建议书·规章范本》(橘皮书)、《国际海运危险货物规则》《空运危险货物安全运输技术规则》等联合国和有关国际组织的法律规章。这些规章具有权威性,普遍被世界各国采用,我国作为联合国和有关国际组织的成员国,有权利也有义务执行这些规章,使危险品的管理、运输和使用尽量按照一个统一的、规范的原则进行。下面将这些国际管理组织和管理规章,以及国内在危险化学品运输方面的安全管理概况作一简要介绍。

我国的危险化学品国内立法直接受到国际立法的影响。10多年前颁布的国家标准《危险货物分类与品名编号》(GB 6944)和《危险货物品名表》(GB 12268)主要参考和吸收了联合国橘皮书的内容。而这两个标准则是我国新旧《危险化学品安全管理条例》和《水路危险货物运输规则》等法规、规章的重要依据和组成部分之一。

目前,我国关于危险化学品运输管理的法律、法规有《中华人民共和国安全生产法》

《危险化学品安全管理条例》(以下简称《条例》)《水路危险货物运输规则》《道路危险货物运输管理规定》《汽车危险货物运输规则》《铁路危险货物运输管理规则》《中国民用航空危险品运输规定》《港口危险货物管理规定》等。

5.4.1　危险化学品运输安全管理基本要求

对危险化学品安全运输的一般要求是认真贯彻执行《条例》以及其他有关法律和法规规定,管理部门要把好市场准入关,加强现场监管,在整顿和规范运输秩序的同时,加强行业指导和改善服务;企业要建立健全规章制度,依法经营,加强管理,重视培训,努力提高从业人员安全生产的意识和技术业务水平,从本质上提升危险化学品运输企业的素质。

5.4.1.1　运输单位资质认定

《条例》第四十三条规定,从事危险化学品道路运输、水路运输的,应当分别依照有关道路运输、水路运输的法律、行政法规的规定,取得危险货物道路运输许可、危险货物水路运输许可,并向工商行政管理部门办理登记手续;还规定危险化学品道路运输企业、水路运输企业应当配备专职安全管理人员。

通过内河运输危险化学品,《条例》第五十六条规定应当由依法取得危险货物水路运输许可的水路运输企业承运,其他单位和个人不得承运。托运人应当委托依法取得危险货物水路运输许可的水路运输企业承运,不得委托其他单位和个人承运。《条例》第五十七条还规定,通过内河运输危险化学品,应当使用依法取得危险货物适装证书的运输船舶。水路运输企业应当针对所运输的危险化学品的危险特性,制定运输船舶危险化学品事故应急救援预案,并为运输船舶配备充足、有效的应急救援器材和设备。

通过内河运输危险化学品的船舶,其所有人或者经营人应当取得船舶污染损害责任保险证书或者财务担保证明。船舶污染损害责任保险证书或者财务担保证明的副本应当随船携带。

《条例》第五十八条规定,通过内河运输危险化学品,危险化学品包装物的材质、形式、强度以及包装方法应当符合水路运输危险化学品包装规范的要求。国务院交通运输主管部门对单船运输的危险化学品数量有限制性规定的,承运人应当按照规定安排运输数量。

交通部门要按照《条例》和运输企业资质认定条件的规定,从源头抓起,对从事危险货物运输的车辆、船舶、车站和港口码头及其工作人员实行资质管理,严格执行市场准入和持证上岗制度,保证符合条件的企业及其车辆或船舶进入危险化学品运输市场。针对当前从事危险化学品运输的单位和个人参差不齐、市场比较混乱的情况,要通过开展专项整治工作,对现有市场进行清理整顿,进一步规范经营秩序和提高安全管理水平。同时,要结合对现有企业进行资质评定,采取积极的政策措施,鼓励那些符合资质条件的单位发展高度专业化的危险化学品运输。对那些不符合资质条件的单位要限期整改或请其出局。交通部门已颁发有关管理规定,要求经营危险化学品运输的企业应具备相应的企业经营规模、承担风险能力、技术装备水平、管理制度、员工素质等条件。

从事水路危险货物运输的企业要求具备一定的资金条件、安全管理能力、自有适航船舶和适任船员等,另外还有船龄要求;对从事公路危险货物运输的企业单位要求有相应的资金条件、车辆设备应符合《汽车危险货物运输规则》规定的条件,作业人员和营运管理人员应经过培训合格方可上岗,有健全的管理制度以及危险品专用仓库等。

5.4.1.2　加强现场监督检查

企业、单位拖运危险化学品或从事危险化学品运输,应按照《条例》和国务院交通主管部门的规定办理手续,并接受交通、港口、海事管理等其他有关部门的监督管理和检查。各有关部门应加强危险化学品运输、装卸、储存等现场的安全监督,严格把好危险货物申报关和进出口关,并根据实际情况需要实施监装监卸工作。督促有关企业、单位认真贯彻执行有关法律、法规和规章的规定以及国家标准的要求,重点做好以下现场管理工作:

(1)加强运输生产现场科学管理和技术指导,并根据所运输危险化学品的特殊危险性,采取必要的针对性安全防护措施。

(2)搞好重点部位的安全管理和巡检,保证各种设备处于完好和有效状态。

(3)严格执行岗位责任制和安全管理责任制。

(4)坚持对车辆、船舶和包装容器进行检验,做到不合格、无标志的一律不得装卸和启运。

(5)加强对安全设施的检查,制定本单位事故应急救援预案,配备应急救援人员和设备器材,定期演练,提高对各种恶性事故的预防和应急反应能力。

通过道路运输危险化学品的,《条例》第四十八条规定必须配备押运人员,并保证所运输的危险化学品处于押运人员的监控之下。运输危险化学品途中因住宿或者发生影响正常运输的情况,需要较长时间停车的,驾驶人员、押运人员应当采取相应的安全防范措施;运输剧毒化学品或者易制爆危险化学品的,还应当向当地公安机关报告。《条例》第四十九条规定,未经公安机关批准,运输危险化学品的车辆不得进入危险化学品运输车辆限制通行的区域。危险化学品运输车辆限制通行的区域由县级人民政府公安机关划定,并设置明显的标志。

《条例》第四十四、第四十五条规定危险化学品的装卸作业应当遵守安全作业标准、规程和制度,并在装卸管理人员的现场指挥或者监控下进行。水路运输危险化学品的集装箱装箱作业应当在集装箱装箱现场检查员的指挥或者监控下进行,并符合积载、隔离的规范和要求;装箱作业完毕后,集装箱装箱现场检查员应当签署装箱证明书。运输危险化学品的驾驶人员、船员、装卸管理人员、押运人员、申报人员、集装箱装箱现场检查员,应当了解所运输的危险化学品的危险特性及其包装物、容器的使用要求和出现危险情况时的应急处置方法。

5.4.2　剧毒化学品运输的管理

剧毒化学品运输分公路运输、水路运输和其他形式的运输。《条例》从保护内河水域环境和饮用水安全角度规定,第五十四条规定,禁止通过内河封闭水域运输剧毒化学品以及国家规定禁止通过内河运输的其他危险化学品,规定以外的内河水域,禁止运输国家规定禁止通过内河运输的剧毒化学品以及其他危险化学品。内河一般指海运船舶不能到达的水域。如地处黄浦江的上海港、珠江上的广州港,都属于海港,而不是内河港,其所在水域属于海的延伸,类似情况还有长江南京以下各港。《条例》同时规定,禁止通过内河运输的剧毒化学品以及其他危险化学品的范围,由国务院交通运输主管部门会同国务院环境保护主管部门、工业和信息化主管部门、安全生产监督管理部门,根据危险化学品的危险特性、危险化学品对人体和水环境的危害程度以及消除危害后果的难易程度等因素规定并公布。

除剧毒化学品外,内河禁运的其他危险化学品,《条例》明确由国务院交通运输主管部门规定。禁运危险化学品种类及范围的设定,既不影响工业生产和人民生活又能遏制恶性事故发生为原则。

虽然剧毒化学品海上运输不在禁止之列,但也必须按照有关规定严格管理。

《条例》对道路运输剧毒化学品分别从托运和承运的角度作出了严格的规定。第五十条规定,通过公路运输剧毒化学品的,托运人应当向运输始发地或者目的地县级人民政府公安机关申请剧毒化学品道路运输通行证。托运人向公安机关办理剧毒化学品道路运输通行证时应当提交有关运输剧毒化学品的品种、数量的说明,运输始发地和目的地、运输时间、运输路线的说明,承运人取得危险货物道路运输许可、运输车辆取得营运证以及驾驶人员、押运人员取得上岗资格的证明文件,以及按规定购买剧毒化学品的相关许可证件,或者海关出具的进出口证明文件等材料。《条例》第五十一条还规定,剧毒化学品、易制爆危险化学品在道路运输途中丢失、被盗、被抢或者出现流散、泄漏等情况的,驾驶人员、押运人员应当立即采取相应的警示措施和安全措施,并向当地公安机关报告。公安机关接到报告后,应当根据实际情况立即向安全生产监督管理部门、环境保护主管部门、卫生主管部门通报。有关部门应当采取必要的应急处置措施。

5.4.3　危险化学品运输从业人员培训

狠抓技术培训,努力提高从业人员素质,是提高危险化学品运输安全质量的重要一环。《条例》第四十四条规定,危险化学品道路运输企业、水路运输企业的驾驶人员、船员、装卸管理人员、押运人员、申报人员、集装箱装箱现场检查员应当经交通运输主管部门考核合格,取得从业资格。

为确保危险化学品运输安全质量,还应对与危险化学品运输有关的托运人进行培训。通过培训使托运人了解托运危险化学品的程序和办法,并能向承运人说明运输的危险化学品的品名、数量、危害、应急措施等情况。做到不在托运的普通货物中夹带危险化学品,不将危险化学品匿报或谎报为普通货物托运。通过培训使承运人了解所运载的危险化学品的性质、危害特性、包装容器的使用特性、必须配备的应急处理器材和防护用品以及发生意外时的应急措施等。

为了搞好培训,主管部门要知道并通过行业协会制定教育培训计划,组织编写危险化学品运输应知应会教材和举办专业培训班,分级组织落实。为增强培训效果,把培训和实行岗位在职资质制度结合起来,有主管部门批准认可的机构组织统一培训考试发证。对培训机构要制定教育培训责任制度,确保培训质量。对只收费不负责任的培训机构应取消其培训资格。对企业管理和现场工作人员必须实行持证上岗,未经培训或者培训不合格的不能上岗。对虽有证上岗但不严格按照规定和技术规范进行操作的人员应有严格的处罚制度。主管部门、行业协会和运输企业应加大这方面的工作力度。

5.4.4 危险化学品运输事故案例

<晋济高速3.01岩后隧道事故>

1)事故概况

2014年3月1日14时45分许,位于山西省晋城市泽州县的晋济高速公路山西晋城段岩后隧道内,一辆山西铰接列车追尾一辆河南铰接列车,造成前车装载的甲醇泄漏,后车发生电气短路,引燃周围可燃物,进而引燃泄漏的甲醇,并导致其他车辆被引燃引爆,共造成40人死亡、12人受伤和42辆车烧毁,直接经济损失8 197万元。

2)事故经过

济晋高速公路河南济源至山西晋城(省界)段项目是国家重点公路二连浩特至广州高速公路的重要组成部分,也是河南省路网规划中"三横、五纵、四通道"中的一纵。

3月1日14时50分,山西省晋城市福安运物流公司驾驶人李建云驾驶重型罐式货车(核载30.6 t,实载29 t甲醇),由北向南行驶至二广高速公路1 060 km加900 m处岩后隧道路段,进入隧道光线骤然变暗,未及时发现前方车辆排队等候通行,导致进入隧道10 m即追尾碰撞前方河南省孟州市汽车运输公司汤天才驾驶的重型罐式货车(核载32 t,实载29.6 t甲醇)。

车辆碰撞后,李建云、汤天才下车查看情况,发现两车卡在一起,并有甲醇泄漏。私下协商后,前方车辆驾驶人汤天才上车驾驶车辆向前移动,两车分开后,汤天才再次下车查看情况时发现泄漏的甲醇起火燃烧。两车的司机和押运员共4人弃车逃离现场。

由于岩后隧道入口低、出口高,汤天才驾驶的货车所载甲醇在隧道入口处泄漏燃烧后,火势迅速沿隧道由入口向出口蔓延,先后引燃前方排队等候通行的运煤车,并引发隧道内一辆拉有液态天然气的车辆发生爆炸。

3)事故原因

(1)直接原因。

晋E23504/晋E2932挂铰接列车在隧道内追尾豫HC2923/豫H085J挂铰接列车,造成前车甲醇泄漏,后车发生电气短路,引燃周围可燃物,进而引燃泄漏的甲醇。

①两车追尾的原因:晋E23504/晋E2932挂铰接列车在进入隧道后,驾驶员未及时发现停在前方的豫HC2932/豫H085J挂铰接列车,距前车仅五六米时才采取制动措施;晋E23504牵引车准牵引总质量(37.6 t),小于晋E2932挂罐式半挂车的整备质量与运输甲醇质量之和(38.34 t),存在超载行为,影响刹车制动。

经认定,在晋E23504/晋E2932挂铰接列车追尾碰撞豫HC2932/豫H085J挂铰接列车的交通事故中,晋E23504/晋E2932挂铰接列车驾驶员李建云负全部责任。

②车辆起火燃烧的原因:追尾造成豫 H085J(前)挂半挂车的罐体下方主卸料管与罐体焊缝处撕裂,该罐体未按标准规定安装紧急切断阀,造成甲醇泄漏;晋 E23504 车(后车)发动机舱内高压油泵向后位移,启动机正极多股铜芯线绝缘层破损,导线与输油泵输油管管头空心螺栓发生电气短路,引燃该导线绝缘层及周围可燃物,进而引燃泄漏的甲醇。

(2)间接原因。

①事故车辆未安装紧急切断阀、罐体壁厚不符合国家规定,严重违反了《道路运输液体危险货物罐式车辆第一部分:金属常压罐体技术要求》(GB 18564.1—2006)、《道路危险货物运输管理规定》(交通运输部令 2010 年 5 号令)、《道路运输管理工作规范》。

②焦作市道路运输管理局货运管理科负责人刘瑞禄涉嫌玩忽职守,致使肇事车辆长期挂靠经营,违规通过年审,非法营运,事故车豫 HC2923/豫 H085J 挂危险货物罐式车辆(挂靠孟州市汽车运输有限公司)未被清理出营运市场。

刘瑞禄自 2012 年初分管焦作市道路运输管理局货运科以来,对货运科的危货车辆年审业务疏于监管,致使货运科违反国家规定将河南省正拓罐车检测服务有限公司出具的计量检测报告当作质量检测报告使用,导致 659 台次危险货物罐式车辆违反规定通过年审,其中装载介质由二异丙胺改为甲醇的豫 HC2923/豫 H085J 挂在 2013 年 5 月 3 日违规通过年审。

③运输公司只收钱不管理,教育考试交钱签名即可。

国家对危化品运输管理有严格规定,驾驶员押运员都必须经过专业培训。据调查,发生碰撞事故的两辆车上的驾驶员与押运员都持有从业资格证,但对所拉运货物的特性、安全运输的规定、发生事故的应急处理方法等知识一概不知,只知道所拉货物为易燃物。

据调查,汤天才所驾驶的车为个人所有,挂靠在河南省孟州汽车运输有限责任公司,运输公司只收钱不管理,平时的安全教育、管理都流于形式,教育考试交钱签名即可。李建云说,他刚上岗一个月,公司没有专门的安全检查员,平时出行车辆的安全检查全靠自己。

④据调查,按规定发生交通拥堵时,大型货车一律靠右行驶,不允许插队、超车,两辆甲醇拉运车都违法变道,驶入隧道左道;交通拥堵时,危化品车辆的安全押运员应该下车在车辆的后方放置三角警示架,以防发生追尾事故。进入隧道,发生交通拥堵,汤天才车上的押运员却躺在车上睡觉,没有下车设置警示标志。

⑤隧道烟雾报警器失灵、应急逃生通道关闭、消防水龙头不出水。

据调查,全长 800 m 的延后隧道内没有排风设施,事故发生后,隧道内浓烟滚滚,救援人员戴着防毒面具、氧气罐都待不了 20 min。

烟雾报警器失灵,没有起到报警作用,一些车辆的人员没有及时逃离;隧道中间的应急逃生通道关闭,逃生指示不明显,火灾事故发生后,现场一片混乱,人员只能从隧道的南北出口逃离,中间的人没来得及逃离。

更为遗憾的是,消防水龙头竟然不出水,消防车辆只能从高速路下边拉水灭火、降温,延误了灭火时间。而事故发生1小时40分钟后,一辆拉有液态天然气的大型车辆又发生了爆炸,汽车的一半在隧道内被炸飞了50 m。

⑥晋济高速公路煤焦管理站违规设置指挥岗加剧了车辆拥堵。

延后隧道北口往南5 km处设有一个煤炭管理站。2月28日由于晋城地区降大雪,晋城市区内高速公路实施交通管制,晋济高速公路因不具备通行条件,于当日17点40分封闭。3月1日7时10分晋济高速公路恢复通行,致使运煤车辆集中驶入。因煤炭管理站通行缓慢,导致事故发生路段车辆拥堵,隧道内排队等候有33辆运煤车,最后引燃了车上的煤炭,加重了事故后果。

⑦山西省锅炉压力容器监督检验研究院、河南省正拓罐车检测服务有限公司违规出具检验报告。

该机构为事故半挂车使用罐体出具了"允许使用"的委托检验报告。但该事故半挂车使用罐体未安装紧急切断阀,不符合GB 18564.1—2006标准要求中5.8的规定,属于不合格产品,且改变了充装介质。

4)事故教训

①要始终坚守保护人民群众生命安全的"红线"。

②要大力推动危险货物道路运输企业落实安全生产主体责任。

③要切实加大危险货物道路运输安全监管力度。

④要全面排查整治在用危险货物运输车辆加装紧急切断装置。

⑤要进一步加强公路隧道安全管理。

⑥要进一步加强公路隧道和危险货物运输应急管理。

5)思考题

①危险货物运输事故的主要原因有哪些?

②危险货物运输车辆应具备哪些安全设施条件?

③危险货物运输驾驶员和押运人员应具备哪些安全知识?

④危险货物运输事故发生后,押运人员和驾驶员应采取哪些应急措施?

5.5　危险化学品使用的安全管理

5.5.1　危险化学品使用许可制度

《危险化学品安全管理条例》(591号令)对危险化学品使用安全的基本规定包括:

(1)使用危险化学品的单位,其使用条件(包括工艺)应当符合法律、行政法规的规定和国家标准、行业标准的要求,并根据所使用的危险化学品的种类、危险特性以及使用量和使用方式,建立、健全使用危险化学品的安全管理规章制度和安全操作规程,保证危险化学品的安全使用。

(2)使用危险化学品从事生产并且使用量达到规定数量的化工企业(属于危险化学品生产企业的除外,下同),应当依照本条例的规定取得危险化学品安全使用许可证。

前款规定的危险化学品使用量的数量标准,由国务院安全生产监督管理部门会同国务院公安部门、农业主管部门确定并公布。

(3)申请危险化学品安全使用许可证的化工企业,还应当具备下列条件:

①有与所使用的危险化学品相适应的专业技术人员;

②有安全管理机构和专职安全管理人员;

③有符合国家规定的危险化学品事故应急预案和必要的应急救援器材、设备;

④依法进行了安全评价。

(4)申请危险化学品安全使用许可证的化工企业,应当向所在地设区的市级人民政府安全生产监督管理部门提出申请,并提交其符合《条例》第三十条规定条件的证明材料。设区的市级人民政府安全生产监督管理部门应当依法进行审查,自收到证明材料之日起 45 日内作出批准或者不予批准的决定。予以批准的,颁发危险化学品安全使用许可证;不予批准的,书面通知申请人并说明理由。

安全生产监督管理部门应当将其颁发危险化学品安全使用许可证的情况及时向同级环境保护主管部门和公安机关通报。

(5)为了严格使用危险化学品从事生产的化工企业安全生产条件,规范危险化学品安全使用许可证的颁发和管理工作,国家安全生产监督管理总局 2012 年 11 月 16 日公布《危险化学品安全使用许可证实施办法》,自 2013 年 5 月 1 日起施行,其中对安全使用许可证适用范围、申请安全使用许可证的条件、安全使用许可证的申请、安全使用许可证的颁发、监督管理及法律责任等进行了详细规定。

5.5.2　危险化学品使用安全措施

危险化学品使用安全措施包括预防各类使用事故的措施和实现使用安全的措施。前者属于被动措施,后者属于主动措施。

5.5.2.1　危险化学品使用事故预防原则

在作业场所,应对涉及危险化学品的使用进行严格控制。其目标是消除化学品危害或者尽可能降低其危害程度,以免危害工人,污染环境,引起火灾和爆炸等重大事故。

预防化学品引起的伤害、火灾和爆炸事故的最理想方式是在工作中不使用与上述危害有关的化学品,然而并不是总能做到这一点。因此,采取隔离危险源,实施有效的通风,或使用适当的个体防护用品等手段往往也是非常有必要的。通常采用操作控制的四条基本原则,从而有效地消除或降低化学品暴露,减少化学品引起的中毒事故、火灾及爆炸事故。

危险化学品使用事故预防的基本原则如下。

1)事故可以预防

在这种原则基础上,分析事故发生的原因和过程,研究防止事故发生的理论及方法。

2)防患于未然

事故隐患与后果存着偶然性关系,积极有效的预防办法是防患于未然。只有避免了事故隐患,才能避免事故造成的损失。

3)根除可能的事故原因

事故与引发的原因是必然的关系。任何事故的出现总是有原因的。事故与原因之间存在着必然性的因果关系。为了使预防事故的措施有效,首先应当对事故进行全面的调查和分析,准确找出直接原因、间接原因以及基础原因。所以,有效的事故预防措施来源于深入的原因分析。

4)全面治理

这是指在引起事故的各种原因之中,技术原因、教育原因以及管理原因是三种最重要的原因,必须全面考虑、缺一不可。预防这三种原因的相应对策分别是技术对策、教育对策及法制(或管理)对策。这是事故预防的三根支柱,发挥这三根支柱的作用,事故预防就可以取得满意的效果。如果只是片面地强调某一根支柱,事故预防的效果就不好。

5.5.2.2 危险化学品使用事故的控制措施

预防危险化学品使用事故的控制措施有替代、变更工艺、隔离、通风和个体防护。

1)替代

控制、预防化学品危害最理想的方法是不使用有毒有害和易燃、易爆的化学品,但这很难做到,通常的做法是选用无毒或低毒的化学品替代有毒有害的化学品,选用可燃化学品替代易燃化学品。例如,甲苯替代喷漆和除漆用的苯,用脂肪族烃替代胶水或黏合剂中的芳烃,用水基涂料或水基胶黏剂替代有机溶剂基的涂料或胶黏剂,用水性洗涤剂替代溶剂型洗涤剂,用三氯甲烷脱脂剂来替代三氯乙烯脱脂剂,使用高闪点化学品而不使用低闪点化学品等。

2)变更工艺

虽然替代是控制化学品危害的首选方案,但是目前可供选择的替代品很有限,特别是因技术和经济方面的原因,不可避免地要生产、使用有害化学品。这时可通过变更工艺消除或降低化学品危害。如以往从乙炔制乙醛,采用汞做催化剂,现在发展为用乙烯为原料,通过氧化或氯化制乙醛,不需用汞做催化剂。通过变更工艺,彻底消除了汞害。另外还有改喷涂为电涂或浸涂,改手工分装料为机械连续装料,改干法破碎为湿法破碎等。

3)隔离

隔离就是通过封闭、设置屏障等措施,避免作业人员直接暴露于有害环境中。最常用的隔离方法是将生产或使用的设备完全封闭起来,使工人在操作中不接触化学品。遥控隔离操作是另一种常用的隔离方法,简单地说,就是把生产设备与操作室隔离开。最简单形式就是把生产设备的管线阀门、电控开关放在与生产地点完全隔开的操作室内。

4)通风

通风是控制作业场所中有害气体、蒸气或粉尘最有效的措施。借助于有效的通风,使作业场所空气中有害气体、蒸气或粉尘的浓度低于安全浓度,保证工人的身体健康,防止火灾、爆炸事故的发生。

通风分局部排风和全面通风两种。局部排风是将污染源罩起来,抽出污染空气,所需风量小,经济有效,并便于净化回收。全面通风也称稀释通风,其原理是向作业场所提供新鲜空气,抽出污染空气,降低有害气体、蒸气或粉尘,在作业场所中的浓度。全面通风所需风量大,不能净化回收。

对于点式扩散源,可使用局部排风。使用局部排风时,应使污染源处于通风罩控制范围内,吸尘罩应尽可能地接近污染源。为了确保通风系统的高效率,通风系统设计的合理性十分重要。对于已安装的通风系统,要经常加以维护和保养,使其有效地发挥作用。

对于面式扩散源,要使用全面通风。采用全面通风时,在厂房设计阶段就要考虑空气流向等因素。因为全面通风的目的不是消除污染物,而是将污染物分散稀释,所以全面通风仅适合于低毒性作业场所,不适合于腐蚀性、污染物量大的作业场所。

5) 个体防护

当作业场所中有害化学品的浓度超标时,工人就必须使用合适的个体防护用品。个体防护用品既不能降低作业场所中有害化学品的浓度,也不能消除作业场所的有害化学品,而只是一道阻止有害物进入人体的屏障。防护用品本身的失效就意味着保护屏障的消失,因此个体防护不能被视为控制危害的主要手段,而只能作为一种辅助性措施。对于火灾和爆炸危害来说,是没有可靠的防护用品可提供的。

防护用品主要有头部防护器具、呼吸防护器具、眼防护器具、身体防护用品、手足防护用品等。

5.5.2.3　危险化学品使用的安全管理措施

危险化学品使用的安全管理措施是一项系统工程,是由企业建立的一系列管理措施和操作规程的总和。在这些系统化的管理措施共同制约下,保证企业安全。这些措施主要包括:①对所使用的危险化学品进行识别;②正确贴安全标签;③提供并使用安全技术说明书;④安全储存;⑤建立安全运输程序;⑥危险化学品安全处理与使用;⑦保持工作场所整洁的措施;⑧日常废物处理;⑨化学品暴露程度监测;⑩体检;⑪记录存档;⑫培训和教育。

5.5.3　危险化学品使用事故案例

<滨源公司硝化装置爆炸事故>

1) 事故经过

2015 年 8 月 28 日,经滨源公司董事长兼总经理李培祥批准,硝化装置投料试车。28 日 15 时至 29 日 24 时,先后两次投料试车,均因硝化机控温系统不好、冷却水控制不稳定以及物料管道阀门控制不好,造成温度波动大,运行不稳定停车。

8 月 31 日 16 时 38 分左右,企业组织第三次投料。投料后,4#硝化机从 21 时 27 分至 22 时 25 分温度波动较大,最高达到 96 ℃(正常温度 60 ~ 70 ℃);5#硝化机从 16 时 47 分至 22 时 25 分温度波动较大,最高达到 94.99 ℃(正常温度 60 ~ 80 ℃)。车间人员用工业水分别对4#、5#硝化机上部外壳浇水降温,中控室调大了循环冷却水量。其间,硝化装置二层硝烟较大,在试车指导专家建议下再次进行了停车处理,并决定当晚不再开车。22时24分停止投料,至22时52分,硝化机温度趋于平稳。

为防止硝化再分离器(X1102)中混二硝基苯凝固,车间人员在硝化装置二层用胶管插入硝化再分离器上部观察孔中,试图利用"虹吸"方式将混二硝基苯吸出,但未成功。之后,又到装置一层,将硝化再分离器下部物料放净管道(DN50)上的法兰(位置距离地面约2.5 m高)拆开,此后装置二层的操作人员打开了位于装置二层的放净管道阀门,硝化再分离器中的物料自拆开的法兰口处泄出,先是有白烟冒出,继而变黄、变红、变棕红。见此情形,部分人员撤离了现场。

放料2~3 min后,有一操作人员在硝化厂房的东北门外,看到预洗机与硝化再分离器中间部位出现直径1 m左右的火焰,随即和其他4名操作人员一起跑到东北方向100 m外。23时18分05秒(DCS时间,校核后的北京时间为23时19分30秒)硝化装置发生爆炸。

2)事故原因

(1)事故的直接原因。

事故的直接原因是车间负责人违章指挥,安排操作人员违规向地面排放硝化再分离器内含有混二硝基苯的物料,混二硝基苯在硫酸、硝酸以及硝酸分解出的二氧化氮等强氧化剂存在的条件下,自高处排向一楼水泥地面,在冲击力作用下起火燃烧,火焰炙烤附近的硝化机、预洗机等设备,使其中含有二硝基苯的物料温度升高,引发了爆炸。

(2)事故间接原因。

①滨源公司安全生产法制观念和安全意识淡漠,无视国家法律,安全生产主体责任不落实,项目建设和试生产过程中,存在严重的违法违规行为。

②负有安全生产监督管理责任的有关部门履行安全生产监管职责不到位。

③地方政府安全生产监管职责落实不力。

3)事故教训

①进一步强化安全生产红线意识。要研究制定相应的政策措施,增强安全监管力量,加强剧毒、易制毒、易制爆等危险化学品安全管理,强化生产、购买、销售、运输、储存、使用等环节的管控,切实防范危险化学品事故发生。

②进一步加强危险化学品建设项目的安全管理。各级政府和负有安全监管职责的部门,要加强对辖区内危险化学品建设项目的安全管理,严把立项审批、初步设计、施工建设、试生产(运行)和竣工验收等关口。

③进一步严格从业人员的准入条件。严格操作人员的招录条件,涉及"两重点一重大"(重点监管危险化工工艺、重点监管危险化学品和重大危险源)的企业,应招录具有高中(中专)以上文化程度的操作人员、大专以上的专业管理人员,确保从业人员的基本素质,逐步实现从化工安全相关专业毕业生中聘用。要加强化工安全从业人员在职培训,提高在职人员的专业知识、操作技能、安全管理等素质能力。要强化新就业人员化工及化工安全知识培训。对关键岗位人员要进行安全技能培训和相关模拟训练,保证

从业人员具备必要的安全生产知识和岗位安全操作技能,切实增强应急处置能力。

④进一步加强化工企业安全生产基础工作。化工企业要认真落实《化工(危险化学品)企业保障生产安全十条规定》(国家安监总局令第 64 号),严禁违章指挥和强令他人冒险作业,严禁违章作业、违反劳动纪律。要按照《国家安全监管总局关于加强化工过程安全管理的指导意见》(安监总管三〔2013〕88 号)和有关标准规范,装备自动控制系统,对重要工艺参数进行实时监控预警,采用在线安全监控、自动检测或人工分析数据等手段,及时判断发生异常工况的根源,评估可能产生的后果,制订安全处置方案,避免因处理不当造成事故。

⑤进一步落实企业安全生产主体责任。化工企业要按照"五落实五到位"要求和《山东省生产经营单位安全生产主体责任规定》(省政府令第 260 号)等规章的规定,建立完善"横向到边、纵向到底"安全生产责任体系,切实把安全生产责任落实到生产经营的每个环节、每个岗位和每名员工,真正做到安全责任到位、安全投入到位、安全培训到位、安全管理到位、应急救援到位。企业主要负责人要对落实本单位安全生产主体责任全面负责。

4)思考题

①依据 GB 6944、GHS,二硝基苯、氧化二氮各属于哪一类危险化学品?

②二硝基苯、氧化二氮具有哪些主要的危险特性?

③常见的氧化性物质哪些?

5.6　废弃危险化学品处置的安全管理

废弃危险化学品,是指未经使用而被所有人抛弃或者放弃的危险化学品,淘汰、伪劣、过期、失效的危险化学品,由公安、海关、质检、工商、农业、安全监管、环保等主管部门在行政管理活动中依法收缴的危险化学品以及接收的公众上交的危险化学品。

危险废物,是指列入国家危险废物名录或者根据国家规定的危险废物鉴别标准和鉴别方法认定的具有危险特性的废物。

列入《危险化学品目录》的化学品废弃后属于危险废物,列入国家危险废物名录。国家对危险废物处置的所有法规、规定和要求,均适用于危险化学品废弃物的处置。

随着工业的发展,工业生产过程排放的危险废物日益增多。据估计,全世界每年的危险废物产生量为 3.3 亿 t。由于危险废物带来的严重污染和潜在的严重影响,在工业发达国家危险废物已称为"政治废物",危险废物的处置费用高昂,一些公司极力试图向工业不发达国家和地区转移危险废物。危险废物的越境转移已成为严重的全球环境问题之一。1989 年 3 月在联合国环境规划署(UNEP)主持下,在瑞士的巴塞尔通过了《控制危险废物越境转移及其处置的巴塞尔公约》。该公约于 1992 年 5 月生效。我国是该条约的签约国。

化工企业生产过程中产生的危险废料、实验室产生的废弃试剂、药品污染环境的防治,按废弃危险化学品来管理;盛装废弃危险化学品的容器和受废弃危险化学品污染的包装物,按照危险废物进行管理。

危险废物具有危险化学品常见的危险特性,如自燃性、火灾爆炸性、有毒性等,若处置不当,也将发生安全事故,如 2019 年,江苏省响水"3·21"爆炸事故,因长期违法贮存的硝化废料持续积热升温导致自燃、引发爆炸,造成 78 人死亡、76 人重伤,640 人住院治疗,直接经济损失 19.86 亿元。因此,加强对危险废物的安全管理是非常重要的。

危险废物处置相关的法律法规主要有《作业场所安全使用化学品公约》《工作场所安全使用化学品的规定》《中华人民共和国固体废物污染环境防治法》《废弃危险化学品污染环境防治办法》等。《危险化学品安全管理条例》(591 号令)第六条规定:环保部负责废弃危险化学品处置的监督管理。

5.6.1 危险废物的特性

1)危险废物的定义

《中华人民共和国固体废物污染环境防治法》规定,危险废物是指列入国家危险废物名录或者根据国家规定的危险废物鉴别标准和鉴别方法认定的具有危险特性的废物。

根据《国家危险废物名录》的定义,危险废物为:

具有下列情形之一的固体废物(包括液态废物),列入本名录:

(1)具有腐蚀性、毒性、易燃性、反应性或者感染性等一种或者几种危险特性的;

(2)不排除具有危险特性,可能对环境或者人体健康造成有害影响,需要按照危险废物进行管理的。

根据定义,危险废物的形态不限于固态,也有液态的,如废酸、废碱、废油等;另外,废弃的放射性物质不归类为危险废物,应按照《放射性废物安全管理条例》进行管理。

2)危险废物有危险特性

根据《国家危险废物名录》,危险废物主要有:腐蚀性(Corrosivity)、毒性(Toxicity)、易燃性(Ignitability)、反应性(Reactivity)、感染性(Infectivity)。

(1)危险废物的腐蚀性。

腐蚀性是指易于腐蚀或溶解组织、金属等物质,且具有酸或碱性的性质。根据《危险废物鉴别标准腐蚀性鉴别》(GB 5085.1—2007)规定,符合下列条件之一的固体废物,属于腐蚀性危险废物:

①按照《固体废物腐蚀性测定玻璃电极法》(GB/T 15555.12—1995)的规定制备的浸出液,pH≥12.5,或者 pH≤2.0;

②在 55 ℃条件下,《碳素结构钢》(GB/T 699)中规定的 20 号钢材的腐蚀速率≥6.35 mm/a。

(2)危险废物的毒性。

危险废物的毒性分为急性毒性和浸出毒性。急性毒性是指机体(人或实验动物)一次(或 24 h 内多次)接触外来化合物之后所引起的中毒甚至死亡的效应。根据《危险废物鉴别标准 急性毒性初筛》(GB 5085.2—2007)的规定,按照规定的试验方法,将(1)经口摄取:固体的半数致死量≤200 mg/kg,液体的半数致死量≤500 mg/kg;(2)经皮肤接触:半数致死量≤1 000 mg/kg;(3)蒸气、烟雾或粉尘吸入:半数致死浓度≤10 mg/L 的废物定义为具备急性毒性特性的危险废物。

浸出毒性是指固态的危险废物遇水浸沥,其中有害的物质迁移转化,污染环境,浸出的有害物质的毒性称为浸出毒性。根据《危险废物鉴别标准浸出毒性初筛》(GB 5085.3—2007)的规定,按照《固体废物 浸出毒性浸出方法 硫酸硝酸法》HJ/T 299,制备的固体废物浸出液中任何一种危害成分含量超过浸出毒性鉴别标准限值,则判定该固体废物是具有浸出毒性特征的危险废物。

(3)危险废物的易燃性。

易燃性是指易于着火和维持燃烧的性质。但是像木材和纸等废物不属于易燃性危险废物。《危险废物鉴别标准 易燃性鉴别》(GB 5085.4—2007)将下列固体废物定义为易燃性危险废物:

①液态易燃性危险废物:闪点温度低于 60 ℃(闭杯试验)的液体、液体混合物或含有固体物质的液体;

②固态易燃性危险废物:在标准温度和压力(25 ℃,101.3 kPa)下因摩擦或自发性燃烧而起火,经点燃后能剧烈而持续地燃烧并产生危害的固态废物;

③气态易燃性危险废物:在 20 ℃,101.3 kPa 状态下,在与空气的混合物中体积分数≤13% 时可点燃的气体,或者在该状态下,不论易燃下限如何,与空气混合,易燃范围的易燃上限与易燃下限之差大于或等于 12 个百分点的气体。

(4)危险废物的反应性。

反应性是指易于发生爆炸或剧烈反应,或反应时会挥发有毒气体或烟雾的性质。根据《危险废物鉴别标准 反应性鉴别》(GB 5085.5—2007)规定,符合下列任何条件之一的固体废物,属于反应性危险废物。

①具有爆炸性质:

a.常温常压下不稳定,在无引爆条件下,易发生剧烈变化;

b.标准温度和压力下(25 ℃,101.3 kPa),易发生爆轰或爆炸性分解反应;

c.受强起爆剂作用或在封闭条件下加热,能发生爆轰或爆炸反应。

②受强起爆剂作用或在封闭条件下加热,能发生爆轰或爆炸反应:

a.与水混合发生剧烈化学反应,并放出大量易燃气体和热量;

b.与水混合能产生足以危害人体健康或环境的有毒气体、蒸汽或烟雾;

c.在酸性条件下,每千克含废物分解产生≥250 mg 氰化氢气体,或者每千克含硫化物废物分解产生≥500 mg 硫化氢气体。

③废弃氧化剂或有机过氧化物:

a.极易引起燃烧或爆炸的废弃氧化剂;

b.对热、震动或摩擦极为敏感的含过氧基的废弃有机过氧化物。

(5)危险废物的感染性。

感染性,是指细菌、病毒、真菌、寄生虫等病原体,能够侵入人体引起的局部组织和全身性炎症反应。

3）危险废物的危害

（1）破坏生态环境。随意排放、贮存的危险废物在雨水地下水的长期渗透、扩散作用下，会污染水体和土壤，降低地区的环境功能等级。

（2）影响人类健康。危险废物通过摄入、吸入、皮肤吸收、眼接触而引起毒害，或引起燃烧、爆炸等危险性事件；长期危害包括重复接触导致的长期中毒、致癌、致畸、致变等。

（3）制约可持续发展。危险废物不处理或不规范处理处置所带来的大气、水源、土壤等的污染也将会成为制约经济活动的瓶颈。

5.6.2　危险废物的安全管理

1）危险废物安全管理的原则

危险废物来源广泛、数量大，种类繁多、特性复杂，监管难度大、处置技术复杂，对人体和环境均具有高危害等特点，因此，危险废物处置的原则如下：

（1）减少废弃危险化学品的产生量（减量化）。

危险废物的减量化指通过采用合适的管理和技术手段减少危险废物的产生量和危害性。如通过实施清洁生产，合理选择和利用原材料、能源和其他资源，采用先进的生产工艺和设备，从源头上减少危险废物的产生量和危害性。

（2）安全合理利用废弃危险化学品（资源化）。

危险废物的资源化是指通过回收、加工、循环利用、交换等方式，对固体废物进行综合利用，使之转化为可利用的二次原料和再生材料。

（3）无害化处置废弃危险化学品（无害化）。

危险废物的无害化是指对已产生但无法或暂时尚不能综合利用的危险废物，经过物理、化学或生物方法，对其进行稳定化，以防止并减少危险废物的污染危害。通常所采用的危险废物无害化方式包括焚烧和填埋。

2）污染防治责任

危险废物的污染防治责任主体为危险废物来源方，主要为危险化学品生产企业、使用企业等。他们的责任如下：

危险化学品生产者：自行负责或者委托有相应经营类别和经营规模的持有危险废物经营许可证的单位，对废弃危险化学品进行回收、利用、处置。

危险化学品进口者、危险化学品销售者、危险化学品使用者：负责委托有相应经营类别和经营规模的持有危险废物经营许可证的单位，对废弃危险化学品进行回收、利用、处置。负责向使用者和公众提供废弃危险化学品回收、利用、处置单位和回收、利用、处置方法的信息。

3）信息报告制度

产生废弃危险化学品的单位：应当建立危险化学品报废管理制度，制订废弃危险化学品管理计划并依法报环境保护部门备案，建立废弃危险化学品的信息登记档案。

产生废弃危险化学品的单位应当依法向所在地县级以上地方环境保护部门申报废弃危险化学品的种类、品名、成分或组成、特性、产生量、流向、贮存、利用、处置情况、化学品安全技术说明书等信息。

4）危险废物经营许可证制度

产生废弃危险化学品的单位委托持有危险废物经营许可证的单位收集、贮存、利用、处置废弃危险化学品的，应当向其提供废弃危险化学品的品名、数量、成分或组成、特性、化学品安全技术说明书等技术资料。

禁止将废弃危险化学品提供或者委托给无危险废物经营许可证的单位从事收集、贮存、利用、处置等经营活动。

危险化学品生产单位回收利用、处置与其产品同种的废弃危险化学品的，应当向所在地省级以上环境保护部门申领危险废物经营许可证。

从事收集、贮存、利用、处置废弃危险化学品经营活动的单位，应当按照国家有关规定向所在地省级以上环境保护部门申领危险废物经营许可证。

《中华人民共和国固体废物污染环境防治法》规定，凡从事收集、贮存、处置危险废物经营活动的单位，必须向县级以上人民政府环境保护行政主管部门申请领取经营许可证，禁止无经营许可证或者不按经营许可证规定从事危险废物收集、贮存、处置的经营活动。

凡需要申领危险废物经营许可证的单位，必须符合下列条件：

（1）必须有符合环境保护要求的从事危险废物经营的设施、场所。危险废物贮存场、处置场必须符合国家规定标准，配套防雨水、防火、防渗漏、防风等设施，运输危险废物必须有防护措施的专用运输工具装载。

利用危险废物的单位对不能利用的废物或残渣必须配备专门容器贮存，并集中送处置场处置。

（2）有符合危险废物经营要求的技术人员。直接从事危险废物经营的人员，应接受环境保护行政主管部门专业培训，经考核合格，取得省环境保护行政主管部门签发的《经营危险废物上岗证》。

（3）具有完善的经营管理制度，包括对危险废物进行贮存和处置定期监测、定期安全检查、事故预防措施、风险应急计划等。

（4）具有收集、贮存或处置县级以上行政区域的危险废物的经营服务能力。

5）危险废物停产、关闭

危险化学品的生产、储存、使用单位转产、停产、停业或者解散的，应当按照《危险化学品安全管理条例》有关规定对危险化学品的生产或者储存设备、库存产品及生产原料进行妥善处置，并按照国家有关环境保护标准和规范，对厂区的土壤和地下水进行检测，编制环境风险评估报告，报县级以上环境保护部门备案。

对场地造成污染的，应当将环境恢复方案报经县级以上环境保护部门同意后，在环境保护部门规定的期限内对污染场地进行环境恢复。对污染场地完成环境恢复后，应当委托环境保护检测机构对恢复后的场地进行检测，并将检测报告报县级以上环境保护部门备案。

6）危险废物贮存

（1）设置标识对危险废物的容器和包装物以及收集、贮存、运输、利用、处置危险废物的设施、场所，必须设置危险废物识别标志。

（2）分类贮存产生危险废物的企业事业单位，必须按照国家有关规定和环境保护标准要求贮存、利用、处置危险废物，不得擅自倾倒、堆放。收集、贮存危险废物，必须按照危险废物特性分类进行。禁止混合收集、贮存、运输、处置性质不相容而未经安全性处置的危险废物。贮存危险废物必须采取符合国家环境保护标准的防护措施。禁止将危险废物混入非危险废物中贮存。

（3）贮存时间从事收集、贮存、利用、处置危险废物经营活动的企业事业单位，贮存危险废物不得超过一年；确需延长期限的，必须报经原批准经营许可证的生态环境主管部门批准。

7）安全制度

产生、收集、贮存、运输、利用、处置废弃危险化学品的单位，其主要负责人必须保证本单位废弃危险化学品的管理符合有关法律、法规、规章的规定和国家标准的要求，并对本单位废弃危险化学品的环境安全负责。

8）应急预案制度

产生、收集、贮存、运输、利用、处置废弃危险化学品的单位，应当制定废弃危险化学品突发环境事件应急预案报县级以上环境保护部门备案，建设或配备必要的环境应急设施和设备，并定期进行演练。

5.6.3 危险废物的处置

1）危险化学品废物处置的原则和基本原理

（1）危险化学品废物的处置原则。

危险化学品废物的最终安全处置，必须遵循以下原则：

①区别对待、分类处置、严格管制危险废物和放射性废物。

根据不同废物的危害程度与特性，区别对待，分类管理。对具有特别严重危害性质的危险废物，处置上应比一般废物更为严格并实行特殊控制。这样，既能有效地控制主要危害，又能降低处置费用。

②集中处置原则。

我国《固体废物污染环境防治法》把推行危险废物的集中处置，作为防治危险废物污染的重要措施和原则。对危险废物实行集中处置，不仅可以节约人力、物力、财力，有利于监督管理，也是有效控制乃至消除危险废物污染危害的重要形式和主要的技术手段。

③无害化处置原则。

危险废物最终处置的基本原则，是合理地、最大限度地将危害废物与生物圈相隔离，减少有毒有害物质释放进入环境的速度和总量，将其在长期处置过程中对人类和环境的影响减至最低程度。

（2）危险化学品废物处置的基本原理。

危险废物的处置,在设计上采用三道防护屏障组成的多重屏障原理。

①废物屏障系统。根据填埋的危险废物的性质进行预处理,包括固化或惰性化处理,以减轻废物的毒性或减少渗滤液中有害物质的浓度。

②密封屏障系统。利用人为的工程措施将废物封闭,使废物渗滤液尽量少地突破密封屏障,向外溢出。其密封效果取决于密封材料品质、设计水平和施工质量保证。

③地质屏障系统。地质屏障系统包括场地的地质基础、外围和区域综合地质技术条件。

地质屏障的防护作用大小,取决于地质介质对污染物质的阻滞性能和污染物质在地质介质中的降解性能。良好的地质屏障应达到下述要求：

a. 土壤和岩层较厚、密度高、均质性好、渗透性低,含有对污染物吸附能力强的矿物成分;

b. 与地表水和地下水的水动力联系较少,可减少地下水的浸入量和渗滤液进入地下水的渗流量;

c. 从长远上,能避免或减慢污染物质的释出速度。

地质屏障系统决定"废物屏障系统"和"密封屏障系统"的基本结构。如果经查明地质屏障系统性质优良,对废物有足够强的防护能力,则可简化这两道屏障系统的技术措施。所以地质屏障系统制约了固体废物处置场的工程安全和投资强度。

2）危险废物处置方法

对于某种废物选择哪种最佳的、实用的方法与诸多因素有关,如废物的组成、性质、状态、气候条件、安全标准、处理成本、操作及维修等条件。虽然有许多方法都能成功地用于处理危险废物,但常用的处理方法仍归纳为物理处理、化学处理、生物处理、热处理和固化处理。危险废物常见处理方法有：

（1）物理处理是通过浓缩或相变化改变固体废物的结构使之成为便于运输、贮存、利用或处置的形态,包括压实、破碎、分选、增稠、吸附、萃取等方法。

（2）化学处理是采用化学方法破坏固体废物中的有害成分,从而达到无害化,或将其转变成为适于进一步处理、处置的形态。其目的在于改变处理物质的化学性质,从而减少它的危害性。这是危险废物最终处置前常用的预处理措施,其处理设备为常规的化工设备。

（3）生物处理是利用微生物分解固体废物中可降解的有机物,从而达到无害化或综合利用。生物处理方法包括好氧处理、厌氧处理和兼性厌氧处理。与化学处理方法相比,生物处理在经济上一般比较便宜应用普遍但处理过程所需时间长,处理效率不够稳定。

（4）热处理是通过高温破坏和改变固体废物组成和结构,同时达到减容、无害化或综合利用的目的。其方法包括焚化、热解、湿式氧化以及焙烧、烧结等。热值较高或毒性较大的废物采用焚烧处理工艺进行无害化处理,并回收焚烧余热用于综合利用和物化处理以及职工洗浴、生活等,减少处理成本和能源的浪费。

(5)固化处理是采用固化基材将废物固定或包覆,以降低其对环境的危害,是一种较安全地运输和处置废物的处理过程,主要用于有害废物和放射性废物,固化体的容积远比原废物的容积大。

各种处理方法都有其优缺点和对不同废物的适用性,由于各危险废物所含组分、性质不同很难有统一模式。针对各废物的特性可选用适用性强的处理方法。危险废物常见的处置方法见表5.14。

表5.14 危险废物常见的处理方法

处理方法类别	处理方法	采用技术
物理	压实	将固体废物加压,缩小体积,以便进一步处理、处置和回收利用
	破碎	将大块固体废物粉碎,以便进一步处理、处置和回收利用
	分选	用机电、浮选等方法将固体危化品混合物废物中各组分分开,以便进一步处理、处置和回收利用
	脱水与干燥	用机械方法和加热蒸发等方法脱去废物中的水分,以便进一步处理、处置和回收利用
	蒸馏与溶剂萃取	蒸馏或溶剂萃取的方法用于液体危化品废物的处理和回收利用
	吸附	采用吸附方法将废物中的危化品分离出来,回收利用
	膜分离	采用膜分离技术将废物中的危化品分离出来,回收利用
	离子交换	采用离子交换法将废物中的危化品分离出来,回收利用
	电渗析	采用电渗析技术将废物中的危化品分离出来,回收利用
	固化处理	将液体或液固混合的危化品废物固化,以便进一步处理、处置和回收利用
化学	沉淀	加入沉淀剂将危险化学品废液中的组分分离,再处置或回收利用
	中和	用酸或碱中和危险化学品废液,再处置或回收利用
	氧化	用氧化剂氧化废物中的危险化学品,再处置或回收利用
	还原	用还原剂还原废物中的危险化学品,再处置或回收利用
	焚烧	将危化品焚烧处理,常用的焚烧炉有:空气幕焚烧炉、气旋焚烧炉、多膛焚烧炉、流化床焚烧炉、转窑焚烧炉、旋转焚烧炉、电焚烧炉、封闭坑焚烧炉
	热解	用热解方法将废物中的危险化学品分解,再处置或回收利用
生化	微生物处理法	通常采用活性污泥法,包括普通活性污泥法、序批式活性污泥法、氧化沟技术、吸附生物降解法等

复习思考题

1. 危险化学品的包装分哪几类？

2. 危险化学品的包装标记有哪几种？

3. 影响危险品包装的因素有哪些？

4. 危险化学品包装的性能测试有哪些项目？

5. 国家对危险化学品的运输实行什么制度？

6. 危险化学品道路运输中对运输单位车辆和人员的要求是什么？

7. 危险化学品铁路运输中对容器的充装量是如何规定的？

8. 危险化学品港口运输管理规定主要有哪些？

9. 放射性物品的运输要求有哪些？

10. 危险化学品使用事故的控制措施有哪几种？

11. 危险化学品使用控制程序有哪些？

12. 国家对危险化学品经营实行什么政策？

13. 依据《危险化学品安全管理条例》(591 号令)的规定,危险化学品经营单位应具备哪些条件？

14. 国家对剧毒物品和易制爆物品的经营与购买要求如何？

15. 《危险化学经营许可证管理办法》中规定哪几类危险化学品的经营不适用该办法的规定？

16. 危险化学品经营许可证的申请程序是什么？需要提交哪些资料？有效期是多久？

17. 危险化学品储存方式有哪几种？各有什么区别？

18. 危险化学品储存仓库的周边防护距离如何规定？

19. 易燃易爆物品储存时的消防要求有哪些特殊的要求？

20. 压缩气体和液化气体灭火技术要求有哪些？

21. 自燃物品、遇湿易燃物品储存管理的具体安全要求有哪些？

22. 有毒物品的安全储存条件是什么？

23. 危险废物安全管理的原则是什么？危险废物安全处置的原则是什么？

24. 危险废物常见的处置方式有哪些？

第6章
危险化学品"两重点一重大"的管理

危险化学品"两重点一重大"是指重点监管的危险化工工艺、重点监管的危险化学品和危险化学品重大危险源。《中共中央办公厅国务院办公厅印发〈关于全面加强危险化学品安全生产工作的意见〉的通知》中强调,"涉及'两重点一重大'的危险化学品建设项目由设区的市级以上政府相关部门联合建立安全风险防控机制。相应建设项目的决策咨询服务、审批、审查等,都由设区的市级应急管理部门来管理。"

此外,涉及"两重点一重大"的建设项目,还有如下管理要求:

①由工程设计综合甲级资质或相应工程设计化工石化医药、石油天然气(海洋石油)行业、专业甲级资质的单位进行设计,并编制安全设施设计专篇;

②开展 HAZOP 分析及结果落实;

③采取相应的自动化控制、紧急切断、紧急停车、安全联锁、检测报警等控制方案和安全管控措施;

④设置紧急切断装置和自动化控制系统;

⑤"两重点一重大"新建项目的企业主要负责人和主管生产、设备、技术、安全的负责人及安全生产管理人员应具备化学、化工、安全等相关专业大专及以上学历或化工类中级及以上职称;

⑥涉及重大危险源、重点监管化工工艺的生产装置、储存设施操作人员应具备高中及以上学历或化工类中等及以上职业教育水平,涉及爆炸性危险化学品的生产装置和储存设施的操作人员应具备化工类大专及以上学历等。

从这些特别的管理规定可以看出,危险化学品"两重点一重大"项目的危险性比较高,风险比较大,容易发生生产安全事故,需要执行最严格的安全管理措施和安全管理制度。本章将对"两重点一重大"项目的管理和其他监管化学品的安全管理进行介绍。

6.1 危险化学品重大危险源

6.1.1 危险化学品重大危险源辨识

危险化学品重大危险源是指长期地或临时地生产、加工、使用或储存危险化学品,且危险化学品的数量等于或超过临界量的单元。

临界量是指某种或某类危险化学品构成重大危险源所规定的最小数量。

《危险化学品目录》(2015 版)中所列的危化品,应当按照《危险化学品重大危险源辨识》(GB 18218—2018)的有关规定,进行危险化学品重大危险源辨识。

6.1.1.1 重大危险源辨识单元划分

危险化学品重大危险源辨识应按单元进行,单元是指涉及危险化学品的生产、储存装置、设施或场所,分为生产单元和储存单元。单元划分情况如下:

1)生产单元

危险化学品的生产、加工及使用等的装置及设施,当装置及设施之间有切断阀时,以切断阀作为分隔界限划分为独立的单元。

2)储存单元

用于储存危险化学品的储罐或仓库组成的相对独立的区域,储罐区以罐区防火堤为界限划分为独立的单元,仓库以独立库房(独立建筑物)为界限划分为独立的单元。

依据《危险化学品重大危险源辨识》(GB 18218—2018),危险化学品重大危险源的辨识指标有两种情况:

(1)单元内存在的危险化学品为单一品种,则该危险化学品的数量即为单元内危险化学品的总量,若等于或超过相应的临界量,则定为重大危险源。

(2)单元内存在的危险化学品为多品种时,则按下式计算,若满足下式,则定为重大危险源。

$$\frac{q_1}{Q_1} + \frac{q_2}{Q_2} + \cdots + \frac{q_n}{Q_n} \geq 1 \qquad (6.1)$$

式中 $q_1, q_2, \cdots, q_n$——每种危险化学品实际存在量,t;

$Q_1, Q_2, \cdots, Q_n$——与各危险化学品相对应的临界量,t。

需要进行危险化学品重大危险源辨识的化学品的临界量见表6.1,其他危险化学品临界量见表6.2。

表 6.1 危险化学品名称及其临界量

序号	危险化学品名称和说明	别名	CAS 号	临界量/t
1	氨	液氨;氨气	7664-41-7	10
2	二氟化氧	一氧化二氟	7783-41-7	1
3	二氧化氮		10102-44-0	1
4	二氧化硫	亚硫酸酐	7446-09-5	20
5	氟		7782-4	1
6	碳酰氯	光气	75-44-5	0.3
7	环氧乙烷	氧化乙烯	75-21-8	10
8	甲醛(含量>90%)	蚁醛	50-00-0	5
9	磷化氢	磷化三氢;膦	7803-51-2	1

续表

序号	危险化学品名称和说明	别名	CAS 号	临界量/t
10	硫化氢		7783-06-4	5
11	氯化氢(无水)		7647-01-0	20
12	氯	液氯;氯气	7782-50-5	5
13	煤气(CO,CO 和 H_2、CH_4 的混合物等)			20
14	砷化氢	砷化三氢、胂	7784-42-1	1
15	锑化氢	三氢化锑;锑化三氢;䏽	7803-52-3	1
16	硒化氢		7783-07-5	1
17	溴甲烷	甲基溴	74-83-9	10
18	丙酮氰醇	丙酮合氰化氢;2-羟基异丁腈;氰丙醇	75-86-5	20
19	丙烯醛	烯丙醛;败脂醛	107-02-8	20
20	氟化氢		7664-39-3	1
21	1-氯-2,3-环氧丙烷	环氧氯丙烷(3-氯-1,2-环氧丙烷)	106-89-8	20
22	3-溴-1,2-环氧丙烷	环氧溴丙烷;溴甲基环氧乙烷;表溴醇	3132-64-7	20
23	甲苯二异氰酸酯	二异氰酸甲苯酯;TDI	26471-62-5	100
24	一氯化硫	氯化硫	10025-67-9	1
25	氰化氢	无水氢氰酸	74-90-8	1
26	三氧化硫	硫酸酐	7446-11-9	75
27	3-氨基丙烯	烯丙胺	107-11-9	20
28	溴	溴素	7726-95-6	20
29	乙撑亚胺	吖丙啶;1-氮杂环丙烷;氮丙啶	151-56-4	20
30	异氰酸甲酯	甲基异氰酸酯	624-83-9	0.75
31	叠氮化钡	叠氮钡	18810-58-7	0.5
32	叠氮化铅		13424-46-9	0.5
33	雷汞	二雷酸汞;雷酸汞	628-86-4	0.5
34	三硝基苯甲醚	三硝基茴香醚	28653-16-9	5
35	2,4,6-三硝基甲苯	梯恩梯;TNT	118-96-7	5

续表

序号	危险化学品名称和说明	别名	CAS 号	临界量/t
36	硝化甘油	硝化丙三醇；甘油三硝酸酯	55-63-0	1
37	硝化纤维素［干的或含水（或乙醇）<25%］			1
38	硝化纤维素（未改型的，或增塑的，含增塑剂<18%）	硝化棉	9004-70-0	1
39	硝化纤维素（含乙醇≥25%）			10
40	硝化纤维素（含氮≤12.6%）			50
41	硝化纤维素（含水≥25%）			50
42	硝化纤维素溶液（含氮量≤12.6%，含硝化纤维素≤55%）	硝化棉溶液	9004-70-0	50
43	硝酸铵（含可燃物>0.2%，包括以碳计算的任何有机物,但不包括任何其他添加剂）		6484-52-2	50
44	硝酸铵（含可燃物≤0.2%）		6484-52-2	50
45	硝酸铵肥料（含可燃物≤0.4%）			200
46	硝酸钾		7757-79-1	1 000
47	1,3-丁二烯	联乙烯	106-99-0	5
48	二甲醚	甲醚	115-10-6	50
49	甲烷,天然气		74-82-8(甲烷) 8006-14-2(天然气)	50
50	氯乙烯	乙烯基氯	75-01-4	50
51	氢	氢气	1333-74-0	5
52	液化石油气（含丙烷、丁烷及其混合物）	石油气（液化的）	68476-85-7; 74-98-6(丙烷); 106-97-8(丁烷)	50
53	一甲胺	氨基甲烷;甲胺	74-89-5	5
54	乙炔	电石气	74-86-2	1
55	乙烯		74-85-1	50
56	氧（压缩的或液化的）	液氧;氧气	7782-44-7	200
57	苯	纯苯	71-43-2	50
58	苯乙烯	乙烯苯	100-42-5	500
59	丙酮	二甲基酮	67-64-1	500

序号	危险化学品名称和说明	别名	CAS 号	临界量/t
60	2-丙烯腈	丙烯腈;乙烯基氰;氯基乙烯	107-13-1	50
61	二硫化碳		75-15-0	50
62	环己烷	六氢化苯	110-82-7	500
63	1,2-环氧丙烷	氧化丙烯;甲基环氧乙烷	75-56-9	10
64	甲苯	甲基苯;苯基甲烷	108-88-3	500
65	甲醇	木醇;木精	67-56-1	500
66	汽油(乙醇汽油、甲醇汽油)		86290-81-5(汽油)	200
67	乙醇	酒精	64-17-5	500
68	乙醚	二乙基醚	60-29-7	10
69	乙酸乙酯	醋酸乙酯	141-78-6	500
70	正己烷	己烷	110-54-3	500
71	过乙酸	过醋酸;过氧乙酸;乙酰过氧化氢	79-21-0	10
72	过氧化甲基乙基酮(10%<有效氧含量≤10.7%,含 A 型稀释剂≥48%)		1338-23-4	10
73	白磷	黄磷	12185-10-3	50
74	烷基铝	三烷基铝		1
75	戊硼烷	五硼烷	19624-22-7	1
76	过氧化钾		17014-71-0	20
77	过氧化钠	双氧化钠;二氧化钠	1313-60-6	20
78	氯酸钾		3811-04-9	100
79	氯酸钠		7775-09-9	100
80	发烟硝酸		52583-42-3	20
81	硝酸(发红烟的除外,含硝酸>70%)		7697-37-2	100
82	硝酸胍	硝酸亚氨脲	506-93-4	50
83	碳化钙	电石	75-20-7	100
84	钾	金属钾	7440-09-7	1
85	钠	金属钠	7440-23-510	

表6.2　未在表6.1中列举的危险化学品类别及其临界量

类别	符号	危险性分类及说明	临界量/t
健康危害	J(健康危害性符号)	—	—
急性毒性	J1	类别1,所有暴露途径,气体	5
	J2	类别1,所有暴露途径,固体、液体	50
	J3	类别2、类别3,所有暴露途径,气体	50
	J4	类别2、类别3,吸入途径,液体(沸点≤35 ℃)	50
	J5	类别2,所有暴露途径,液体(除J4外)、固体	500
物理危险	(物理危险性符号)W	—	—
爆炸物	W1.1	不稳定爆炸物;-1.1项爆炸物	1
	W1.2	1.2、1.3、1.5、1.6项爆炸物	10
	W1.3	1.4项爆炸物	50
易燃气体	W2	类别1和类别2	10
气溶胶	W3	类别1和类别2	150(净重)
氧化性气体	W4	类别1	50
易燃液体	W5.1	—类别1;类别2和3,工作温度高于沸点	10
	W5.2	—类别2和3,具有引发重大事故的特殊工艺条件,包括危险化工工艺、爆炸极限范围或附近操作、操作压力大于1.6 MPa等	50
	W5.3	—不属于W5.1或W5.2的其他类别2	1 000
	W5.4	—不属于W5.1或W5.2的其他类别3	5 000
自反应物质和混合物	W6.1	A型和B型自反应物质和混合物	10
	W6.2	C型、D型、E型自反应物质和混合物	50
有机过氧化物	W7.1	A型和B型有机过氧化物	10
	W7.2	C型、D型、E型、F型有机过氧化物	50
自燃液体和自燃固体	W8	类别1自燃液体;类别1自燃固体	50
氧化性固体和液体	W9.1	类别1	50
	W9.2	类别2、类别3	200
易燃固体	W10	类别1易燃固体	200
遇水放出易燃气体的物质和混合物	W11	类别1和类别2	200

6.1.1.2　危险化学品重大危险源分级

依据《危险化学品重大危险源辨识》（GB 18218—2018）的规定，重大危险源等级分为四级。

1）分级指标

采用单元内各种危险化学品实际存在（在线）量与其在《危险化学品重大危险源辨识》（GB 18218—2018）中规定的临界量比值，经校正系数校正后的比值之和 R 作为分级指标。

2）R 的计算方法

$$R = \alpha\left(\beta_1 \frac{q_1}{Q_1} + \beta_2 \frac{q_2}{Q_2} + \cdots + \beta_n \frac{q_n}{Q_n}\right) \tag{6.2}$$

式中　$q_1, q_2, \cdots, q_n$——每种危险化学品实际存在（在线）量，t；

$\quad\quad Q_1, Q_2, \cdots, Q_n$——与各危险化学品相对应的临界量，t；

$\quad\quad \beta_1, \beta_2, \cdots, \beta_n$——与各危险化学品相对应的校正系数；

$\quad\quad \alpha$——该危险化学品重大危险源厂区外曝露人员的校正系数。

3）校正系数 β 的取值

根据单元内危险化学品的类别不同，设定校正系数 β 值，见表 6.3 和表 6.4。

表 6.3　校正系数 β 取值表

毒性气体名称	一氧化碳	二氧化硫	氨	环氧乙烷	氯化氢	溴甲烷	氯
β	2	2	2	2	3	3	4
毒性气体名称	硫化氢	氟化氢	二氧化氮	氰化氢	碳酰氯	磷化氢	异氰酸甲酯
β	5	5	10	10	20	20	20

表 6.4　常见毒性气体校正系数 β 值取值表

类别	符号	β 校正系数
急性毒性	J1	4
	J2	1
	J3	2
	J4	2
	J5	1
爆炸物	W1.1	2
	W1.2	2
	W1.3	2
易燃气体	W2	1.5
气溶胶	W3	1
氧化性气体	W4	1

续表

类别	符号	β校正系数
易燃液体	W5.1	1.5
	W5.2	1
	W5.3	1
	W5.4	1
自反应物质和混合物	W6.1	1.5
	W6.2	1
有机过氧化物	W7.1	1.5
	W7.2	1
自燃液体和自燃固体	W8	1
氧化性固体和液体	W9.1	1
	W9.2	1
易燃固体	W10	1
遇水放出易燃气体的物质和混合物	W11	1

4)校正系数 α 的取值

根据重大危险源的厂区边界向外扩展 500 m 范围内常住人口数量,设定厂外曝露人员校正系数 α 值,见表6.5。

表6.5 校正系数 α 取值表

厂外可能曝露人员数量	α
100 人以上	2.0
50~99 人	1.5
30~49 人	1.2
1~29 人	1.0
0 人	0.5

5)分级标准

根据计算出来的 R 值,按表6.6确定危险化学品重大危险源的级别。

表6.6 危险化学品重大危险源级别和 R 值的对应关系

危险化学品重大危险源级别	R 值
一级	$R \geqslant 100$
二级	$100 > R \geqslant 50$

续表

危险化学品重大危险源级别	R 值
三级	$50>R \geqslant 10$
四级	$R<10$

6.1.2　危险化学品重大危险源管理

6.1.2.1　危险化学品重大危险源监督管理规定

为了加强危险化学品重大危险源的安全监督管理,防止和减少危险化学品事故的发生,保障人民群众生命财产安全,根据《中华人民共和国安全生产法》和《危险化学品安全管理条例》等有关法律、行政法规,2011 年 7 月 22 日,国家安全生产监督管理总局局长办公会议审议通过了《危险化学品重大危险源监督管理暂行规定》(以下简称《暂行规定》),并于 2011 年 8 月 5 日,经国家安全生产监督管理总局令第 40 号发布。《暂行规定》包括总则、辨识与评估、安全管理、监督检查、法律责任、附则 6 章 36 条,自 2011 年 12 月 1 日起施行。2015 年 3 月 23 日,国家安全生产监督管理总局局长办公会议审议通过了《暂行规定》的修改,自 2015 年 7 月 1 日起施行。《暂行规定》的主要内容如下。

1)总则

(1)适用范围。

从事危险化学品生产、储存、使用和经营的单位(以下统称"危险化学品单位")的危险化学品重大危险源的辨识、评估、登记建档、备案、核销及其监督管理,适用本规定。

城镇燃气、用于国防科研生产的危险化学品重大危险源以及港区内危险化学品重大危险源的安全监督管理,不适用本规定。

(2)责任主体。

危险化学品单位是本单位重大危险源安全管理的责任主体,其主要负责人对本单位的重大危险源安全管理工作负责,并保证重大危险源安全生产所必需的安全投入。

(3)管理原则。

重大危险源的安全监督管理实行属地监管与分级管理相结合的原则。

县级以上地方人民政府安全生产监督管理部门按照有关法律、法规、标准和本规定,对本辖区内的重大危险源实施安全监督管理。

国家鼓励危险化学品单位采用有利于提高重大危险源安全保障水平的先进适用的工艺、技术、设备以及自动控制系统,推进安全生产监督管理部门重大危险源安全监管的信息化建设。

2)辨识与评估

(1)辨识。

危险化学品单位应当按照《危险化学品重大危险源辨识》标准,对本单位的危险化学品生产、经营、储存和使用装置、设施或者场所进行重大危险源辨识,并记录辨识过程与结果。

（2）评估与分级。

危险化学品单位应当对重大危险源进行安全评估并确定重大危险源等级。危险化学品单位可以组织本单位的注册安全工程师、技术人员或者聘请有关专家进行安全评估，也可以委托具有相应资质的安全评价机构进行安全评估。

依照法律、行政法规的规定，危险化学品单位需要进行安全评价的，重大危险源安全评估可以与本单位的安全评价一起进行，以安全评价报告代替安全评估报告，也可以单独进行重大危险源安全评估。

重大危险源根据其危险程度，分为一级、二级、三级和四级，一级为最高级别。重大危险源分级方法按 GB 18218 规定的方法执行。

重大危险源有下列情形之一的，应当委托具有相应资质的安全评价机构，按照有关标准的规定采用定量风险评价方法进行安全评估，确定个人和社会风险值：

①构成一级或者二级重大危险源，且毒性气体实际存在（在线）量与其在《危险化学品重大危险源辨识》中规定的临界量比值之和大于或等于 1 的；

②构成一级重大危险源，且爆炸品或液化易燃气体实际存在（在线）量与其在《危险化学品重大危险源辨识》中规定的临界量比值之和大于或等于 1 的。

（3）评估内容。

重大危险源安全评估报告应当客观公正、数据准确、内容完整、结论明确、措施可行，并包括下列内容：

①评估的主要依据；

②重大危险源的基本情况；

③事故发生的可能性及危害程度；

④个人风险和社会风险值（仅适用定量风险评价方法）；

⑤可能受事故影响的周边场所、人员情况；

⑥重大危险源辨识、分级的符合性分析；

⑦安全管理措施、安全技术和监控措施；

⑧事故应急措施；

⑨评估结论与建议。

危险化学品单位以安全评价报告代替安全评估报告的，其安全评价报告中有关重大危险源的内容应当符合本条第一款规定的要求。

（4）重新辨识、评估。

有下列情形之一的，危险化学品单位应当对重大危险源重新进行辨识、安全评估及分级：

①重大危险源安全评估已满三年的；

②构成重大危险源的装置、设施或者场所进行新建、改建、扩建的；

③危险化学品种类、数量、生产、使用工艺或者储存方式及重要设备、设施等发生变化，影响重大危险源级别或者风险程度的；

④外界生产安全环境因素发生变化，影响重大危险源级别和风险程度的；

⑤发生危险化学品事故造成人员死亡,或者 10 人以上受伤,或者影响公共安全的;

⑥有关重大危险源辨识和安全评估的国家标准、行业标准发生变化的。

3)安全管理

(1)建立重大危险源管理制度。

危险化学品单位应当建立完善重大危险源安全管理规章制度和安全操作规程,并采取有效措施保证其得到执行。

(2)重大危险源监控体系。

危险化学品单位应当根据构成重大危险源的危险化学品种类、数量、生产、使用工艺(方式)或者相关设备、设施等实际情况,按照下列要求建立健全安全监测监控体系,完善控制措施:

①重大危险源配备温度、压力、液位、流量、组分等信息的不间断采集和监测系统以及可燃气体和有毒有害气体泄漏检测报警装置,并具备信息远传、连续记录、事故预警、信息存储等功能;一级或者二级重大危险源,具备紧急停车功能。记录的电子数据的保存时间不少于 30 天;

②重大危险源的化工生产装置装备满足安全生产要求的自动化控制系统;一级或者二级重大危险源,装备紧急停车系统;

③对重大危险源中的毒性气体、剧毒液体和易燃气体等重点设施,设置紧急切断装置;毒性气体的设施,设置泄漏物紧急处置装置。涉及毒性气体、液化气体、剧毒液体的一级或者二级重大危险源,配备独立的安全仪表系统(SIS);

④重大危险源中储存剧毒物质的场所或者设施,设置视频监控系统;

⑤安全监测监控系统符合国家标准或者行业标准的规定。

(3)个人风险和社会风险。

通过定量风险评价确定的重大危险源的个人和社会风险值,不得超过本规定的个人和社会可容许风险限值标准。

超过个人和社会可容许风险限值标准的,危险化学品单位应当采取相应的降低风险措施。

(4)定期检测、检验安全设施。

危险化学品单位应当按照国家有关规定,定期对重大危险源的安全设施和安全监测监控系统进行检测、检验,并进行经常性维护、保养,保证重大危险源的安全设施和安全监测监控系统有效、可靠运行。维护、保养、检测应当作好记录,并由有关人员签字。

(5)责任及责任结构的责任。

危险化学品单位应当明确重大危险源中关键装置、重点部位的责任人或者责任机构,并对重大危险源的安全生产状况进行定期检查,及时采取措施消除事故隐患。事故隐患难以立即排除的,应当及时制定治理方案,落实整改措施、责任、资金、时限和预案。

(6)培训。

危险化学品单位应当对重大危险源的管理和操作岗位人员进行安全操作技能培训,使其了解重大危险源的危险特性,熟悉重大危险源安全管理规章制度和安全操作规程,掌握本岗位的安全操作技能和应急措施。

(7)设置警示标志。

危险化学品单位应当在重大危险源所在场所设置明显的安全警示标志,写明紧急情况下的应急处置办法。

(8)公众告知。

危险化学品单位应当将重大危险源可能发生的事故后果和应急措施等信息,以适当方式告知可能受影响的单位、区域及人员。

(9)应急预案及应急设施。

危险化学品单位应当依法制定重大危险源事故应急预案,建立应急救援组织或者配备应急救援人员,配备必要的防护装备及应急救援器材、设备、物资,并保障其完好和方便使用;配合地方人民政府安全生产监督管理部门制定所在地区涉及本单位的危险化学品事故应急预案。

对存在吸入性有毒、有害气体的重大危险源,危险化学品单位应当配备便携式浓度检测设备、空气呼吸器、化学防护服、堵漏器材等应急器材和设备;涉及剧毒气体的重大危险源,还应当配备两套以上(含本数)气密型化学防护服;涉及易燃易爆气体或者易燃液体蒸气的重大危险源,还应当配备一定数量的便携式可燃气体检测设备。

(10)应急演练。

危险化学品单位应当制订重大危险源事故应急预案演练计划,并按照下列要求进行事故应急预案演练:

①对重大危险源专项应急预案,每年至少进行一次;

②对重大危险源现场处置方案,每半年至少进行一次。

应急预案演练结束后,危险化学品单位应当对应急预案演练效果进行评估,撰写应急预案演练评估报告,分析存在的问题,对应急预案提出修订意见,并及时修订完善。

(11)登记建档。

危险化学品单位应当对辨识确认的重大危险源及时、逐项进行登记建档。

重大危险源档案应当包括下列文件、资料:

①辨识、分级记录;

②重大危险源基本特征表;

③涉及的所有化学品安全技术说明书;

④区域位置图、平面布置图、工艺流程图和主要设备一览表;

⑤重大危险源安全管理规章制度及安全操作规程;

⑥安全监测监控系统、措施说明、检测、检验结果;

⑦重大危险源事故应急预案、评审意见、演练计划和评估报告;

⑧安全评估报告或者安全评价报告;

⑨重大危险源关键装置、重点部位的责任人、责任机构名称;

⑩重大危险源场所安全警示标志的设置情况;

⑪其他文件、资料。

（12）备案。

危险化学品单位在完成重大危险源安全评估报告或者安全评价报告后 15 日内,应当填写重大危险源备案申请表,连同本规定前款规定的重大危险源档案材料,报送所在地县级人民政府安全生产监督管理部门备案。

县级人民政府安全生产监督管理部门应当每季度将辖区内的一级、二级重大危险源备案材料报送至设区的市级人民政府安全生产监督管理部门。设区的市级人民政府安全生产监督管理部门应当每半年将辖区内的一级重大危险源备案材料报送至省级人民政府安全生产监督管理部门。

重大危险源出现变化需要更新的,危险化学品单位应当及时更新档案,并向所在地县级人民政府安全生产监督管理部门重新备案。

危险化学品单位新建、改建和扩建危险化学品建设项目,应当在建设项目竣工验收前完成重大危险源的辨识、安全评估和分级、登记建档工作,并向所在地县级人民政府安全生产监督管理部门备案。

4）监督检查

县级人民政府安全生产监督管理部门应当建立健全危险化学品重大危险源管理制度,明确责任人员,加强资料归档。

（1）数据报送。

县级人民政府安全生产监督管理部门应当在每年 1 月 15 日前,将辖区内上一年度重大危险源的汇总信息报送至设区的市级人民政府安全生产监督管理部门。设区的市级人民政府安全生产监督管理部门应当在每年 1 月 31 日前,将辖区内上一年度重大危险源的汇总信息报送至省级人民政府安全生产监督管理部门。省级人民政府安全生产监督管理部门应当在每年 2 月 15 日前,将辖区内上一年度重大危险源的汇总信息报送至国家安全生产监督管理总局。

（2）核销。

重大危险源经过安全评价或者安全评估不再构成重大危险源的,危险化学品单位应当向所在地县级人民政府安全生产监督管理部门申请核销。

申请核销重大危险源应当提交下列文件、资料:

①载明核销理由的申请书;

②单位名称、法定代表人、住所、联系人、联系方式;

③安全评价报告或者安全评估报告。

（3）核销审核。

县级人民政府安全生产监督管理部门应当自收到申请核销的文件、资料之日起 30 日内进行审查,符合条件的,予以核销并出具证明文书;不符合条件的,说明理由并书面告知申请单位。必要时,县级人民政府安全生产监督管理部门应当聘请有关专家进行现场核查。

（4）核销数据报送。

县级人民政府安全生产监督管理部门应当每季度将辖区内一级、二级重大危险源的核销材料报送至设区的市级人民政府安全生产监督管理部门。设区的市级人民政府安全生产监督管理部门应当每半年将辖区内一级重大危险源的核销材料报送至省级人民政府安全生产监督管理部门。

（5）监督检查。

县级以上地方各级人民政府安全生产监督管理部门应当加强对存在重大危险源的危险化学品单位的监督检查，督促危险化学品单位做好重大危险源的辨识、安全评估及分级、登记建档、备案、监测监控、事故应急预案编制、核销和安全管理工作。

首次对重大危险源的监督检查应当包括下列主要内容：

①重大危险源的运行情况、安全管理规章制度及安全操作规程制定和落实情况；

②重大危险源的辨识、分级、安全评估、登记建档、备案情况；

③重大危险源的监测监控情况；

④重大危险源安全设施和安全监测监控系统的检测、检验以及维护保养情况；

⑤重大危险源事故应急预案的编制、评审、备案、修订和演练情况；

⑥有关从业人员的安全培训教育情况；

⑦安全标志设置情况；

⑧应急救援器材、设备、物资配备情况；

⑨预防和控制事故措施的落实情况。

安全生产监督管理部门在监督检查中发现重大危险源存在事故隐患的，应当责令立即排除；重大事故隐患排除前或者排除过程中无法保证安全的，应当责令从危险区域内撤出作业人员，责令暂时停产停业或者停止使用；重大事故隐患排除后，经安全生产监督管理部门审查同意，方可恢复生产经营和使用。

（6）安全距离。

县级以上地方各级人民政府安全生产监督管理部门应当会同本级人民政府有关部门，加强对工业（化工）园区等重大危险源集中区域的监督检查，确保重大危险源与周边单位、居民区、人员密集场所等重要目标和敏感场所之间保持适当的安全距离。

6.1.2.2 危险化学品重大危险源包保责任制

为认真贯彻落实党中央、国务院关于全面加强危险化学品安全生产工作的决策部署，保护人民生命财产安全，强化危险化学品企业安全生产主体责任落实，细化重大安全风险管控责任，防范重特大事故，依据《中华人民共和国安全生产法》《危险化学品安全管理条例》《危险化学品重大危险源监督管理暂行规定》等法律、行政法规、部门规章，2021年2月4日，应急管理部制定了《危险化学品企业重大危险源安全包保责任制办法（试行）》（以下简称《办法》）。下面对该《办法》的主要内容进行介绍。

1）总则

安全包保，是指危险化学品企业按照本办法要求，专门为重大危险源指定主要负责人、技术负责人和操作负责人，并由其包联保证重大危险源安全管理措施落实到位的一种安全生产责任制。

危险化学品企业应当明确本企业每一处重大危险源的主要负责人、技术负责人和操作负责人,从总体管理、技术管理、操作管理三个层面对重大危险源实行安全包保。

重大危险源的主要负责人,应当由危险化学品企业的主要负责人担任。

重大危险源的技术负责人,应当由危险化学品企业层面技术、生产、设备等分管负责人或者二级单位(分厂)层面有关负责人担任。

重大危险源的操作负责人,应当由重大危险源生产单元、储存单元所在车间、单位的现场直接管理人员担任,例如车间主任。

2)包保责任

(1)主要负责人的职责。

重大危险源的主要负责人,对所包保的重大危险源负有下列安全职责:

①组织建立重大危险源安全包保责任制并指定对重大危险源负有安全包保责任的技术负责人、操作负责人;

②组织制定重大危险源安全生产规章制度和操作规程,并采取有效措施保证其得到执行;

③组织对重大危险源的管理和操作岗位人员进行安全技能培训;

④保证重大危险源安全生产所必需的安全投入;

⑤督促、检查重大危险源安全生产工作;

⑥组织制定并实施重大危险源生产安全事故应急救援预案;

⑦组织通过危险化学品登记信息管理系统填报重大危险源有关信息,保证重大危险源安全监测监控有关数据接入危险化学品安全生产风险监测预警系统。

(2)技术负责人的职责。

重大危险源的技术负责人,对所包保的重大危险源负有下列安全职责:

①组织实施重大危险源安全监测监控体系建设,完善控制措施,保证安全监测监控系统符合国家标准或者行业标准的规定;

②组织定期对安全设施和监测监控系统进行检测、检验,并进行经常性维护、保养,保证有效、可靠运行;

③对于超过个人和社会可容许风险值限值标准的重大危险源,组织采取相应的降低风险措施,直至风险满足可容许风险标准要求;

④组织审查涉及重大危险源的外来施工单位及人员的相关资质、安全管理等情况,审查涉及重大危险源的变更管理;

⑤每季度至少组织对重大危险源进行一次针对性安全风险隐患排查,重大活动、重点时段和节假日前必须进行重大危险源安全风险隐患排查,制定管控措施和治理方案并监督落实;

⑥组织演练重大危险源专项应急预案和现场处置方案。

(3)操作负责人的职责。

重大危险源的操作负责人,对所包保的重大危险源负有下列安全职责:

①负责督促检查各岗位严格执行重大危险源安全生产规章制度和操作规程;

②对涉及重大危险源的特殊作业、检维修作业等进行监督检查,督促落实作业安全

管控措施；

③每周至少组织一次重大危险源安全风险隐患排查；

④及时采取措施消除重大危险源事故隐患。

3）管理措施

（1）公示牌。

危险化学品企业应当在重大危险源安全警示标志位置设立公示牌，写明重大危险源的主要负责人、技术负责人、操作负责人姓名、对应的安全包保职责及联系方式，接受员工监督。

重大危险源安全包保责任人、联系方式应当录入全国危险化学品登记信息管理系统，并向所在地应急管理部门报备，相关信息变更的，应当于变更后 5 日内在全国危险化学品登记信息管理系统中更新。

（2）社会承诺。

危险化学品企业应当按照《应急管理部关于全面实施危险化学品企业安全风险研判与承诺公告制度的通知》（应急〔2018〕74 号）有关要求，向社会承诺公告重大危险源安全风险管控情况，在安全承诺公告牌企业承诺内容中增加落实重大危险源安全包保责任的相关内容。

（3）履职评估。

危险化学品企业应当建立重大危险源主要负责人、技术负责人、操作负责人的安全包保履职记录，做到可查询、可追溯，企业的安全管理机构应当对包保责任人履职情况进行评估，纳入企业安全生产责任制考核与绩效管理。

（4）风险监测预警。

地方各级应急管理部门应当完善危险化学品安全生产风险监测预警机制，保证重大危险源预警信息能够及时推送给对应的安全包保责任人。

各级应急管理部门、危险化学品企业应当结合安全生产标准化建设、风险分级管控和隐患排查治理体系建设，运用信息化工具，加强重大危险源安全管理。

4）监督检查

（1）在线巡查。

地方各级应急管理部门应当运用危险化学品安全生产风险监测预警系统，加强对重大危险源安全运行情况的在线巡查抽查，将重大危险源安全包保责任制落实情况纳入监督检查范畴。

（2）违规处罚。

危险化学品企业未按照相关要求对重大危险源安全进行监测监控的，未明确重大危险源中关键装置、重点部位的责任人的，未对重大危险源的安全生产状况进行定期检查、采取措施消除事故隐患的，以及存在其他违法违规行为的，由县级以上应急管理部门依法依规查处；有关责任人员构成犯罪的，依法追究刑事责任。

重大危险源包保公示牌见表6.7。

表 6.7　重大危险源安全包保公示牌(示例)

重大危险源安全包保公示牌		
		编号:
(危险化学品名称)	主要负责人	(姓名)(手机号码)(在企业的职务)
(重大危险源级别)(最大数量/t)	技术负责人	(姓名)(手机号码)(在企业的职务)
	操作负责人	(姓名)(手机号码)(在企业的职务)
监督举报电话	(企业电话),(企业邮箱),12350	
主要负责人职责	1.(包保责任原文) 2. 3. 4. 5. 6. 7.	
技术负责人职责	1. 2. 3. 4. 5. 6.	
操作负责人职责	1. 2. 3. 4.	

6.2　重点监管的危险化学品

6.2.1　重点监管的危险化学品目录

为深入贯彻落实《国务院关于进一步加强企业安全生产工作的通知》(国发〔2010〕23 号)和《国务院安委会办公室关于进一步加强危险化学品安全生产工作的指导意见》(安委办〔2008〕26 号)精神,进一步突出重点、强化监管,指导安全监管部门和危险化学品单位切实加强危险化学品安全管理工作,在综合考虑 2002 年以来国内发生的化学品事故情况、国内化学品生产情况、国内外重点监管化学品品种、化学品固有危险特性和近四十年来国内外重特大化学品事故等因素的基础上,国家安全监管总局组织对现行《危险化学品名录》中的 3 800 余种危险化学品进行了筛选,于 2011 年编制了《首批重点监管的危险化学品名录》,2013 年编制了《第二批重点监管的危险化学品名录》。

重点监管的危险化学品是指列入《危险化学品名录》的危险化学品以及在温度 20 ℃和标准大气压 101.3 kPa 条件下属于以下类别的危险化学品:

(1)易燃气体类别 1(爆炸下限≤13%或爆炸极限范围≥12%的气体);

(2)易燃液体类别 1(闭杯闪点<23 ℃并初沸点≤35 ℃的液体);

(3)自燃液体类别 1(与空气接触不到 5 min 便燃烧的液体);

(4)自燃固体类别 1(与空气接触不到 5 min 便燃烧的固体);

(5)遇水放出易燃气体的物质类别 1(在环境温度下与水剧烈反应所产生的气体通常显示自燃的倾向,或释放易燃气体的速度等于或大于每公斤物质在任何 1 min 内释放 10 L 的任何物质或混合物);

(6)三光气等光气类化学品。

重点监管的危险化学品名录见表 6.8。

表 6.8　重点监管的危险化学品名录

序号	化学品名称	别名	CAS 号
1	氯	液氯、氯气	7782-50-5
2	氨	液氨、氨气	7664-41-7
3	液化石油气		68476-85-7
4	硫化氢		7783-06-4
5	甲烷、天然气		74-82-8(甲烷)
6	原油		
7	汽油(含甲醇汽油、乙醇汽油)、石脑油		8006-61-9(汽油)
8	氢	氢气	1333-74-0
9	苯(含粗苯)		71-43-2
10	碳酰氯	光气	75-44-5
11	二氧化硫		7446-09-5
12	一氧化碳		630-08-0
13	甲醇	木醇、木精	67-56-1
14	丙烯腈	氰基乙烯、乙烯基氰	107-13-1
15	环氧乙烷	氧化乙烯	75-21-8
16	乙炔	电石气	74-86-2
17	氟化氢、氢氟酸		7664-39-3
18	氯乙烯		75-01-4

续表

序号	化学品名称	别名	CAS 号
19	甲苯	甲基苯、苯基甲烷	108-88-3
20	氰化氢、氢氰酸		74-90-8
21	乙烯		74-85-1
22	三氯化磷		7719-12-2
23	硝基苯		98-95-3
24	苯乙烯		100-42-5
25	环氧丙烷		75-56-9
26	一氯甲烷		74-87-3
27	1,3-丁二烯		106-99-0
28	硫酸二甲酯		77-78-1
29	氰化钠		143-33-9
30	1-丙烯、丙烯		115-07-1
31	苯胺		62-53-3
32	甲醚		115-10-6
33	丙烯醛、2-丙烯醛		107-02-8
34	氯苯		108-90-7
35	乙酸乙烯酯		108-05-4
36	二甲胺		124-40-3
37	苯酚	石炭酸	108-95-2
38	四氯化钛		7550-45-0
39	甲苯二异氰酸酯	TDI	584-84-9
40	过氧乙酸	过乙酸、过醋酸	79-21-0
41	六氯环戊二烯		77-47-4
42	二硫化碳		75-15-0
43	乙烷		74-84-0
44	环氧氯丙烷	3-氯-1,2-环氧丙烷	106-89-8
45	丙酮氰醇	2-甲基-2-羟基丙腈	75-86-5
46	磷化氢	膦	7803-51-2
47	氯甲基甲醚		107-30-2
48	三氟化硼		7637-07-2
49	烯丙胺	3-氨基丙烯	107-11-9
50	异氰酸甲酯	甲基异氰酸酯	624-83-9
51	甲基叔丁基醚		1634-04-4

续表

序号	化学品名称	别名	CAS 号
52	乙酸乙酯		141-78-6
53	丙烯酸		79-10-7
54	硝酸铵		6484-52-2
55	三氧化硫	硫酸酐	7446-11-9
56	三氯甲烷	氯仿	67-66-3
57	甲基肼		60-34-4
58	一甲胺		74-89-5
59	乙醛		75-07-0
60	氯甲酸三氯甲酯	双光气	503-38-8
61	氯酸钠		7775-9-9
62	氯酸钾		3811-4-9
63	过氧化甲乙酮		1338-23-4
64	过氧化(二)苯甲酰		94-36-0
65	硝化纤维素		9004-70-0
66	硝酸胍		506-93-4
67	高氯酸铵		7790-98-9
68	过氧化苯甲酸叔丁酯		614-45-9
69	N,N'-二亚硝基五亚甲基四胺		101-25-7
70	硝基胍		556-88-7
71	2,2′-偶氮二异丁腈		78-67-1
72	2,2′-偶氮-二-(2,4-二甲基戊腈)（即偶氮二异庚腈）		4419-11-8
73	硝化甘油		55-63-0
74	乙醚		60-29-7

6.2.2　重点监管的危险化学品的安全管理

重点监管的危险化学品的安全管理措施如下：

（1）涉及重点监管的危险化学品的生产、储存装置，原则上须由具有甲级资质的化工行业设计单位进行设计。

（2）地方各级安全监管部门应当将生产、储存、使用、经营重点监管的危险化学品的企业，优先纳入年度执法检查计划，实施重点监管。

（3）生产、储存重点监管的危险化学品的企业，应根据本企业工艺特点，装备功能完善的自动化控制系统,严格工艺、设备管理。对使用重点监管的危险化学品数量构成重大危险源的企业的生产储存装置,应装备自动化控制系统,实现对温度、压力、液位等重要参数的实时监测。

(4)生产重点监管的危险化学品的企业,应针对产品特性,按照有关规定编制完善的、可操作性强的危险化学品事故应急预案,配备必要的应急救援器材、设备,加强应急演练,提高应急处置能力。

(5)各省级安全监管部门可根据本辖区危险化学品安全生产状况,补充和确定本辖区内实施重点监管的危险化学品类项及具体品种。在安全监管工作中如发现重点监管的危险化学品存在问题,请认真研究提出处理意见,并及时报告国家安全监管总局。

地方各级安全监管部门在做好危险化学品重点监管工作的同时,要全面推进本地区危险化学品安全生产工作,督促企业落实安全生产主体责任,切实提高企业本质安全水平,有效防范和坚决遏制危险化学品重特大事故发生,促进全国危险化学品安全生产形势持续稳定好转。

(6)生产、储存、使用重点监管的危险化学品的企业,应当积极开展涉及重点监管危险化学品的生产、储存设施自动化监控系统改造提升工作,高度危险和大型装置要依法装备安全仪表系统(紧急停车或安全联锁)。

(7)地方各级安全监管部门应当按照有关法律法规和本通知的要求,对生产、储存、使用、经营重点监管的危险化学品的企业实施重点监管。

(8)各省级安全监管部门可以根据本辖区危险化学品安全生产状况,补充和确定本辖区内实施重点监管的危险化学品类项及具体品种。

此外,原国家安全监管总局在发布《重点监管的危险化学品目录》的同时,也发布了《重点监管的危险化学品安全措施和事故应急处置原则》(以下简称《安全措施及应急原则》),从特别警示、理化特性、危害信息、安全措施、应急处置原则等方面对每一种重点监管的危险化学品的安全管理进行了规定。涉及重点监管的危险化学品的生产单位、使用单位、储存单位、运输单位等,都应该对照该"安全措施及应急原则",自查相应的安全措施是否到位、相应的安全管理是否符合要求,严格做好重点监管危险化学品的安全管理工作。表6.9是《重点监管的危险化学品安全措施和事故应急处置原则》中一种物质的介绍,其他每一种重点监管的危险化学品都有对应的介绍,具体可以从国家应急管理部网站上下载。

表6.9 《重点监管的危险化学品安全措施和事故应急处置原则》——氯

特别警示	剧毒,吸入高浓度气体可致死;包装容器受热有爆炸的危险
理化特性	常温常压下为黄绿色、有刺激性气味的气体。常温下、709 kPa 以上压力时为液体,液氯为金黄色。微溶于水,易溶于二硫化碳和四氯化碳。分子量为70.91,熔点 -101 ℃,沸点-34.5 ℃,气体密度 3.21 g/L,相对蒸气密度(空气=1)2.5,相对密度(水=1)1.41(20 ℃),临界压力 7.71 MPa,临界温度 144 ℃,饱和蒸气压 673 kPa(20 ℃),log pow(辛醇/水分配系数)0.85。 主要用途:用于制造氯乙烯、环氧氯丙烷、氯丙烯、氯化石蜡等;用作氯化试剂,也用作水处理过程的消毒剂

续表

危害信息	**【燃烧和爆炸危险性】** 　　本品不燃，但可助燃。一般可燃物大都能在氯气中燃烧，一般易燃气体或蒸气也都能与氯气形成爆炸性混合物。受热后容器或储罐内压增大，泄漏物质可导致中毒。 **【活性反应】** 　　强氧化剂，与水反应，生成有毒的次氯酸和盐酸。与氢氧化钠、氢氧化钾等碱反应生成次氯酸盐和氯化物，可利用此反应对氯气进行无害化处理。液氯与可燃物、还原剂接触会发生剧烈反应。与汽油等石油产品、烃、氨、醚、松节油、醇、乙炔、二硫化碳、氢气、金属粉末和磷接触能形成爆炸性混合物。接触烃基膦、铝、锑、铋、硼、黄铜、碳、二乙基锌等物质会导致燃烧、爆炸，释放出有毒烟雾。潮湿环境下，严重腐蚀铁、钢、铜和锌。 **【健康危害】** 　　氯是一种强烈的刺激性气体，经呼吸道吸入时，与呼吸道黏膜表面水分接触，产生盐酸、次氯酸，次氯酸再分解为盐酸和新生态氧，产生局部刺激和腐蚀作用。 　　急性中毒：轻度者有流泪、咳嗽、咳少量痰、胸闷，出现气管-支气管炎或支气管周围炎的表现；中度中毒发生支气管肺炎、局限性肺泡性肺水肿、间质性肺水肿或哮喘样发作，病人除有上述症状的加重外，还会出现呼吸困难、轻度发绀等；重者发生肺泡性水肿、急性呼吸窘迫综合征、严重窒息、昏迷或休克，可出现气胸、纵隔气肿等并发症。吸入极高浓度的氯气，可引起迷走神经反射性心搏骤停或喉头痉挛而发生"电击样"死亡。眼睛接触可引起急性结膜炎，高浓度氯可造成角膜损伤。皮肤接触液氯或高浓度氯，在曝露部位可有灼伤或急性皮炎。 　　慢性影响：长期低浓度接触，可引起慢性牙龈炎、慢性咽炎、慢性支气管炎、肺气肿、支气管哮喘等。可引起牙齿酸蚀症。 　　列入《剧毒化学品目录》。 　　职业接触限值：MAC(最高容许浓度)(mg/m³)：1
安全措施	**【一般要求】** 　　操作人员必须经过专门培训，严格遵守操作规程，熟练掌握操作技能，具备应急处置知识。 　　严加密闭，提供充分的局部排风和全面通风，工作场所严禁吸烟。提供安全淋浴和洗眼设备。 　　生产、使用氯气的车间及贮氯场所应设置氯气泄漏检测报警仪，配备两套以上重型防护服。戴化学安全防护眼镜，穿防静电工作服，戴防化学品手套。工作场所浓度超标时，操作人员必须佩戴防毒面具，紧急事态抢救或撤离时，应佩戴正压自给式空气呼吸器。 　　液氯气化器、储罐等压力容器和设备应设置安全阀、压力表、液位计、温度计，并应装有带压力、液位、温度带远传记录和报警功能的安全装置。设置整流装置与氯压机、动力电源、管线压力、通风设施或相应的吸收装置的联锁装置。氯气输入、输出管线应设置紧急切断设施。 　　避免与易燃或可燃物、醇类、乙醚、氢接触。 　　生产、储存区域应设置安全警示标志。搬运时轻装轻卸，防止钢瓶及附件破损。吊装时，应将气瓶放置在符合安全要求的专用筐中进行吊运。禁止使用电磁起重机和用链绳捆扎或将瓶阀作为吊运着力点。配备相应品种和数量的消防器材及泄漏应急处理设备。倒空的容器可能存在残留有害物时应及时处理。

续表

安全措施	【特殊要求】 【操作安全】 　(1)氯化设备、管道处、阀门的连接垫料应选用石棉板、石棉橡胶板、氟塑料、浸石墨的石棉绳等高强度耐氯垫料,严禁使用橡胶垫。 　(2)采用压缩空气充装液氯时,空气含水应≤0.01%。采用液氯气化器充装液氯时,只许用温水加热气化器,不准使用蒸气直接加热。 　(3)液氯气化器、预冷器及热交换器等设备,必须装有排污装置和污物处理设施,并定期分析三氯化氮含量。如果操作人员未按规定及时排污,并且操作不当,易发生三氯化氮爆炸、大量氯气泄漏等危害。 　(4)严禁在泄漏的钢瓶上喷水。 　(5)充装量为 50 kg 和 100 kg 的气瓶应保留 2 kg 以上的余量,充装量为 500 kg 和 1 000 kg 的气瓶应保留 5 kg 以上的余量。充装前要确认气瓶内无异物。 　(6)充装时,使用万向节管道充装系统,严防超装。 【储存安全】 　(1)储存于阴凉、通风仓库内,库房温度不宜超过 30 ℃,相对湿度不超过 80%,防止阳光直射。 　(2)应与易(可)燃物、醇类、食用化学品分开存放,切忌混储。储罐远离火种、热源。保持容器密封,储存区要建在低于自然地面的围堤内。气瓶储存时,空瓶和实瓶应分开放置,并应设置明显标志。储存区应备有泄漏应急处理设备。 　(3)对于大量使用氯气钢瓶的单位,为及时处理钢瓶漏气,现场应备应急堵漏工具和个体防护用具。 　(4)禁止将储罐设备及氯气处理装置设置在学校、医院、居民区等人口稠密区附近,并远离频繁出入处和紧急通道。 　(5)应严格执行剧毒化学品"双人收发,双人保管"制度。 【运输安全】 　(1)运输车辆应有危险货物运输标志、安装具有行驶记录功能的卫星定位装置。未经公安机关批准,运输车辆不得进入危险化学品运输车辆限制通行的区域。不得在人口稠密区和有明火等场所停靠。夏季应早晚运输,防止日光暴晒。 　(2)运输液氯钢瓶的车辆不准从隧道过江。 　(3)汽车运输充装量 50 kg 及以上钢瓶时,应卧放,瓶阀端应朝向车辆行驶的右方,用三角木垫卡牢,防止滚动,垛高不得超过 2 层且不得超过车厢高度。不准同车混装有抵触性质的物品和让无关人员搭车。严禁与易燃物或可燃物、醇类、食用化学品等混装混运。车上应有应急堵漏工具和个体防护用品,押运人员应会使用。 　(4)搬运人员必须注意防护,按规定穿戴必要的防护用品;搬运时,管理人员必须到现场监卸监装;夜晚或光线不足时雨天不宜搬运。若遇特殊情况必须搬运时,必须得到部门负责人的同意,还应有遮雨等相关措施;严禁在搬运时吸烟。 　(5)采用液氯气化法向储罐压送液氯时,要严格控制气化器的压力和温度,釜式气化器加热夹套不得包底,应用温水加热,严禁用蒸汽加热,出口水温不应超过 45 ℃,气化压力不得超过 1 MPa
应急处置原则	【急救措施】 　吸入:迅速脱离现场至空气新鲜处。保持呼吸道通畅。如呼吸困难,给氧,给予 2%~4% 的碳酸氢钠溶液雾化吸入。呼吸、心跳停止,立即进行心肺复苏术。就医。 　眼睛接触:立即分开眼睑,用流动清水或生理盐水彻底冲洗。就医。 　皮肤接触:立即脱去污染的衣着,用流动清水彻底冲洗。就医。

续表

应急处置原则	【灭火方法】 　　本品不燃,但周围起火时应切断气源。喷水冷却容器,尽可能将容器从火场移至空旷处。消防人员必须佩戴正压自给式空气呼吸器,穿全身防火防毒服,在上风向灭火。由于火场中可能发生容器爆破的情况,消防人员须在防爆掩蔽处操作。有氯气泄漏时,使用细水雾驱赶泄漏的气体,使其远离未受波及的区域。 　　灭火剂:根据周围着火原因选择适当灭火剂灭火,可用干粉、二氧化碳、水(雾状水)或泡沫。 【泄漏应急处置】 　　根据气体扩散的影响区域划定警戒区,无关人员从侧风、上风向撤离至安全区。建议应急处理人员穿内置正压自给式空气呼吸器的全封闭防化服,戴橡胶手套。如果是液体泄漏,还应注意防冻伤。禁止接触或跨越泄漏物。勿使泄漏物与可燃物质(如木材、纸、油等)接触。尽可能切断泄漏源。喷雾状水抑制蒸气或改变蒸气云流向,避免水流接触泄漏物。禁止用水直接冲击泄漏物或泄漏源。若可能翻转容器,使之逸出气体而非液体。防止气体通过下水道、通风系统和限制性空间扩散。构筑围堤堵截液体泄漏物。喷稀碱液中和、稀释。隔离泄漏区直至气体散尽。泄漏场所保持通风。 　　不同泄漏情况下的具体措施: 　　瓶阀密封填料处泄漏时,应查压紧螺帽是否松动或拧紧压紧螺帽;瓶阀出口泄漏时,应查瓶阀是否关紧或关紧瓶阀,或用铜六角螺帽封闭瓶阀口。 　　瓶体泄漏点为孔洞时,可使用堵漏器材(如竹签、木塞、止漏器等)处理,并注意对堵漏器材紧固,防止脱落。上述处理均无效时,应迅速将泄漏气瓶浸没于备有足够体积的烧碱或石灰水溶液吸收池进行无害化处理,并控制吸收液温度不高于45 ℃、pH 值不小于7,防止吸收液失效分解。 　　隔离与疏散距离:小量泄漏,初始隔离 60 m,下风向疏散白天 400 m、夜晚 1 600 m;大量泄漏,初始隔离600 m,下风向疏散白天 3 500 m、夜晚 8 000 m

6.3　重点监管的危险化工工艺

6.3.1　重点监管的危险化工工艺目录

　　为贯彻落实《国务院安委会办公室关于进一步加强危险化学品安全生产工作的指导意见》(安委办〔2008〕26 号,以下简称《指导意见》)有关要求,提高化工生产装置和危险化学品储存设施本质安全水平,指导各地对涉及危险化工工艺的生产装置进行自动化改造,国家安全监管总局于 2009 年组织编制了《首批重点监管的危险化工工艺目录》,列举了 15 种危险化工工艺,于 2013 年编制了《第二批重点监管的危险化工工艺目录》,增补了 3 种危险化工工艺。

　　重点监管的危险化工工艺目录见表 6.10。

表6.10 重点监管的危险化工工艺目录

首批重点监管的危险化工工艺	
序号	危险化工工艺名称
一	光气及光气化工艺
二	电解工艺(氯碱)
三	氯化工艺
四	硝化工艺
五	合成氨工艺
六	裂解(裂化)工艺
七	氟化工艺
八	加氢工艺
九	重氮化工艺
十	氧化工艺
十一	过氧化工艺
十二	胺基化工艺
十三	磺化工艺
十四	聚合工艺
十五	烷基化工艺
第二批重点监管的危险化工工艺	
一	新型煤化工工艺:煤制油(甲醇制汽油、费-托合成油)、煤制烯烃(甲醇制烯烃)、煤制二甲醚、煤制乙二醇(合成气制乙二醇)、煤制甲烷气(煤气甲烷化)、煤制甲醇、甲醇制醋酸等工艺
二	电石生产工艺
三	偶氮化工艺

6.3.2 重点监管的危险化工工艺的监管措施

国家安全监管总局在发布《重点监管的危险化工工艺目录》的同时,也发布了《重点监管的危险化工工艺安全控制要求、重点监控参数及推荐的控制方案》,规定了对重点监管的危险化工工艺的安全管理措施。表6.11节选了一种危险化工工艺的安全控制要求及方案,其余危险化工工艺的监控要求及控制方案可以从国家应急管理部网站下载。

表6.11 光气及光气化工艺的安全控制要求、重点监控参数及推荐的控制方案

反应类型	放热反应	重点监控单位	光气化反应釜、光气储运单元
工艺简介			
光气及光气化工艺包含光气的制备工艺,以及以光气为原料制备光气化产品的工艺路线,光气化工艺主要分为气相和液相两种			

续表

反应类型	放热反应	重点监控单位	光气化反应釜、光气储运单元
工艺危险特点			
(1)光气为剧毒气体,在储运、使用过程中发生泄漏后,易造成大面积污染、中毒事故; (2)反应介质具有燃爆危险性; (3)副产物氯化氢具有腐蚀性,易造成设备和管线泄漏使人员发生中毒事故			
典型工艺			
一氧化碳与氯气的反应得到光气; 光气合成双光气、三光气; 采用光气作单体合成聚碳酸酯; 甲苯二异氰酸酯(TDI)的制备; 4,4′-二苯基甲烷二异氰酸酯(MDI)的制备; 异氰酸酯的制备			
重点监控工艺参数			
一氧化碳、氯气含水量;反应釜温度、压力;反应物质的配料比; 光气进料速度;冷却系统中冷却介质的温度、压力、流量等			
安全控制的基本要求			
事故紧急切断阀;紧急冷却系统;反应釜温度、压力报警联锁; 局部排风设施;有毒气体回收及处理系统;自动泄压装置;自动氨或碱液喷淋装置;光气、氯气、一氧化碳监测及超限报警;双电源供电			
宜采用的控制方式			
光气及光气化生产系统一旦出现异常现象或发生光气及其剧毒产品泄漏事故时,应通过自控联锁装置启动紧急停车并自动切断所有进出生产装置的物料,将反应装置迅速冷却降温,同时将发生事故设备内的剧毒物料导入事故槽内,开启氨水、稀碱液喷淋,启动通风排毒系统,将事故部位的有毒气体排至处理系统			

化工企业要按照《首批重点监管的危险化工工艺目录》《首批重点监管的危险化工工艺安全控制要求、重点监控参数及推荐的控制方案》要求,对照本企业采用的危险化工工艺及其特点,确定重点监控的工艺参数,装备和完善自动控制系统,大型和高度危险化工装置要按照推荐的控制方案装备紧急停车系统。采用危险化工工艺的新建生产装置原则上要由甲级资质化工设计单位进行设计。化工企业对危险化工工艺的生产装置应采取自动化操作。

6.4　其他管制类危险化学品

6.4.1　易制毒化学品

6.4.1.1　易制毒化学品目录

易制毒化学品是指国家规定管制的可用于制造毒品的前体、原料和化学助剂等物质,共分为三类,第一类主要是用于制造毒品的原料,第二类、第三类主要是用于制造毒品的配剂。简单来说,易制毒化学品就是指国家规定管制的可用于制造麻醉药品和精神药品的原料和配剂,既广泛应用于工农业生产和群众日常生活,流入非法渠道又可用于制造毒品。

2005 年,国务院总理温家宝签署第 445 号国务院令,公布《易制毒化学品管理条例》(2005-11-1 施行),列管了三类 24 个品种,根据 2012 年 8 月 29 日公安部、商务部、卫生部、海关总署、国家安全监管总局关于管制邻氯苯基环戊酮的公告,2012 年 9 月 15 日起,邻氯苯基环戊酮也被列入第一类易制毒化学品加以管制。

随后国家于 2014、2017 年又进行了增补,共列管了 3 类,32 种物料;2021 年 5 月,国务院同意将 α-苯乙酰乙酸甲酯等 6 种物质列入易制毒化学品品种目录,因此,目前,易制毒化学品目录一共包含了三类,共 38 个品种的物质。

《易制毒化学品名录》(2021 版)见表 6.12。

表 6.12 《易制毒化学品名录》(2021 版)

第一类		
1	1-苯基-2-丙酮	
2	3,4-亚甲基二氧苯基-2-丙酮	
3	胡椒醛	
4	黄樟素	
5	黄樟油	
6	异黄樟素	
7	N-乙酰邻氨基苯酸	
8	邻氨基苯甲酸	
9	麦角酸*	
10	麦角胺*	
11	麦角新碱*	
12	麻黄素、伪麻黄素、消旋麻黄素、去甲麻黄素、甲基麻黄素、麻黄浸膏、麻黄浸膏粉等麻黄素类物质*	
13	4-苯胺基-N-苯乙基哌啶	(注:13—15 为 2017 年新增)
14	N-苯乙基-4-哌啶酮	
15	N-甲基-1-苯基-1-氯-2-丙胺	
16	羟亚胺(2008 年新增)	
17	1-苯基-2-溴-1-丙酮(2014 年新增)	
18	3-氧-2-苯基丁腈(2014 年新增)	
19	邻氯苯基环戊酮(2012 年新增)	

续表

第二类		
1	苯乙酸	
2	醋酸酐	
3	三氯甲烷	
4	乙醚	
5	哌啶	
6	1-苯基-1-丙酮(苯丙酮)	（注:6、7 为 2017 年新增）
7	溴素(液溴)	
8	α-苯乙酰乙酸甲酯(注:2021 年新增)	
9	α-乙酰乙酰苯胺(注:2021 年新增)	
10	3,4-亚甲基二氧苯基-2-丙酮缩水甘油酸(注:2021 年新增)	
11	3,4-亚甲基二氧苯基-2-丙酮缩水甘油酯(注:2021 年新增)	
第三类		
1	甲苯	
2	丙酮	
3	甲基乙基酮	
4	高锰酸钾	
5	硫酸	
6	盐酸	
7	苯乙腈(注:2021 年新增)	
8	γ-丁内酯(注:2021 年新增)	

注:①第一类、第二类所列物质可能存在的盐类,也纳入管制。

②带有＊标记的品种为第一类中的药品类易制毒化学品,第一类中的药品类易制毒化学品包括原料药及其单方制剂。

6.4.1.2 易制毒化学品的安全管理

根据《易制毒化学品管理条例》(2005 年 8 月 26 日中华人民共和国国务院令第 445 号,2018 年 9 月 18 日第三次修订),国家对易制毒化学品的生产、经营、购买、运输和进口、出口实行分类管理和许可制度。

国务院公安部门、药品监督管理部门、安全生产监督管理部门、商务主管部门、卫生主管部门、海关总署、价格主管部门、铁路主管部门、交通主管部门、市场监督管理部门、生态环境主管部门在各自的职责范围内,负责全国的易制毒化学品有关管理工作;县级以上地方各级人民政府有关行政主管部门在各自的职责范围内,负责本行政区域内的易制毒化学品有关管理工作。

禁止走私或者非法生产、经营、购买、转让、运输易制毒化学品。

禁止使用现金或者实物进行易制毒化学品交易。但是,个人合法购买第一类中的药品类易制毒化学品药品制剂和第三类易制毒化学品的除外。

生产、经营、购买、运输和进口、出口易制毒化学品的单位,应当建立单位内部易制毒化学品管理制度。

1)生产、经营管理

(1)申请生产第一类易制毒化学品,应当具备下列条件,并经规定的行政主管部门审批,取得生产许可证后,方可进行生产:

①属依法登记的化工产品生产企业或者药品生产企业;

②有符合国家标准的生产设备、仓储设施和污染物处理设施;

③有严格的安全生产管理制度和环境突发事件应急预案;

④企业法定代表人和技术、管理人员具有安全生产和易制毒化学品的有关知识,无毒品犯罪记录;

⑤法律、法规、规章规定的其他条件。

申请生产第一类中的药品类易制毒化学品,还应当在仓储场所等重点区域设置电视监控设施以及与公安机关联网的报警装置。

(2)申请生产第一类中的药品类易制毒化学品的,由省、自治区、直辖市人民政府药品监督管理部门审批;申请生产第一类中的非药品类易制毒化学品的,由省、自治区、直辖市人民政府安全生产监督管理部门审批。

前款规定的行政主管部门应当自收到申请之日起 60 日内,对申请人提交的申请材料进行审查。对符合规定的,发给生产许可证,或者在企业已经取得的有关生产许可证件上标注;不予许可的,应当书面说明理由。

审查第一类易制毒化学品生产许可申请材料时,根据需要可以进行实地核查和专家评审。

(3)申请经营第一类易制毒化学品,应当具备下列条件,并经本条例第十条规定的行政主管部门审批,取得经营许可证后,方可进行经营:

①属依法登记的化工产品经营企业或者药品经营企业;

②有符合国家规定的经营场所,需要储存、保管易制毒化学品的,还应当有符合国家技术标准的仓储设施;

③有易制毒化学品的经营管理制度和健全的销售网络;

④企业法定代表人和销售、管理人员具有易制毒化学品的有关知识,无毒品犯罪记录;

⑤法律、法规、规章规定的其他条件。

(4)申请经营第一类中的药品类易制毒化学品的,由省、自治区、直辖市人民政府药品监督管理部门审批;申请经营第一类中的非药品类易制毒化学品的,由省、自治区、直辖市人民政府安全生产监督管理部门审批。

前款规定的行政主管部门应当自收到申请之日起 30 日内,对申请人提交的申请材料进行审查。对符合规定的,发给经营许可证,或者在企业已经取得的有关经营许可证件上标注;不予许可的,应当书面说明理由。

审查第一类易制毒化学品经营许可申请材料时,根据需要可以进行实地核查。

(5)取得第一类易制毒化学品生产许可或者按规定已经履行第二类、第三类易制毒化学品备案手续的生产企业,可以经销自产的易制毒化学品。但是,在厂外设立销售网点经销第一类易制毒化学品的,应当依照本条例的规定取得经营许可。

第一类中的药品类易制毒化学品药品单方制剂,须由麻醉药品定点经营企业经销,且不得零售。

(6)取得第一类易制毒化学品生产、经营许可的企业,应当凭生产、经营许可证到市场监督管理部门办理经营范围变更登记。未经变更登记,不得进行第一类易制毒化学品的生产、经营。

第一类易制毒化学品生产、经营许可证被依法吊销的,行政主管部门应当自作出吊销决定之日起 5 日内通知市场监督管理部门;被吊销许可证的企业,应当及时到市场监督管理部门办理经营范围变更或者企业注销登记。

(7)生产第二类、第三类易制毒化学品的,应当自生产之日起 30 日内,将生产的品种、数量等情况,向所在地的设区的市级人民政府安全生产监督管理部门备案。

经营第二类易制毒化学品的,应当自经营之日起 30 日内,将经营的品种、数量、主要流向等情况,向所在地的设区的市级人民政府安全生产监督管理部门备案;经营第三类易制毒化学品的,应当自经营之日起 30 日内,将经营的品种、数量、主要流向等情况,向所在地的县级人民政府安全生产监督管理部门备案。

前两款规定的行政主管部门应当于收到备案材料的当日发给备案证明。

2)购买管理

(1)申请购买第一类易制毒化学品,应当提交下列证件,经本条例第十五条规定的行政主管部门审批,取得购买许可证:

①经营企业提交企业营业执照和合法使用需要证明;

②其他组织提交登记证书(成立批准文件)和合法使用需要证明。

(2)申请购买第一类中的药品类易制毒化学品的,由所在地的省、自治区、直辖市人民政府药品监督管理部门审批;申请购买第一类中的非药品类易制毒化学品的,由所在地的省、自治区、直辖市人民政府公安机关审批。

前款规定的行政主管部门应当自收到申请之日起 10 日内,对申请人提交的申请材料和证件进行审查。对符合规定的,发给购买许可证;不予许可的,应当书面说明理由。

审查第一类易制毒化学品购买许可申请材料时,根据需要,可以进行实地核查。

(3)持有麻醉药品、第一类精神药品购买印鉴卡的医疗机构购买第一类中的药品类易制毒化学品的,无须申请第一类易制毒化学品购买许可证。

个人不得购买第一类、第二类易制毒化学品。

(4)购买第二类、第三类易制毒化学品的,应当在购买前将所需购买的品种、数量,向所在地的县级人民政府公安机关备案。个人自用购买少量高锰酸钾的,无须备案。

(5)经营单位销售第一类易制毒化学品时,应当查验购买许可证和经办人的身份证明。对委托代购的,还应当查验购买人持有的委托文书。

经营单位在查验无误、留存上述证明材料的复印件后,方可出售第一类易制毒化学品;发现可疑情况的,应当立即向当地公安机关报告。

(6)经营单位应当建立易制毒化学品销售台账,如实记录销售的品种、数量、日期、购买方等情况。销售台账和证明材料复印件应当保存 2 年备查。

第一类易制毒化学品的销售情况,应当自销售之日起 5 日内报当地公安机关备案;第一类易制毒化学品的使用单位,应当建立使用台账,并保存 2 年备查。

第二类、第三类易制毒化学品的销售情况,应当自销售之日起 30 日内报当地公安机关备案。

3)运输管理

(1)跨设区的市级行政区域(直辖市为跨市界)或者在国务院公安部门确定的禁毒形势严峻的重点地区跨县级行政区域运输第一类易制毒化学品的,由运出地的设区的市级人民政府公安机关审批;运输第二类易制毒化学品的,由运出地的县级人民政府公安机关审批。经审批取得易制毒化学品运输许可证后,方可运输。

运输第三类易制毒化学品的,应当在运输前向运出地的县级人民政府公安机关备案。公安机关应当于收到备案材料的当日发给备案证明。

(2)申请易制毒化学品运输许可,应当提交易制毒化学品的购销合同,货主是企业的,应当提交营业执照;货主是其他组织的,应当提交登记证书(成立批准文件);货主是个人的,应当提交其个人身份证明。经办人还应当提交本人的身份证明。

公安机关应当自收到第一类易制毒化学品运输许可申请之日起 10 日内,收到第二类易制毒化学品运输许可申请之日起 3 日内,对申请人提交的申请材料进行审查。对符合规定的,发给运输许可证;不予许可的,应当书面说明理由。

审查第一类易制毒化学品运输许可申请材料时,根据需要,可以进行实地核查。

(3)对许可运输第一类易制毒化学品的,发给一次有效的运输许可证。

对许可运输第二类易制毒化学品的,发给 3 个月有效的运输许可证;6 个月内运输安全状况良好的,发给 12 个月有效的运输许可证。

易制毒化学品运输许可证应当载明拟运输的易制毒化学品的品种、数量、运入地、货主及收货人、承运人情况以及运输许可证种类。

(4)运输供教学、科研使用的 100 g 以下的麻黄素样品和供医疗机构制剂配方使用的小包装麻黄素以及医疗机构或者麻醉药品经营企业购买麻黄素片剂 6 万片以下、注射剂 1.5 万支以下,货主或者承运人持有依法取得的购买许可证明或者麻醉药品调拨单的,无须申请易制毒化学品运输许可。

(5)接受货主委托运输的,承运人应当查验货主提供的运输许可证或者备案证明,并查验所运货物与运输许可证或者备案证明载明的易制毒化学品品种等情况是否相符;不相符的,不得承运。

运输易制毒化学品,运输人员应当自启运起全程携带运输许可证或者备案证明。公安机关应当在易制毒化学品的运输过程中进行检查。

运输易制毒化学品,应当遵守国家有关货物运输的规定。

(6)因治疗疾病需要,患者、患者近亲属或者患者委托的人凭医疗机构出具的医疗诊断书和本人的身份证明,可以随身携带第一类中的药品类易制毒化学品药品制剂,但是不得超过医用单张处方的最大剂量。

医用单张处方最大剂量,由国务院卫生主管部门规定、公布。

4)进口、出口管理

(1)申请进口或者出口易制毒化学品,应当提交下列材料,经国务院商务主管部门或者其委托的省、自治区、直辖市人民政府商务主管部门审批,取得进口或者出口许可证后,方可从事进口、出口活动:

①对外贸易经营者备案登记证明复印件;

②营业执照副本;

③易制毒化学品生产、经营、购买许可证或者备案证明;

④进口或者出口合同(协议)副本;

⑤经办人的身份证明。

申请易制毒化学品出口许可的,还应当提交进口方政府主管部门出具的合法使用易制毒化学品的证明或者进口方合法使用的保证文件。

(2)受理易制毒化学品进口、出口申请的商务主管部门应当自收到申请材料之日起20日内,对申请材料进行审查,必要时可以进行实地核查。对符合规定的,发给进口或者出口许可证;不予许可的,应当书面说明理由。

对进口第一类中的药品类易制毒化学品的,有关的商务主管部门在作出许可决定前,应当征得国务院药品监督管理部门的同意。

(3)麻黄素等属于重点监控物品范围的易制毒化学品,由国务院商务主管部门会同国务院有关部门核定的企业进口、出口。

(4)国家对易制毒化学品的进口、出口实行国际核查制度。易制毒化学品国际核查目录及核查的具体办法,由国务院商务主管部门会同国务院公安部门规定、公布。

国际核查所用时间不计算在许可期限之内。

对向毒品制造、贩运情形严重的国家或者地区出口易制毒化学品以及本条例规定品种以外的化学品的,可以在国际核查措施以外实施其他管制措施,具体办法由国务院商务主管部门会同国务院公安部门、海关总署等有关部门规定、公布。

(5)进口、出口或者过境、转运、通运易制毒化学品的,应当如实向海关申报,并提交进口或者出口许可证。海关凭许可证办理通关手续。

易制毒化学品在境外与保税区、出口加工区等海关特殊监管区域、保税场所之间进出的,适用前款规定。

易制毒化学品在境内与保税区、出口加工区等海关特殊监管区域、保税场所之间进出的,或者在上述海关特殊监管区域、保税场所之间进出的,无须申请易制毒化学品进口或者出口许可证。

进口第一类中的药品类易制毒化学品,还应当提交药品监督管理部门出具的进口药品通关单。

（6）进出境人员随身携带第一类中的药品类易制毒化学品药品制剂和高锰酸钾，应当以自用且数量合理为限，并接受海关监管。

进出境人员不得随身携带前款规定以外的易制毒化学品。

6.4.2　易制爆化学品

6.4.2.1　易制爆化学品目录

根据《危险化学品安全管理条例》（国务院令第 591 号）第二十三条规定，公安部编制了《易制爆危险化学品名录》（2017 年版），并公布公告。易制爆危险化学品名录（2017 年版）见表 6.13。

表 6.13　易制爆危险化学品名录（2017 年版）

序号	品名	别名	CAS 号	主要的燃爆危险性分类
1 酸类				
1.1	硝酸		7697-37-2	氧化性液体，类别 3
1.2	发烟硝酸		52583-42-3	氧化性液体，类别 1
1.3	高氯酸［浓度>72%］	过氯酸	7601-90-3	氧化性液体，类别 1
	高氯酸［浓度 50% ~72%］			氧化性液体，类别 1
	高氯酸［浓度≤50%］			氧化性液体，类别 2
2 硝酸盐类				
2.1	硝酸钠		7631-99-4	氧化性固体，类别 3
2.2	硝酸钾		7757-79-1	氧化性固体，类别 3
2.3	硝酸铯		7789-18-6	氧化性固体，类别 3
2.4	硝酸镁		10377-60-3	氧化性固体，类别 3
2.5	硝酸钙		10124-37-5	氧化性固体，类别 3
2.6	硝酸锶		10042-76-9	氧化性固体，类别 3
2.7	硝酸钡		10022-31-8	氧化性固体，类别 2
2.8	硝酸镍	二硝酸镍	13138-45-9	氧化性固体，类别 2
2.9	硝酸银		7761-88-8	氧化性固体，类别 2
2.10	硝酸锌		7779-88-6	氧化性固体，类别 2
2.11	硝酸铅		10099-74-8	氧化性固体，类别 2
3 氯酸盐类				
3.1	氯酸钠		7775-09-9	氧化性固体，类别 1
	氯酸钠溶液			氧化性液体，类别 3 *
3.2	氯酸钾		3811-04-9	氧化性固体，类别 1
	氯酸钾溶液			氧化性液体，类别 3 *

续表

序号	品名	别名	CAS 号	主要的燃爆危险性分类
3.3	氯酸铵		10192-29-7	爆炸物,不稳定爆炸物
4 高氯酸盐类				
4.1	高氯酸锂	过氯酸锂	7791-03-9	氧化性固体,类别 2
4.2	高氯酸钠	过氯酸钠	7601-89-0	氧化性固体,类别 1
4.3	高氯酸钾	过氯酸钾	7778-74-7	氧化性固体,类别 1
4.4	高氯酸铵	过氯酸铵	7790-98-9	爆炸物,1.1 项 氧化性固体,类别 1
5 重铬酸盐类				
5.1	重铬酸锂		13843-81-7	氧化性固体,类别 2
5.2	重铬酸钠	红矾钠	10588-01-9	氧化性固体,类别 2
5.3	重铬酸钾	红矾钾	7778-50-9	氧化性固体,类别 2
5.4	重铬酸铵	红矾铵	7789-09-5	氧化性固体,类别 2 *
6 过氧化物和超氧化物类				
6.1	过氧化氢溶液(含量>8%)	双氧水	7722-84-1	(1)含量≥60% 氧化性液体,类别 1 (2)20%≤含量<60% 氧化性液体,类别 2 (3)8%<含量<20% 氧化性液体,类别 3
6.2	过氧化锂	二氧化锂	12031-80-0	氧化性固体,类别 2
6.3	过氧化钠	双氧化钠; 二氧化钠	1313-60-6	氧化性固体,类别 1
6.4	过氧化钾	二氧化钾	17014-71-0	氧化性固体,类别 1
6.5	过氧化镁	二氧化镁	1335-26-8	氧化性液体,类别 2
6.6	过氧化钙	二氧化钙	1305-79-9	氧化性固体,类别 2
6.7	过氧化锶	二氧化锶	1314-18-7	氧化性固体,类别 2
6.8	过氧化钡	二氧化钡	1304-29-6	氧化性固体,类别 2
6.9	过氧化锌	二氧化锌	1314-22-3	氧化性固体,类别 2
6.10	过氧化脲	过氧化氢尿素; 过氧化氢脲	124-43-6	氧化性固体,类别 3
6.11	过乙酸[含量≤16%,含水≥39%,含乙酸≥15%,含过氧化氢≤24%,含有稳定剂]	过醋酸;过氧乙酸;乙酰过氧化氢	79-21-0	有机过氧化物 F 型

序号	品名	别名	CAS 号	主要的燃爆危险性分类
6.11	过乙酸[含量≤43%，含水≥5%，含乙酸≥35%，含过氧化氢≤6%，含有稳定剂]		79-21-0	易燃液体，类别 3有机过氧化物，D 型
6.12	过氧化二异丙苯[52%＜含量≤100%]	二枯基过氧化物；硫化剂 DCP	80-43-3	有机过氧化物，F 型
6.13	过氧化氢苯甲酰	过苯甲酸	93-59-4	有机过氧化物，C 型
6.14	超氧化钠		12034-12-7	氧化性固体，类别 1
6.15	超氧化钾		12030-88-5	氧化性固体，类别 1
7 易燃物还原剂类				
7.1	锂	金属锂	7439-93-2	遇水放出易燃气体的物质和混合物，类别 1
7.2	钠	金属钠	7440-23-5	遇水放出易燃气体的物质和混合物，类别 1
7.3	钾	金属钾	7440-09-7	遇水放出易燃气体的物质和混合物，类别 1
7.4	镁		7439-95-4	(1)粉末：自热物质和混合物，类别 1遇水放出易燃气体的物质和混合物，类别 2(2)丸状、旋屑或带状：易燃固体，类别 2
7.5	镁铝粉	镁铝合金粉		遇水放出易燃气体的物质和混合物，类别 2自热物质和混合物，类别 1
7.6	铝粉		7429-90-5	(1)有涂层：易燃固体，类别 1(2)无涂层：遇水放出易燃气体的物质和混合物，类别 2
7.7	硅铝		57485-31-1	遇水放出易燃气体的物质和混合物，类别 3
	硅铝粉			
7.8	硫黄	硫	7704-34-9	易燃固体，类别 2
7.9	锌尘		7440-66-6	自热物质和混合物，类别 1；遇水放出易燃气体的物质和混合物，类别 1
	锌粉			自热物质和混合物，类别 1；遇水放出易燃气体的物质和混合物，类别 1

续表

序号	品名	别名	CAS 号	主要的燃爆危险性分类
7.9	锌灰		7440-66-6	遇水放出易燃气体的物质和混合物,类别3
7.10	金属锆		7440-67-7	易燃固体,类别2
	金属锆粉	锆粉		自燃固体,类别1,遇水放出易燃气体的物质和混合物,类别1
7.11	六亚甲基四胺	六甲撑四胺;乌洛托品	100-97-0	易燃固体,类别2
7.12	1,2-乙二胺	1,2-二氨基乙烷;乙撑二胺	107-15-3	易燃液体,类别3
7.13	一甲胺[无水]	氨基甲烷;甲胺	74-89-5	易燃气体,类别1
	一甲胺溶液	氨基甲烷溶液;甲胺溶液		易燃液体,类别1
7.14	硼氢化锂	氢硼化锂	16949-15-8	遇水放出易燃气体的物质和混合物,类别1
7.15	硼氢化钠	氢硼化钠	16940-66-2	遇水放出易燃气体的物质和混合物,类别1
7.16	硼氢化钾	氢硼化钾	13762-51-1	遇水放出易燃气体的物质和混合物,类别1
8 硝基化合物类				
8.1	硝基甲烷		75-52-5	易燃液体,类别3
8.2	硝基乙烷		79-24-3	易燃液体,类别3
8.3	2,4-二硝基甲苯		121-14-2	
8.4	2,6-二硝基甲苯		606-20-2	
8.5	1,5-二硝基萘		605-71-0	易燃固体,类别1
8.6	1,8-二硝基萘		602-38-0	易燃固体,类别1
8.7	二硝基苯酚[干的或含水<15%]		25550-58-7	爆炸物,1.1 项
	二硝基苯酚溶液			
8.8	2,4-二硝基苯酚[含水≥15%]	1-羟基-2,4-二硝基苯	51-28-5	易燃固体,类别1
8.9	2,5-二硝基苯酚[含水≥15%]		329-71-5	易燃固体,类别1
8.10	2,6-二硝基苯酚[含水≥15%]		573-56-8	易燃固体,类别1

续表

序号	品名	别名	CAS 号	主要的燃爆危险性分类
8.11	2,4-二硝基苯酚钠		1011-73-0	爆炸物,1.3 项
9 其他				
9.1	硝化纤维素［干的或含水（或乙醇）<25%］	硝化棉	9004-70-0	爆炸物,1.1 项
	硝化纤维素［含氮≤12.6%,含乙醇≥25%］			易燃固体,类别 1
	硝化纤维素［含氮≤12.6%］			易燃固体,类别 1
	硝化纤维素［含水≥25%］			易燃固体,类别 1
	硝化纤维素［含乙醇≥25%］			爆炸物,1.3 项
	硝化纤维素［未改型的,或增塑的,含增塑剂<18%］			爆炸物,1.1 项
	硝化纤维素溶液［含氮量≤12.6%,含硝化纤维素≤55%］	硝化棉溶液		易燃液体,类别 2
9.2	4,6-二硝基-2-氨基苯酚钠	苦氨酸钠	831-52-7	爆炸物,1.3 项
9.3	高锰酸钾	过锰酸钾;灰锰氧	7722-64-7	氧化性固体,类别 2
9.4	高锰酸钠	过锰酸钠	10101-50-5	氧化性固体,类别 2
9.5	硝酸胍	硝酸亚氨脲	506-93-4	氧化性固体,类别 3
9.6	水合肼	水合联氨	10217-52-4	
9.7	2,2-双(羟甲基)1,3-丙二醇	季戊四醇、四羟甲基甲烷	115-77-5	

注:①各栏目的含义:

"序号":《易制爆危险化学品名录》(2017 年版)中化学品的顺序号。

"品名":根据《化学命名原则》(1980)确定的名称。

"别名":除"品名"以外的其他名称,包括通用名、俗名等。

"CAS 号":Chemical Abstract Service 的缩写,是美国化学文摘社对化学品的唯一登记号,是检索化学物质有关信息资料最常用的编号。

"主要的燃爆危险性分类":根据《化学品分类和标签规范》系列标准(GB 30000.2—2013 ~ GB 30000.29.2013)等国家标准,对某种化学品燃烧爆炸危险性进行的分类。

②除列明的条目外,无机盐类同时包括无水和含有结晶水的化合物。

③混合物之外无含量说明的条目,是指该条目的工业产品或者纯度高于工业产品的化学品。

④标记 * 的类别,是指在有充分依据的条件下,该化学品可以采用更严格的类别。

6.4.2.2 易制爆化学品的安全管理

2019年5月22日,公安部发布《易制爆危险化学品治安管理办法》(公安部第154号令),对易制爆危险化学品的生产、经营、储存、使用、运输和处置进行治安管理。

易制爆危险化学品从业单位应当建立易制爆危险化学品信息系统,并实现与公安机关的信息系统互联互通。

公安机关和易制爆危险化学品从业单位应当对易制爆危险化学品实行电子追踪标识管理,监控记录易制爆危险化学品流向、流量。

1)销售、购买和流向登记

(1)依法取得危险化学品安全生产许可证、危险化学品安全使用许可证、危险化学品经营许可证的企业,凭相应的许可证件购买易制爆危险化学品。民用爆炸物品生产企业凭民用爆炸物品生产许可证购买易制爆危险化学品。

其他单位购买易制爆危险化学品的,应当向销售单位出具以下材料:

①本单位《工商营业执照》《事业单位法人证书》等合法证明复印件、经办人身份证明复印件;

②易制爆危险化学品合法用途说明,说明应当包含具体用途、品种、数量等内容。

严禁个人购买易制爆危险化学品。

(2)危险化学品生产企业、经营企业销售易制爆危险化学品,应当查验规定的相关许可证件或者证明文件,不得向不具有相关许可证件或者证明文件的单位及任何个人销售易制爆危险化学品。

(3)销售、购买、转让易制爆危险化学品应当通过本企业银行账户或者电子账户进行交易,不得使用现金或者实物进行交易。

(4)危险化学品生产企业、经营企业销售易制爆危险化学品,应当如实记录购买单位的名称、地址、经办人姓名、身份证号码以及所购买的易制爆危险化学品的品种、数量、用途。销售记录以及相关许可证件复印件或者证明文件、经办人的身份证明复印件的保存期限不得少于一年。

易制爆危险化学品销售、购买单位应当在销售、购买后五日内,通过易制爆危险化学品信息系统,将所销售、购买的易制爆危险化学品的品种、数量以及流向信息报所在地县级公安机关备案。

(5)易制爆危险化学品生产、进口和分装单位应当按照国家有关标准和规范要求,对易制爆危险化学品作出电子追踪标识,识读电子追踪标识可显示相应易制爆危险化学品品种、数量以及流向信息。

(6)易制爆危险化学品从业单位应当如实登记易制爆危险化学品销售、购买、出入库、领取、使用、归还、处置等信息,并录入易制爆危险化学品信息系统。

2)处置、使用、运输和信息发布

(1)易制爆危险化学品从业单位转产、停产、停业或者解散的,应当将生产装置、储存设施以及库存易制爆危险化学品的处置方案报主管部门和所在地县级公安机关备案。

（2）易制爆危险化学品使用单位不得出借、转让其购买的易制爆危险化学品；因转产、停产、搬迁、关闭等确需转让的，应当向具有相关许可证件或者证明文件的单位转让。

双方应当在转让后五日内，将有关情况报告所在地县级公安机关。

（3）运输易制爆危险化学品途中因住宿或者发生影响正常运输的情况，需要较长时间停车的，驾驶人员、押运人员应当采取相应的安全防范措施，并向公安机关报告。

（4）易制爆危险化学品在道路运输途中丢失、被盗、被抢或者出现流散、泄漏等情况的，驾驶人员、押运人员应当立即采取相应的警示措施和安全措施，并向公安机关报告。公安机关接到报告后，应当根据实际情况立即向同级应急管理、生态环境、卫生健康等部门通报，采取必要的应急处置措施。

（5）任何单位和个人不得交寄易制爆危险化学品或者在邮件、快递内夹带易制爆危险化学品，不得将易制爆危险化学品匿报或者谎报为普通物品交寄，不得将易制爆危险化学品交给不具有相应危险货物运输资质的企业托运。邮政企业、快递企业不得收寄易制爆危险化学品。运输企业、物流企业不得违反危险货物运输管理规定承运易制爆危险化学品。邮政企业、快递企业、运输企业、物流企业发现违反规定交寄或者托运易制爆危险化学品的，应当立即将有关情况报告公安机关和主管部门。

（6）易制爆危险化学品从业单位依法办理非经营性互联网信息服务备案手续后，可以在本单位网站发布易制爆危险化学品信息。

易制爆危险化学品从业单位应当在本单位网站主页显著位置标明可供查询的互联网信息服务备案编号。

（7）易制爆危险化学品从业单位不得在本单位网站以外的互联网应用服务中发布易制爆危险化学品信息及建立相关链接。

禁止易制爆危险化学品从业单位以外的其他单位在互联网发布易制爆危险化学品信息及建立相关链接。

（8）禁止个人在互联网上发布易制爆危险化学品生产、买卖、储存、使用信息。

禁止任何单位和个人在互联网上发布利用易制爆危险化学品制造爆炸物品方法的信息。

3）治安防范

（1）易制爆危险化学品从业单位应当设置治安保卫机构，建立健全治安保卫制度，配备专职治安保卫人员负责易制爆危险化学品治安保卫工作，并将治安保卫机构的设置和人员的配备情况报所在地县级公安机关备案。治安保卫人员应当符合国家有关标准和规范要求，经培训后上岗。

（2）易制爆危险化学品应当按照国家有关标准和规范要求，储存在封闭式、半封闭式或者露天式危险化学品专用储存场所内，并根据危险品性能分区、分类、分库储存。

教学、科研、医疗、测试等易制爆危险化学品使用单位，可使用储存室或者储存柜储存易制爆危险化学品，单个储存室或者储存柜储存量应当在 50 kg 以下。

（3）易制爆危险化学品储存场所应当按照国家有关标准和规范要求，设置相应的人力防范、实体防范、技术防范等治安防范设施,防止易制爆危险化学品丢失、被盗、被抢。

（4）易制爆危险化学品从业单位应当建立易制爆危险化学品出入库检查、登记制度,定期核对易制爆危险化学品存放情况。

易制爆危险化学品丢失、被盗、被抢的,应当立即报告公安机关。

（5）易制爆危险化学品储存场所（储存室、储存柜除外）治安防范状况应当纳入单位安全评价的内容,经安全评价合格后方可使用。

（6）构成重大危险源的易制爆危险化学品,应当在专用仓库内单独存放,并实行双人收发、双人保管制度。

6.4.3 特别管控的危险化学品

为认真贯彻落实《危险化学品安全综合治理方案》,深刻吸取事故教训,加强危险化学品全生命周期管理,强化安全风险防控,有效防范遏制重特大事故,切实保障人民群众生命和财产安全,2020年5月30日,应急管理部、工业和信息化部、公安部、交通运输部联合制定《特别管控危险化学品目录（第一版）》,该目录包括硝酸盐、氯酸盐类爆炸性化学品、有毒化学品、易燃气体、易燃液体四大类,详见表6.14。

表6.14 《特别管控危险化学品目录（第一版）》

序号	品名	别名	CAS号	UN编号	主要危险性
一、爆炸性化学品					
1	硝酸铵〔（钝化）改性硝酸铵除外〕	硝铵	6484-52-2	0222 1942 2426	急剧加热会发生爆炸;与还原剂、有机物等混合可形成爆炸性混合物
2	硝化纤维素（包括属于易燃固体的硝化纤维素）	硝化棉	9004-70-0	0340 0341 0342 0343 2555 2556 2557	干燥时能自燃,过高热、火星有燃烧爆炸的危险
3	氯酸钾	白药粉	3811-04-9	1485	强氧化剂,与还原剂、有机物、易燃物质、金属粉末等混合可形成爆炸性混合物
4	氯酸钠	氧酸鲁达、氯酸碱、白药钠	7775-09-9	1495	强氧化剂,与还原剂、有机物、易燃物质、金属粉末等混合,可形成爆炸性混合物
二、有毒化学品（包括有毒气体、挥发性有毒液体和固体剧毒化学品）					
5	氯	液氯、氯气	7782-50-5	1017	剧毒气体,吸入可致死
6	氨	液氨、氨气	7664-41-7	1005	有毒气体,吸入可引起中毒性肺气肿;与空气能形成爆炸性混合物

续表

序号	品名	别名	CAS 号	UN 编号	主要危险性
7	异氰酸甲酯	甲基异氰酸酯	624-83-9	2480	剧毒液体,吸入蒸气可致死;高度易燃液体,蒸气与空气能形成爆炸性混合物
8	硫酸二甲酯	硫酸甲酯	77-78-1	1595	有毒液体,吸入蒸气可致死;可燃
9	氰化钠	山奈、山奈钠	143-33-9	1689 3414	剧毒;遇酸产生剧毒、易燃的氰化氢气体
10	氰化钾	山奈钾	151-50-8	1680 3414	剧毒;遇酸产生剧毒、易燃的氰化氢气体
三、易燃气体					
11	液化石油气	LPG	68476-85-7	1075	易燃气体,与空气能形成爆炸性混合物
12	液化天然气	LNG	8006-14-2	1972	易燃气体,与空气能形成爆炸性混合物
13	环氧乙烷	氧化乙烯	75-21-8	1040	易燃气体,与空气能形成爆炸性混合物,加热时剧烈分解,有着火和爆炸危险
14	氯乙烯	乙烯基氯	75-01-4	1086	易燃气体,与空气能形成爆炸性混合物;火场温度下易发生危险的聚合反应
15	二甲醚	甲醚	115-10-6	1033	易燃气体,与空气能形成爆炸性混合物
四、易燃液体					
16	汽油(包括甲醇汽油、乙醇汽油)		86290-81-5	1203 3475	极易燃液体,蒸气与空气能形成爆炸性混合物
17	1,2-环氧丙烷	氧化丙烯	75-56-9	1280	极易燃液体,蒸气与空气能形成爆炸性混合物
18	二硫化碳		75-15-0	1131	极易燃液体,蒸气与空气能形成爆炸性混合物;有毒液体
19	甲醇	木醇、木精	67-56-1	1230	高度易燃液体,蒸气与空气能形成爆炸性混合物;有毒液体
20	乙醇	酒精	64-17-5	1170	高度易燃液体,蒸气与空气能形成爆炸性混合物

注:①特别管控危险化学品是指固有危险性高、发生事故的安全风险大、事故后果严重、流通量大,需要特别管控的危险化学品。

②序号是指《特别管控危险化学品目录(第一版)》中的顺序号。

③品名是指根据《化学命名原则》(1980)确定的名称。

④别名是指除品名以外的其他名称,包括通用名、俗名等。

⑤CAS 号是指美国化学文摘社对化学品的唯一登记号。

⑥UN 编号是指联合国危险货物运输编号。

⑦主要危险性是指特别管控危险化学品最重要的危险特性。

⑧所列条目是指该条目的工业产品或者纯度高于工业产品的化学品。

⑨符合国家标准《化学试剂包装及标志》(GB 15346—2012)的试剂类产品不适用本目录及特别管控措施。

⑩纳入《城镇燃气管理条例》管理范围的燃气不适用本目录及特别管控措施。国防科研单位生产、储存、使用的特别管控危险化学品不适用本目录及特别管控措施。

⑪甲醇、乙醇的管控措施仅限于强化运输管理。

⑫硝酸铵的销售、购买审批管理环节按民用爆炸物品的有关规定进行管理。

⑬通过水运、空运、铁路、管道运输的特别管控危险化学品,应依照主管部门的规定执行。

对列入《特别管控危险化学品目录(第一版)》的危险化学品应针对其产生安全风险的主要环节,在法律法规和经济技术可行的条件下,研究推进实施以下管控措施,最大限度降低安全风险,有效防范遏制重特大事故。

1)建设信息平台,实施全生命周期信息追溯管控

推进全国危险化学品监管信息共享平台建设,构建特别管控危险化学品从生产、储存、使用到产品进入物流、运输、进出口环节的全生命周期追溯监管体系,完善信息共享机制,确保相关部门监管信息实时动态更新。探索在特别管控危险化学品的产品包装以及中型散装容器、大型容器、可移动罐柜和罐车上加贴二维码或电子标签,利用物联网、云计算、大数据等现代信息技术手段,逐步实现特别管控危险化学品的全生命周期过程跟踪、信息监控与追溯。

2)研究规范包装管理

加强与相关部门的沟通协调,推动规范特别管控危险化学品产品包装的分类、防护材料、标志标识等技术要求以及中型散装容器、大型容器、可移动罐柜和罐车的设计、制造、试验方法、检验规则、标志标识、包装规范、使用规范等技术要求,推动实施涉及特别管控危险化学品的危险货物的包装性能检验和包装使用鉴定。

3)严格安全生产准入

对特别管控危险化学品的建设项目从严审批,严格从业人员准入,对不符合安全生产法律法规、标准和产业布局规划的建设项目一律不予审批,对符合安全生产法律法规、标准和产业布局规划的建设项目,依法依规予以审批,避免"一刀切"。

4)强化运输管理

建立健全并严格执行充装和发货查验、核准、记录制度,加强运输车辆行车路径和轨迹、卫星定位以及运输从业人员的管理,从源头杜绝违法运输行为,降低安全风险。利用危险货物道路运输车辆动态监控,强化特别管控危险化学品道路运输车辆运行轨迹以及超速行驶、疲劳驾驶等违法行为的在线监控和预警。加快推动实施道路、铁路危险货物运输电子运单管理,重点实现特别管控危险化学品的流向监控。

5）实施储存定置化管理

相关单位（港口、学校除外）应在危险化学品专用仓库内划定特定区域、仓间或者储罐定点储存特别管控危险化学品，提高管理水平，合理调控库存量、周转量，加强精细化管理，实现特别管控危险化学品的定置管理。加强港口危险货物储存管理，危险货物港口经营人应当在危险货物专用仓库、堆场、储罐储存特别管控危险化学品，并严格按照有关法律法规标准实施隔离，建立作业信息系统，实时记录特别管控危险化学品的种类、数量、货主信息等，并在作业场所以外备份。

6）其他要求

通过水运、空运、铁路、管道运输特别管控危险化学品。

应依照相关法律、行政法规及有关主管部门的规定执行。

特别管控危险化学品的管控措施，法律、行政法规、规章另有规定的，依照其规定。

对科学实验必需的试剂类产品暂不纳入本目录管理，但有关单位可根据人才培养、科学研究的实际情况和存在的风险，采取措施加强管理。根据《城镇燃气管理条例》要求，城镇燃气不适用本目录及特别管控措施。

复习思考题

1. 危险化学品重大危险源有哪些管理要求？
2. 易制毒化学品的购买程序有哪些？
3. 特别管控的危险化学品的安全管理要求有哪些？
4. 危险化学品使用控制程序有哪些？

［1］王凯全,邵辉.危险化学品安全经营、储运与使用［M］.北京:中国石化出版社,2005.

［2］张景林,吕春玲,苟瑞君.危险化学品运输［M］.北京:化学工业出版社,2006.

［3］王晶禹,王保国,张树海.危险化学品储存［M］.北京:化学工业出版社,2005.

［4］张少岩.危险化学品包装［M］.北京:化学工业出版社,2005.

［5］崔克清.危险化学品安全总论［M］.北京:化学工业出版社,2005.

［6］杨书宏.作业场所化学品的安全使用［M］.北京:化学工业出版社,2005.

［7］苏华龙.危险化学品安全管理［M］.北京:化学工业出版社,2006.

［8］蒋军成.危险化学品安全技术与管理［M］.2版.北京:化学工业出版社,2009.

［9］范小花,任凌燕.危险化学品安全管理［M］.北京:石油工业出版社,2015.

［10］鲁宁,范小花.危险化学品安全管理实务［M］.北京:中国劳动社会保障出版社,2010.